KB018426

장 건강과
면역의 과학

THE GUT-IMMUNE CONNECTION
by Emeran Mayer

장 건강과 면역의 과학

미생물을 생각하는 식단이 몸을 살린다

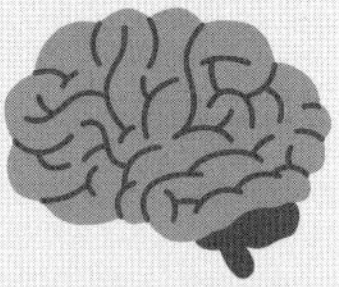

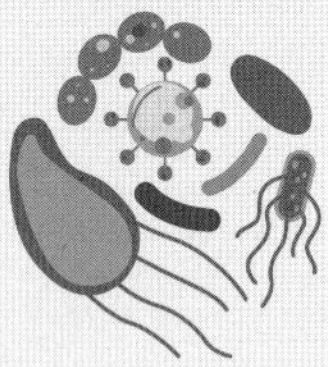

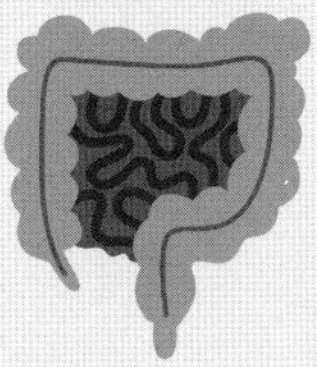

The Gut-Immune Connection

에머런 메이어 지음 | 김홍표 옮김

궁리
KungRee

머리말

나는 전작 『더 커넥션: 뇌와 장의 은밀한 대화』에서 뇌와 수십조 개에 이르는 장내 세균 무리가 의사소통하는 일이 뇌와 소화기관은 물론 우리의 행복에 어떤 영향을 미치는지 자세히 설명했다. 이는 소화기내과 의사로서 환자의 뇌와 소화기관 사이의 밀접한 관계를 연구해온 30년 결과물에 다름 아니었다.

『더 커넥션』이란 책이 출간된 2016년 이후 지난 5년간 연구 세계는(크게는 세계가) 극적으로 변했다. 장내 미생물을 다루는 과학 연구가 기하급수적으로 늘었다. 과거 동물을 대상으로 한 비임상 연구 결과가 사람에서도 거듭 재현되고 있다. 이런 연구 결과는 다양한 측면에서 미국 공중보건이 위기에 처했다고 말한다. 전 세계적으로 많은 국가에서 전염병처럼 비만 인구가 늘고 대사 이상 증세를 겪는 사람들에게 뇌와 각종 기관의 질병이 나타나고 있다. 이 책을 쓰고 있는 순간에도 눈에 보이지 않는 미생물이 팬데믹 현상을 불러와 사회 곳곳이 꼼짝없이 멈춰서는 데서 보듯, 미생물은 전에 볼 수 없었던 막강한 힘과 능력을 고통스럽게 증명하고 있다.

오랫동안 나는 전체적인 시각에서 삶을 보려 노력해왔다. 뇌-장 상호작용 생물학에 초점을 둔 환원주의적 시각에서 벗어나 인간 건강과 환경, 특히 장내 미생물군 사이의 내적인 상호작용 개념으로 커다란 원을 그려나가는 중이다. 이들 상호작용에서는 식단이 단연 핵심적인 역할을 담당한다. 현 상황의 위기에서 탈출하는 방법을 찾고 그 복잡성을 이해하려면 음식과 건강, 그리고 환경을 포괄하는 생태학적이고 전체적인 시각을 고수해야 한다. 우리 몸 내부에서 진행되는 '대화'의 내용이 차츰 밝혀지면서 몸 안의 숨은 '대화'가 우리의 생각과 감정, 생활 방식, 그리고 우리가 먹는 것에 영향을 받는다는 사실이 드러나고 있다. 이런 순환 과정을 통해 우리 뇌는 장내 미생물에 신호를 주고 다시 받아 신체에 전달한다.

이 체계에서 잘못된 신호를 주고받으면 우리 소화기관에 거주하는 수백만 개의 면역 세포가 갈피를 못 잡고 이리저리 헤맨다. '장내 거주 면역계 세포'들이 만성적으로 활성을 띠면서 부적절한 면역계로 전락하는 것이다. 오랫동안 면역계가 활성 상태이면 장 투과성이 증가하고 면역 물질이 몸 전체로 퍼져 다양한 비감염성 질병과 증세에 취약하게 상황을 몰아간다. 그 결과는 비만, 대사 질환, 당뇨병, 심장 질환은 물론 파킨슨병, 자폐 스펙트럼 장애, 우울증, 인지 능력 저하에 이은 알츠하이머병으로 연결될 수 있다. 현재 전 세계적 유행병 상황에서 배우듯 장에 토대를 둔 면역계가 잘못되면 코로나19와 같은 바이러스성 유행병에도 쉽게 무너진다.

지난 10년 동안 뇌-장-미생물 상호작용과 결부된 모든 질환의 유병률은 급격히 늘어 공중보건 현황이 위기를 맞고 있다고 보아야 할 것이다. 유병률이 극적으로 증가한 현상은 이 문제의 심각성을 드러내는 것이기도 하겠지만 대부분 비감염성 만성질환에 해당하는 것은 아닐지라도 많은 질병이 서로 관련되어 있음을 뜻한다. 다국적 제약 산업 복합체를 포함한 각국의 의료 보장 체계는 이러한 질병으로부터 사망률을 일정하게 유지하거나 심지어 일부 질병의 비율을 낮추기도 했다. 그러나 젊은 세대와 개발도상국에서 이환율은 계속 증가하는 추세다.

이런 상황에서 네트워크 과학과 시스템 생물학의 중요성이 부각되고 있다. 분자 수준에서 유전자 네트워크와 미생물 네트워크, 질병 네트워크 및 행성의 자연 생태계 내 대규모 상호작용으로부터 생물학 상호작용을 이해하려면 보편적이고 개념적인 접근 방식이 필수적이다. 처음에는 난해해 보였던 이들 이론도 실제로는 건강과 질병을 통합적으로 이해하는 매우 중요한 과학적 접근법이 될 수 있다. 우리가 먹는 식물과 그들이 자라는 토양 사이의 의사소통 방식을 생각해보자. 식물의 뿌리가 뻗어 내린 그 토양에는 식물 성장에 필요한 필수 미량 영양소와 토양 유기 물질을 공급하는 광범위한 미생물 집단이 더불어 살고 있다. 우리 소화기관 장벽에 포진해서 면역을 담당하고 호르몬을 생산하는 세포들, 신경 세포들과 장 미생물군은 식물 뿌리와 토양 미생물이 그러듯 서로 교신한다. 어떤 경우에는 소화기관과 토양, 두 생태계가 같은 신호 물질을 공유하기도 한다. 식물과 토양 미생물의 상호작용, 음식물과 장 미생물 집단 및 신체 사이의 상호작용을 이해하고자 네트워크 과학이 부름에 응했다.

빈약한 식단뿐만 아니라 만성적인 스트레스, 부정적인 감정도 뇌-장-미생물군 네트워크에 영향을 준다. 그런 까닭에 감정적인 동요나 스트레스가 건강하지 않은 식단과 비슷한 효과를 낼 수 있는 것이다. 서로 관련이 없어 보이지만 흔히 한꺼번에 나타나는 이 두 가지 요인이 서로 상승효과를 불러오기도 한다. 특히 스트레스를 받은 장-미생물이 만든 신호 물질은 낮은 수준의 염증 반응을 일으키고 다양한 신경 활성 물질을 분비하여 거꾸로 뇌에 되먹임 작용을 일으키면서 뇌-장 교신을 강화한다. 이런 순환적 상호작용에 소화기 미생물과 그들의 대사산물이 관여함은 자명한 사실로 굳어지고 있다. 그 상호작용의 후폭풍으로 장내 면역계가 활성을 띠는 일이 여러 만성 뇌 질환의 직접적 원인이다. 우울증, 자폐 스펙트럼 장애, 파킨슨병, 알츠하이머병이 그 대표적인 사례다.

오늘날 비감염성 만성질환과 목숨을 위협하는 전 세계적 급성 유행병의 건강 문제를 이해하고 극복하려면 기적 같은 새로운 처방이나 식단을 좇아서는 보람이 없다. 우리는 생명의 모든 측면을 살펴보고 시스템 생물학 방법을 동원해 환경과 인간과의 상호작용을 이해해야 한다. 그렇게 우리는 병원체 공격으로부터 신체를 방어하는 본연의 면역 기능을 회복하여 신체의 전반적인 회복력을 끌어올려야 한다.

음식물과 장 미생물 및 면역계가 건강을 촉진하는 체계로 다시 설 수 있게 우리의 식단을 꾸준히 변화시키는 일이 우리가 꿰어야 할 가장 중요한 첫 단추가 될 것이다. 주로 여러 종류의 식물에 기반을 둔 식단은 우리 장, 뇌 및 신체의 건강과 관련이 있을 뿐만 아니라 실제 더 나은 건강을 보장하는 인과적 역할을 한다. 우울증, 인지 능력 저하, 퇴행성 신경 질환, 자폐 스펙트럼 장애를 치료한 연구에서 식단의 유효성은 여실히 증명되었다. 식단 변화를 꾀하는 일은 관상동맥 질환, 지방간, 염증성 장 질환 치료에도 적용할 수 있다.

나는 이 책에서 무엇을 먹는지, 언제 먹는지, 이 두 가지 측면에서 우리 건강에 최적 조건을 결정하는, 지금까지와는 완전히 다른 접근 방식을 제안한다. 첫째, 우리가 먹는 다량 영양소의 정확한 양에 너무 집착하지 말고 우리 장에 사는 수십조 개 미생물의 건강과 다양성 및 안녕을 보장할 수 있는 음식물을 섭취하길 권한다. 유행처럼 왔다가 사라지는 살 빼기 식이요법(diet)은 말할 것도 없고 대부분의 서구 식단에서 이러한 사항을 거의 염두에 두지 않는다. 식단의 도그마를 바꾸는 일은 곧 과도하게 가공된 음식을 식탁에서 제거하는 일이다. 이는 영양가도 섬유소도 쫙 빠진 인공 화합물로 구성된 포장 식품을 의미한다. 대신 우리는 소장에서 잘 흡수되지 않는 (그렇기에 열량은 적은) 미생물 위주의 식단을 크게 늘려야 한다. 우리 장내 미생물은 그 식단을 적절히 대사하여 더 작고, 흡수 가능하고, 건강에 이로운 산물로 분해할 수 있어야 한다. 이러한 식단은 장 미생물의 수와 다양성을 늘릴 뿐 아니라 장내에서 신호물질로 바뀌는 섬유소와 수천 가지 폴리페놀(polyphenol)을 우리 몸에 제공한다. 이들 분자가 우리 몸 안으로 흡수되면 혈액을 타고 전신에 분포되어 건강을 증진하고, 항염증 활성을 나타낸다.

식단을 근본적으로 바꾸고 음식 섭취 시간을 줄이는, 다시 말해 시간제한 식사 방식도, 미생물이 장과 면역계와 상호작용하는 리듬에 좋은 효과를 주어 신진대사 건강을 개선하는 부가적 영향을 준다는 과학적 증거가 연거푸 나오고 있다. 우리 공중보건의 위기를 타개하는 첫 단계는 이런저런 약물을 처치해서 만성 혹은 감염 질환을 줄이는 방식이 아니다. 대신 우리 음식물에 든 자연 치유력, 이를테면 소화기관에 기반한 면역계와 미생물계를 성공적으로 조절하는 단계를 거치는 것이다. 그러려면 우리가 먹는 음식물과 몸속 미생물 그리고 식물이 자라는 토양 미생물과의 관계를 다시 한번 곰곰이 반추해야 한다. 우리가 소비하는 음식물, 농장 사육 동물과 그들이 맺는 환경 및 식물과 토양의 내적 연결성에 대해 완벽하게 이해해야 한다. 지난 75년* 동안 인류는 지구 행성 네트워크를 완전

* 본문을 읽다 보면 별다른 설명 없이 75년 전을 기점으로 식생활 환경이 변했다는 말이 여러 차례 나온다. 7장 183쪽, 187쪽에도 75년이란 표현이 등장하며 식단 변화, 설탕과 초가공식품, 새로운 조리법과 보존 방법의 등장 등을 언급한다. 제2차 세계대전이 끝난 직후 이런 변화가 급격하게 진행되었다. 이를테면 상당 시간에 걸쳐 멀리까지 음식물을 운반하려면 식품 냉동은 필수여야 할 것이다. 다음은 2003년 셰인 해밀턴이 《경영사 종설》에 쓴 〈현대 생활의 경제와 편익. 1945~1965년 냉동식품과 대중 마케팅〉 논문의 초록이다.
"미국에서 냉동식품은 원래 사치품이었다. 1940년대 후반까지도 업계는 일반인을 대상으로 냉동식품을 개발하지 않았다. 그러나 대량 판매를 시작한 지 몇 년이 지나지 않아 냉동식품 생산자들은 이윤을 늘리기 위해 시장을 세분화했다. 기술 개발 및 회사 간 경쟁과 같은 내부 요인도 한몫했다. 회사 경영진들은 이상적인 소비자 상을 강조하는 새로운 마케팅 전략을 세웠다. 1950년대 초반 '평균적인' 미국인 사이에서 값싼 비용으로 그럴듯한 삶을 누릴 수 있다는 믿음

히 바꾸어버렸고 그 결과 예기치 않게 나타난 부정적 현상을 되돌리고자 천문학적 비용을 치르고 있다. 특히 현재의 질병 관리 체계에서 그런 현상이 두드러지게 나타난다. 과학은 우리의 건강이 우리가 섭취하는 음식, 그것을 생산하는 과정에서 인간이 지구에 끼친 여파와 서로 밀접한 관련이 있음을 증명하고 있다.

과학자와 여러 공적 기관에서 지적하듯 장 미생물과 질병 사이의 분자 연결고리를 시시콜콜 다 이해하지는 못한다고 할지라도 우리는 미국이나 나아가 전 세계에서 증가하는 질병의 유병률을 완화하거나 역전시킬 수 있다. 소화기관과 장 미생물의 건강을 개선하고 그리하여 인간 면역계의 기능을 회복하는 새로운 접근 방식을 통해 인류는 현재 음식물 체계의 악영향에서 벗어날 수 있다. 인류는 전 세계적으로 유행하는 바이러스성 질환과의 싸움에서 돌파구를 마련해왔다. 그렇다고 해서 전 세계적으로 유행하는 만성 비감염성 질환까지 백신으로 맞설 수는 없다. 우리 앞에는 엄중한 현실이 놓여 있다. 전 지구적으로 경종을 울릴 뿐만 아니라 상황을 역전시킬 전대미문의 계획이 절실하다.

이 자리하기 시작했다. 1950년대 후반에 이익률이 떨어지자 그들은 인종과 나이 또는 계층에 따라 차별화한 제품을 출시했다."—역자 주

차례

1

미국, 공중보건 위기에 침묵하다

내가 의과대학에 다니던 1970년대에는 의학계가 전반적으로 도약하고 있다는 긍정적 낙관론이 팽배했다. 다양한 질병을 치료하는 효과적인 방법이 연이어 등장했다. 관상동맥 우회술 같은 몇 가지 새롭고 혁신적인 수술법이 막 등장하기도 했다. 소화 궤양, 위식도 역류질환, 염증성 장 질환, 각종 암과 같은 질병은 그 무렵까지 미스터리로 남아 있었을지라도 그리 걱정할 대상이 아니었다. 난치성 질병을 몰아내는 일은 단지 시간 문제라고 생각했을 뿐이다. 불행하게도 지난 50년 전의 약속은 풀리지 않는 모순의 매듭으로 여전히 살아남았다. 우리가 장기적으로 지속 가능한 방향에서 건강과 장수를 향한 장도에 오르려면 이것은 반드시 풀어야 할 숙제이다.

오늘날 인류는 역사상 그 어느 때보다 오래 산다. 지난 세기 미국과 대부분의 잘사는 나라에서 평균 수명은 거의 30년이나 늘었다.[1]

그러나 이 놀라운 진보에는 엄청난 대가가 따랐다. 우리는 그 어느 때보다 아프다. 지난 75년 동안 심혈관계 질환, 당뇨병, 대사 증후군, 자가면역 질환, 암, 만성 간 질환 및 우울증, 자폐 스펙트럼 장애, 알츠하이머 및 파킨슨병 같은 뇌 질환처럼 언뜻 관련 없어 보이는 심각한 만성질환이 우후죽순처럼 발생했다. 이들 질병의 이환율은 꾸준히 증가하는 추세이며 어떤 것은 놀라운 속도로 늘고 있다. 우리는 극적으로 장수하는 한편 많은 사람이 추가적인 고통을 겪는다. 역사적 규모의 공중보건 위기가 스멀스멀 찾아온다. 이 위기는 사회경제적 스펙트럼의 아래쪽에 있는 사람들과 약자에게 특히 가혹하다.

그러나 이러한 사실은 미국 의료 시스템이 만성질환에 천문학적 규모의 돈을 쏟아붓고 그 질환의 파급력을 누르고자 헛된 힘을 쓴 덕에 뚜렷하게 드러나지는 않았다. 실제 의료 서비스 비용은 1960년 미국 국내총생산(GDP)의 5퍼센트에 불과했지만 2019년 17.8퍼센트, 액수로는 3조 8000억 달러로 급증했다. 이 숫자는 앞으로도 더 늘어날 것이다.[2]

물론 의료 산업 및 제약업계의 기하급수적 성장을 비롯한 다양한 요인 탓에 의료비용이 치솟는다. 이를테면 60년 전보다 현재 미국인들은 처방 약에 10배 더 많은 돈을 지불한다.[3] 진단과 의과적 치료, 수술 비용도 만만찮게 올랐다. 그러나 아직 구체적으로 확인되지 않았지만 상당한 액수의 의료비가 늘어난 만성질환의 치료, 그에 따른 환자의 죽음을 최소화하려는 의료 기관의 엄청난 노력에 들어간다.

의료계 공식 언어로 '낮은 사망률 유지' 목표는 그렇게 달성된다.

친구이자 동료이며 캘리포니아 대학 어바인의 사무엘리 통합 건강 프로그램을 이끄는 웨인 조너스(Wayne Jonas)는 이 상황을 간결하게 요약했다. "이제 산업계는 당신을 죽게 놔두지 않고 살아 있게 함으로써 돈을 버는 경제 시스템으로 돌아간다." 지난 반세기에 걸쳐 기대수명이 엄청나게 늘어났다. 그러나 숫자에 가려진 진실이 있다. 바로 지구상에서 가장 부유한 나라에서조차 그러한 승리가 지속 불가능한 대가를 치르게 했다는 점이다. 예전처럼 우리는 만성질환으로 쉽게 죽지 않을지 모르지만, 상당수 사람이 건강을 잃고 기력 없는 상태로 노년을 보낼지 모른다. 그 과정에서 우리는 점차 피폐해진다.

만성질환 데이터를 보면 다음과 같은 질문이 튀어나올 것이다. 우리가 어쩌다 이 지경에 이르게 되었을까? 다음 장에서 설명하겠지만, 지난 75여 년 동안 생활 방식이 극적으로 변한 사건이 오늘날 우리의 질병과 고통의 주된 원인이다. 스트레스 및 다양한 화학 물질에 노출되는 빈도가 늘어난 반면 신체 운동을 덜 하고 수면의 질이 떨어지는 등 다양한 요인이 건강을 악화시키는 데 한몫했다. 그러나 그 어떤 것도 변화한 식량 공급 방식과 식단의 파급력을 쫓아올 수 없다.

현대 산업형 농업이 부상하면서 음식을 생산하는 방식뿐만 아니라 우리가 무엇을 먹는지도 크게 바뀌었다.[4] 소규모로 운영되던 가족 농장이 기업형 농경에 자리를 내주자마자 우리의 식량 생산 체계가 점점 더 불안정하게 변했다. 산업 농업은 공장에서 그러듯 농업을 운영한다. 농약, 사료, 비료 또는 연료 같은 '투입물'과 옥수수, 대두 및 육류 형태의 '산출물'이 전면에 나선다. 업종이 무엇이든 기업의 주요 목표는 생산 비용을 엄격하게 줄이는 대신 산출물을 늘리는 일이다. 이런 일관된 목표 아래 생산량은 늘고 식품은 더 저렴해졌지만 품질은 나빠졌다. 미국 대중(및 환경)의 건강이 손상을 입은 것은 덤이다.

비교적 최근에 진행된 식단의 변화는 다양한 측면에서 우리의 건강에 영향을 끼쳤다. 소화기관 여기저기에 사는 수십조 개의 미생물* 생명체(일반적으로 장 미생물 집단**이라고 한다)는 어떤 면에서 돌이킬 수 없을 정도로 상처를 입었다. 그 결과 장기와 신체 조직, 특히 신체 면역계의 가장 큰 구성 요소이며 전체 면역 세포의 약 70퍼센트를 차지하는 소화기 면역 세포가 여러 조절 장애를 겪게 되었다. 당뇨병이나 알츠하이머 또는 암처럼 겉보기에는 관련이 없어 보이는 몇 질병들이 한꺼번에 급증하는 데는 분명 중요한 역할을 하는 공통 요소가 있다. 다음 장에서 자세히 살펴보겠지만, 급변하는 식단에 빠르게 적응한 장 미생물 집단과 식단에 따른 미생물 변

* 우리 인간을 구성하는 세포는 모두 40조 개에 이른다. 과학자들은 주로 대장에 몰려 있는 세균의 수가 인간 세포의 10배일 거라고 추정했다. 이스라엘 바이츠만 연구소의 론 밀로는 세균의 수가 과장되었다면서 그 수를 인간의 세포 수와 맞먹는 값이라고 다시 계산했다. *PLoS Biology* 14 (2016): e1002533.—역자 주

** 엄밀히 말하면 세균과 그들이 가진 유전체 모두를 포함하겠지만 둘을 엄밀히 구분하기 어렵다. 특별히 유전체를 강조할 필요가 없다면 장 미생물 집단 혹은 미생물군으로 옮긴다.—역자 주

화에 대처하는 능력이 훨씬 느린 소화기관 사이에 더 큰 괴리가 생겼다. 나는 이렇게 커지는 불일치가 우리 면역계의 정상 기능을 망가뜨리고 넓은 의미에서 뇌-신체 네트워크를 변화시켜 다양한 만성질환이 빠르게 늘어나는 결과로 이어졌다고 믿는다.

감염성 및 비감염성(비전염성) 질병을 합쳐 전체 사망률은 20세기 전반에 급격히 줄었지만 비감염성 질병의 이환률은 그 이후 뒤집혀 지난 70년 동안 급격히 늘었다.

한편 결핵, A형 간염, 홍역, 볼거리와 같은 전염병 대부분은 같은 기간 동안 계속해서 급격히 감소했다. '역학적 이행 이론'이라 불리는 이런 전이(shift) 가설은 전염병과 기근이 줄어든 대신 수명이 늘어난 덕에, 다시 말해 살아 있는 시간이 늘어남에 따라 퇴행성 질환이 늘었기 때문에 생겼다고 가정한다. 전염성 질환이 꾸준히 줄어드는 가운데 에이즈, 결핵, 사스, 메르스 및 최근 코로나19 감염증 등 전염성 질환이 주기적으로 혹은 독립적으로 급증한다. 그렇다고 전반적인 추세가 달라지지는 않았다. 전염병은 현재 전 세계적으로 모든 질병 부담의 4.2퍼센트를, 만성질환은 81퍼센트를 차지한다. 또한 비감염성 질환으로 인한 사망률은 인구 전체의 70퍼센트를 넘는다.[5] 비감염성 질병이 우리를 특정 감염성 질병에 더 취약하게 만든다는 사실은 상황을 더 악화시킨다. 예컨대 코로나19 감염증은 비만이나 당뇨병 혹은 대사 질환처럼 기저 질환을 앓는 환자들에게 더욱 가혹하다. 건강에 해로운 식단과 낮은 사회경제적 계층 구조 사이의 상호 관련된 문제가 이러한 파행(跛行)의 주된 원인이다. 2020년 세계적 대유행병은 그 자체로 비극일 뿐만 아니라 만성질환의 진정한 비용과 공중보건의 불평등을 크게 부각시켰다.

하지만 다행스럽게도 우리는 이런 추세를 뒤집을 수 있다.

그러나 우선, 장 미생물 집단이 변함에 따라 결정적으로 타격을 입은 우리 건강의 주요 영역을 이해하는 일이 중요하다. 나는 다양한 식단 혹은 장 미생물 관련 만성 비감염성 질환 중 현재 의료 위기에서 일차적 역할을 하는 세 가지 유형에 주목할 것이다. 자가면역 및 알레르기 장애, 비만 및 대사 증후군(당뇨병, 암, 심혈관 질환 및 간 질환) 및 뇌 장애가 그것이다.

알레르기와 자가면역 질환

우리가 바라보는 방식으로 만성 비감염성 질환의 추이 변화를 살펴본 알레르기 질환 관련 논문이 있다. 2002년《뉴잉글랜드 의학저널》에 발표된, 널리 인용되는 논문에서 장 프랑수아 바흐(Jean-François Bach)는 지난 70여 년 동안 알레르기와 자가면역 질환 같은 만성질환이 크게 늘었다고 보고했다.[6] 이 논문이 출판된 후에도 다수의 연구자가 이런 관찰을 뒷받침하는 증거를 내놓았다.《스칸디나비아 위장병학 저널》에 발표된 한 연구에서는 자가면역 질환인 크론병 발병률이 1950년대부터 1990년대까지 북유럽에서만 3배 이상 증가했다고 보고했다.[7] 스웨덴 예테보리 대학 연구팀의 또 다른 연구에 따르면 1979~1991년 사이에 스웨덴 학생의 천식, 꽃가루 알레르기 및 습진 유병률이 2배 증가했다.[8] 독일 괴팅겐 대학 연구팀도 추가 연구 결과를 발표했다. 작센 남부 주민을 조사한 독일 과학자들은 자가면역 질환이기도 한 다발성 경화증 발병률이 1969년에서 1986년까지 불과 20년이 채 안 되는 기간에 두 배로 증가했다고 보고했다.[9]

최근 자가면역 및 알레르기 질환이 늘어나는 추이를 설명하고자 '위생', '오래된 친구' 또는 '사라진 미생물' 이론 같은 이름이 붙은 몇 가지 가설이 등장했다.[10] 이들 가설은 모두 환경적 요소를 강조한다. 이를테면 생애 초기 항생제를 잘못 혹은 과다 복용했다든지, 농업에서 살충제와 화학비료의 사용이 증가하고, 자연과 땅, 동물과 격리된 도시 환경에서 어린이가 자라는 일 따위가 이런 변화에 중요한 역할을 맡는다. 위생 가설 주창자들은 아기와 어린아이들이 자연환경의 세균과 미생물에 점점 더 적게 노출되는 멸균된 세상에서 살아가다 보니 위협에 맞서 면역계가 몸을 보호하는 훈련을 제대로 받지 못했다고 걱정한다. 결과적으로 우리의 면역 체계는 병원성 세균 및 바이러스와 같은 진정한 위험으로부터 꽃가루나 견과류처럼 해롭지 않은 성분을 식별하는 본성을 잃은 셈이다. 분별력이 떨어진 탓에 면역계는 생뚱맞게 자신의 세포를 공격하여 자가면역성 질환을 유발하거나 경보음을 잘못 울려 알레르기 반응을 일으킨다.

몇몇 연구 결과는 가설의 일부 내용을 어느 정도 입증하는 듯하다. 하지만 이들 연구 대부분의 일차 목표는 자가면역 질환이나 알레르기 질환에 취약하도록 면역 기능을 해치는 특별한 유전자를 찾아내는 데 있었다. 그러나 주요한 만성질환, 그 어떤 것도 유전자 한두 개의 기능 이상에서 비롯하지 않는다. 대신 취약한 유전자 목록과 유전자 네트워크의 변화가 불거졌을 뿐이며 이는 본성상 인간이 점진적으로 변하는 환경에 다소 민감함을 뜻한다. 지난 70여 년 동안(진화는 그보다 훨씬 느린 과정이다) 우리 유전자는 변하지 않았기 때문에 오히려 환경과 생활 방식의 변화가 갑작스러운 만성 질병의 증가에 책임이 있다는 점이 거의 확실해 보인다.

만성질환이 팽배한 지가 벌써 반세기가 훨씬 지났음에도 우리는 여전히 그것들과 맹렬히 싸운다. 더 효과적인(그리고 값비싼) 치료법을 개발한다고 해왔지만 직접적인 치료법은 없다. 요즘은 텔레비전 광고만 힐끗 보아도 이 문제의 심각성을 알아차릴 수 있다. 과하게 날뛰는 면역계의 고삐를 잡는다는 투의 광고(그러면서 작은 목소리로 심각한 부작용을 경고한다)가 사뭇 늘었다. 이런 광고 중 다수는 '생물학적 약물' 또는 '생물학적 제제'가 차지한다. 생물을 재료로 만들었거나 약품에 세포가 들어갔기 때문에 붙은 이름이다. 염증성 장 질환, 류머티즘 관절염 및 건선(psoriasis)처럼 자가면역 질환을 목표로 하는 휴미라, 레미케이드 및 리툭산을 생각해보라. 이들 약물은, 그냥 놔두면 만성 염증과 통증을 유발할 수 있는 사이토카인(cytokine)이라는 신호 분자를 포획한다. 수천 명의 환자에게 극적인 효과를 나타내긴 했지만 그뿐이다. 그나마도 일시적인 데다 만성질환이 증가하는 추세를 꺾지는 못했다.

동시에 생물학적 제제는 제약 산업에 수십억 달러의 수익을 안겼다. 대체로 생물학적 의약품은 일반 의약품보다 값이 평균 22배 비싸다.[11] 예를 들어, 궤양성 대장염과 크론병 등의 질병에 처방되는 인플릭시맙(infliximab, 레미케이드)으로 1년 치료하는 데 대략 5만 달러 정도가 든다.[12] 한편, 환자가 얻는 이들 약물의 순 효과는 애초 이 증상을 유발했던 면역 체계 이상의 근본 원인을 규명하거나 치료하기보다 성가신 증상을 감소시키는 데 불과하다.

증상을 누그러뜨리는 데 불과한 약물의 단점은 극적으로 증가하는 자가면역 질환 발병률에 고스란히 반영된다. 미국 자가면역질환협회(AARDA)는 현재 5000만 명의 미국인이 다발성 경화증, 류머티즘 관절염, 염증성 장 질환, 제1형 당뇨병을 포함해 100가지 이상의 자가면역 질환으로 고통받는다고 추산한다. 암 발병률을 앞지른 수치다.[13]

하지만 암과 마찬가지로 자가면역 질환이 계속 늘어나는 이유를 누구도 설득력 있게 설명하지 못한다. 이러한 질병의 기원뿐만 아니라 그것이 정확히 무엇인지조차도 사실 정확히 알지 못한다. 삶의 질을 현저히 떨어뜨리는 문제를 해결하거나 질병을 치료할 수 있다고 확신하는 광고가 넘치지만 미국인의 85퍼센트는 자가면역 질환명(名)을 단 하나도 대지 못한다. 사람들 대부분은 자가면역 질환이 우리 몸에서 어떤 식으로 증상을 드러내는지 그 위험성은 얼마나 큰지 거의 알지 못하는 것 같다.[14]

비만과 대사 질환

비만은 유행병처럼 확산되는 질병들 사이에서 핵심적 역할을 하며 그런 현상은 전 세계적인 추세다. 1960년대 과체중 및 비만 인구가 서서히 증가하기 시작했을 때만 해도 의료계에서는 그 상황을 전혀 알아채지 못했다. 15년 후, 비만 현상이 마침내 주목을 받았을 때조차 이 문제는 미국 남부 몇 주, 사회경제적 수준이 낮은 일부 사람들에게 국한된 문제로 축소되면서 슬프게도 인종적, 경제적 편견을 고스란히 드러냈다. 의료계에서 이런 상황은 지금도 나아진 것이 별로 없다.

인류의 체중은 한창 고공행진 중이다. 1980년과 2013년 사이 과체중이거나 비만인 사람의 수는 8억 5700만 명에서 21억 명으로 증가했다.[15] 비만이 모든 인구에 영향을 미치고 공중보건에 전례 없는 도전을 제기했다는 점은 부인할 수 없는 사실이다. 미국 국립보건원 건강 · 영양조사국에서 수집한 자료에 따르면 오늘날 성인 3명 중 1명, 어린이 6명 중 1명이 비만이다.[16] 일 년 내내 미국을 횡단하는 의료 및 과학 학회에 참석하느라 여행하는 동안 또는 환자와 상담하는 업무를 수행하면서 나는 비만이 들불처럼 퍼지고 있음을 직접 목격한다. 의사로서 나는 공항에서, 호텔에서 조식 뷔페를 받기 위해 줄을 서서 얼마나 많은 사람이 평균 체중 범위를 벗어나 있는지 무척 걱정스러운 눈으로 바라보곤 한다.

우리는 비만 문제를 이해하고자 연구에 엄청난 자원을 쏟아부었지만 지난 반세기 동안 왜 점점 더 많은 사람들에게서 비만이 늘어나는지 거의 알아낸 것이 없다. 최악인 것은 지금까지 비만을 퇴치하는 데 장기적인 효과를 보인 유일한 해결책이 소화기관 기능에 돌이킬 수 없는 극적인 결과를 몰고 왔다는 점이다. 예컨대, 비만을 해결하는 한 방법은 사람이 먹을 수 있는 양을 제한하기 위해 위의 위쪽을 절제하는 일종의 비만 수술법(bariatric surgery)이다. 위를 달걀 크기로 줄여 소장에 직접 연결하는 비만 수술도 있다. 위소매절제(sleeve gastrectomy) 수술법은 위 80퍼센트를 잘라 바나나 크기와 모양을 가진 왜소한 위만을 남긴다. 식염수를 채운 실리콘 풍선을 위에 삽입하여 체중 감량 효과를 노리는 방법도 있다. 또 다른 극적인 수술 한 가지는 위에 구멍이 있는 위 누공(fistula) 장치를 넣는 방법이며 식후 그 구멍으로 위 내용물을 빼내 일회용 백에 옮겨 버린다.

이러한 수술은 비만을 퇴치한다는 명목으로 인류가 자행하는 극단적인 의학적 수단이다. 게다가 위를 잘라내 그 안에 담길 음식물의 양을 줄이는 직접적인 수술 방식이 우리가 생각한 것보다 훨씬 더 복잡한 효과를 나타낸다는 사실도 알게 되었다. 이렇게 과감한 수술적 개입은 위의 크기와 모양을 바꿀 뿐 아니라 위가 혈액으로 분비한 식욕 조절 호르몬이 뇌에 미치는 되먹임 현상에 이르기까지 신체 모든 곳에 영향을 끼친다. 비만 수술은 장 미생물의 구성을 변화시키고 결과적으로 뇌와 신체의 나머지 부분에 미치는 장의 신호도 달라진다. 음식 선호도가 갑자기 바뀌기도 한다. 다시 말하면 다양한 신체 시스템에 영향을 미치는 호르몬, 대사, 내분비 경로가 확 달라진다. 심지어 체중이 줄어들기도 전에 이런 일이 벌어진다.

더욱이, 비만 및 과체중인 미국인은 대사 증후군에 시달린다. 대사 증후군을 진단할 때 전문가들은 체질량 지수 증가, 고혈당 및 고지혈증, 혈압 상승, HDL 콜레스테롤 수치 감소('좋은' 콜레스테롤) 및 이상지질혈증을 포함한 일련의 검사를 시행한다. 별다른 증세는 없으나 개인의 지질 프로필(혈중 지방의 양) 수치가 너무 높으면 탄수화물과 지방을 처리하는 능력이 떨어졌다고 볼 수 있다. 무엇보다 대사 증후군은 내분비계와 면역계에 영향을 미치는 비만의 합병증일 뿐만 아니라 간, 심장, 심지어 뇌 만성질환의 주요 위험인자이기도 하다.

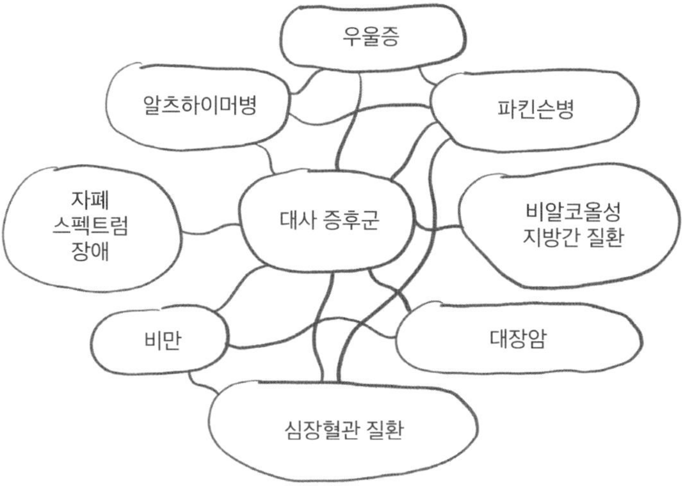

코로나19가 발발하기 전, 전염병이 전반적으로 줄어들던 2018년에 발표된 한 논문에서 연구자들은 대사 증후군을 '현대 사회의 새로운 주요 건강 위험 요소'로 지목했다.[17]

일부 전문가들은 이러한 추세가 시작에 불과하다고 본다. 하버드 대학의 역학 및 영양학 교수인 월터 윌릿(Walter Willett) 박사는 내게 이렇게 설명했다. "우리가 비만이나 인슐린 저항성 전염병의 모든 결과를 파악하려면 30년, 40년, 50년은 너끈히 걸릴 겁니다. 기후 변화와 비슷하죠. 모든 영향을 즉시 볼 수는 없지만 건강 측면에서 그 길이 황폐화하는 징조는 여러 가지로 나타납니다." 비만처럼 대사 증후군이 서구 선진국에만 영향을 끼치는 문제가 아니라는 사실은 슬프기조차 하다. 이를테면 1992~2002년 사이 10년 동안 중국에서 과체중 및 비만인의 비율은 전체 인구의 20퍼센트에서 29

퍼센트로 늘었다. 또한 2017년에는 대사 증후군의 유병률이 15.5퍼센트로 급증했다.[18]

대사 증후군이 급등하면서 고혈압, 관상동맥심장질환, 심장마비, 뇌졸중, 울혈성 심부전, 심방세동 같은 심혈관계 질환도 꾸준히 늘고 있다. 대사 증후군이 이들 질환의 주요 위험인자인 탓이다. 2011년, 미국 심장 협회(American Heart Association)는 2030년까지 미국인의 최대 40퍼센트가 어떤 형태로든 심혈관 질환으로 고통받으리라 예측했다. 불행히도 미국은 2015년에 이 수치에 이르렀다. 19년이 아니라 4년 만에 일어난 일이었다.[19] 2015년에는 약 9600만 명의 미국인이 고혈압을, 거의 1700만 명이 관상동맥 심장 질환을 앓고 있었다. 이것만으로 만족할 수 없다는 듯, 이 불길한 추세는 앞으로 15년 안에 45퍼센트로 증가할 것으로 예측된다.

이 수치 못지않게 대사 증후군 환자의 생명을 유지하는 데 드는 처방약, 수술 및 입원 비용도 비상식적일 정도로 비싸다. 2016년 미국에서 여기에 들어간 비용만 5550억 달러였다. 2035년에는 1조 달러를 넘으리라 예상한다.[20]

신체의 어떤 기관도 피폐해진 대사 체계의 충격을 피할 수 없는 것 같다. 과체중 환자의 75퍼센트, 병적으로 비만인 환자의 90~95퍼센트가 비알코올성 지방간 질환으로 고통받는다. 이는 간경화나 간암 또는 간부전으로 이어질 수 있는 심각한 질환이다. 지방간 증상은 미국 간 질환의 주요 원인이자 간 이식 수술이 필요한 주된 적응증 중 하나이다.[21] 비만 및 대사 증후군은 또한 미국에서 네 번째로 흔한 형태의 암인 결장 및 직장암을 비롯한 여러 암 유형의 위험 요소다. 미국 국립 암 연구소에 따르면 비만한 사람, 특히 남성은 정상 체중을 가진 사람보다 대장암에 걸릴 확률이 약 30배 높다.[22]

뇌 질환

알츠하이머 및 파킨슨병, 자폐 스펙트럼 장애, 우울증 및 불안 장애를 비롯한 여러 정신과적, 인지 및 퇴행성 신경 질환도 지난 반세기 동안 훨씬 더 많은 미국인에게 영향을 미쳤다. 비만 및 대사 증후군만큼 극적이지는 않았지만 여러 뇌 질환이 증가하는 추세는 여전히 두드러진다. 지난 20년 동안 퇴행성 신경 질환이 증가했다. 2017년, 전 세계적으로 약 5000만 명의 사람들이 알츠하이머병을 앓고 그 숫자는 한동안 20년마다 두 배 늘 것으로 예상된다.[23]

기대수명의 증가가 늘어난 예측값을 설명하는 중요한 요소임은 분명하지만 대사 증후군을 비롯한 여러 요인이 인지 기능 저하에 중요한 역할을 한다는 증거가 있다. 최근 우리는 다양한 만성질환의 증가가 단순히 노화의 부산물이라는 제약 산업의 암묵적인 메시지를 받아들였듯, 나이가 들면 저절로 인지 기능이 떨어진다는 사실을 거의 정상적인 현상이라고 수긍한다. 그러나 실제로 인간의 뇌(몸과 마찬가지로)는 의학적 개입 없이도 90대까지 완벽하게 기능할 수 있는 잠재력이 있다.

급증하고 있는 만성질환이 더 있다. 2016년에는 전 세계적으로

610만 명이 파킨슨병을 앓았지만[24] 오늘날에는 그 수가 1000만 명이 넘는다.[25] 그리고 4장에서 더 자세히 살펴보겠지만 자폐 스펙트럼 같은 발달 장애는 2004년 기준 어린이 166명 중 1명이었으나 2018년 기준 어린이 59명 중 1명으로 그 빈도가 거의 3배 증가했다.[26] 우울증 역시 늘었지만 나타나는 양상이 조금 복잡하고 증세가 동질하지 않은 까닭에 이환율의 변화를 추적하기도 쉽지 않다. 우울증은 알츠하이머나 파킨슨병 등, 다른 질환과 함께 나타나는 탓이다. 어쨌든 2017년, 약 1억 6000만 명이 주요 우울 장애로 고통받았으며 젊은 사람들 집단에서 그 증가 폭이 두드러진다.[27] 블루크로스블루실드 보고서에 따르면 2016년에 12~17세 사이의 청소년 중 2.6퍼센트가 주요 우울증 진단을 받았으며 이는 2013년보다 63퍼센트 증가한 값이다. 18~34세의 젊은 성인 집단에서도 47퍼센트가 늘었다. 더욱 안타까운 사실은 2030년까지 우울증 진단을 받을 젊은 사람들의 수가 성인의 심혈관 질환 환자 수를 넘어설 것이라고 연구자들이 예측한다는 점이다. 또한 우울증의 상징처럼 여겨지는 자살이 젊은이들의 주요 사망 원인인 점도 무시할 수 없다. 미국에서 자살은 사망 상위 10대 원인 중 하나인 데다 그 수는 계속해서 늘고 있다. 그동안 우리는 우울증을 달랠 해결책이나 성공적인 장기치료법을 찾지 못했지만 제약 회사는 엄청난 호황을 누렸다. 정신 건강 약물 시장은 전 세계적으로 연간 약 800억 달러 규모다.

공통된 연결고리

지난 75년 동안 의사와 과학자들이 달려들어 다양한 만성질환을 연구했지만 각기 동떨어진 별개의 고유한 질환으로 여긴 탓에 각 분야 전문가들이 독립적으로 연구를 수행했을 뿐이었다. 하지만 현대 의료 시스템은 꾸준히 상승 궤적을 그리는 이들 질병 중 어떤 것도 막아낼 만한 효과적인 전략을 세우지 못했다.

그러나 이런 비감염성 질병이 동시대의 수많은 사람들에게 만연하다는 시각에서 상황을 바라보면 놀라운 유사점들이 드러난다. 예컨대 이러한 질병 대부분은 산업화의 가속이라는 시간대에 조응하여 선진국과 개발도상국 사이에 유사한 시차를 보였다. 서구 세계에서 이러한 질병이 증가한 지 약 10~30년이 지난 다음 저개발 국가에서 현대 생활 방식, 특히 식이요법의 많은 측면을 받아들인 후 비감염성 질환이 증가하는 현상이 놀랄 만큼 비슷하게 재현되는 것이다. 염증성 장 질환, 특히 궤양성 대장염과 크론병은 전형적인 사례이다. 21세기로 접어들면서 아시아, 아프리카, 남미 등 신흥공업국에서 발병률이 증가하면서 이들 질환은 세계적 질병으로 거듭났다.[28]

알레르기성 질환, 자가면역, 비만, 대사 증후군, 결장암, 우울증 같은 질병 대부분이 발발하는 연령대가 낮아지고 그에 따라 더 젊은 세대가 영향을 받는다. 인간 집단에서 벌어진 식단의 변화가 다음 세대에게도 충격파를 던진다는 뜻이다. 이를테면 대장암 발병률은 남녀 노인에서 줄었지만 젊은 남성과 여성에서는 상승하고 있다. 2006~2015년 사이 50세 미만 남성의 대장암 연간 평균 증가율은 3.5퍼센트였다.[29] 의료 체계가 이런 우려할 만한 상황에 대처하는 방식은 줄곧 근시안적이고 환원주의적 태도를 고수하는 것이었다. 미국 암학회 대장암 검진 지침에는, 가족력이나 기타 잘 알려진 위험 요인이 없어 결장암 위험이 없다고 판단되는 평균적인 사람들이 이전 권장 연령대인 60세가 아니라 45세에 정기 검진을 시작하도록 권한다.[30] 최근 나는 대장암 검진 지침을 설명하는 강연에 참석한 적이 있다. 그때 발표자에게 식이요법과 소아비만이 대장암 발병률에 영향을 끼친다는 보고가 있던데 예방책으로 식이요법을 권할 의향이 있는지 물었다. 그녀는 그럴듯한 설명이지만 검진에서 식이 권장 사항을 제공하는 방식은 현재 확립된 관행의 일부가 아니라며 고개를 저었다. 게다가 발표자는 위장병 전문의 대부분이 매일같이 대장 내시경을 수행하느라 바빠서 환자의 식습관을 조사하거나 유익한 식단으로 바꾸도록 지침을 제공할 시간이 없다고도 말했다. 커다란 파급력을 갖지만 단지 전통적 질병 모델에 맞지 않는다는 이유로 식단 변화를 제안하는 이렇게 간단한 노력마저 뒷전으로 밀린다는 사실이 나는 늘 놀라울 따름이다.

다양한 증세에도 불구하고 거의 모든 질병은 면역 체계의 조절 장애를 동반한다. 면역 장애는 두 가지 방식 중 하나로 발현된다. 자가면역 및 알레르기 질환에서 면역계는 해롭지 않은 환경 자극 또는 자신의 세포에 과민 반응하지만 대사 관련 질환에서는 장 면역계가 만성적으로 활성화되어 심장, 간, 대장, 지방 조직은 물론 뇌까지 온갖 조직을 별 까닭 없이 무차별적으로 공격한다. (후자처럼 면역계가 과도하게 반응하는 '사이토카인 폭풍' 때문에 기저 질환이 있는 환자가 코로나19에 더 취약해져 심각한 증상과 합병증에 시달린다.)[31]

자가면역 및 알레르기 질환의 취약성을 결정하는 면역계가 생후 첫 3년 안에 설계된다는 연구 결과가 나오긴 했지만, 서구식 식단이 현재 공중보건의 위기를 구성하는 질환들의 발생에 핵심적인 역할을 한다는 증거도 점점 쌓여가고 있다. 서구식 식단은 대사 내독소혈증을 유발할 수 있다. 낮은 등급의 전신 면역이 활성화되면 각종 면역 세포에서 신호전달 물질인 사이토카인을 분비하고 이 면역 매개 물질은 혈액을 따라 뇌와 전신으로 배달된다.[32] 소화기관 장벽에 자리한 우리 면역계의 70퍼센트는 이 염증 신호를 몸 전체에 퍼뜨릴 수 있는 강력한 위치에 있으며, 개인의 유전적 다양성에 따라 다양한 장기에 크고 작은 영향을 입힌다.

오랫동안 주로 영양소의 흡수와 노폐물 저장소로 여겨져온 소화관이 급진적인 건강 드라마의 주인공이 되리라고 누군들 쉽게 예상할 수 있었겠는가! 그러나 확장된 시스템 생물학의 영향을 받아 지난 20년 동안 빠르게 축적된 연구 결과를 살펴보면 소화관의 핵심적 역할이 놀라운 방식으로 드러나고 있다. 다음 장에서는 장 미생물 집단과 뇌 그리고 면역계 포함 우리 신체의 모든 계와의 관계를 밝힌 주목할 만한 발견들은 어떻게 공중보건의 위기를 멈추고 건강한 상태로 회복할 수 있는지, 어떻게 인류가 가장 혁신적인 도약으로 방향을 틀 수 있는지 그 돌파구를 열 가능성을 모색한다.

2

우리 몸 네트워크의 허브, 장

최근에 과학은 신체와 건강을 이해하는 새로운 접근 방식에 다가섰다. 이런 관점은 신체의 복잡성, 의사소통 및 상호 관련성을 설명하고 겉보기에 전혀 관련 없어 보이는 이질적 질환들이 어떻게 지난 75년 동안 한결같이 급격한 속도로 증가했는지 그 상호 관련성을 명확히 하는 작업이다.

나는 이 전체론적 관점을 이전의 사고방식으로 회귀한 것이라 규정한다. 신체 시스템의 상호 연결성을 강조하는 개념은 5,000년 전의 아유르베다 문헌에서 찾을 수 있다. 전통 한의학과 히포크라테스 의학(그리스인의 자연 철학에 기초함)에서도 기꺼이 이 개념을 수용했다. 고대에는 우리의 건강이 마음, 기관, 영(spirit), 환경, 심지어 우주 사이의 복잡한 관계에 따라 기본적으로 결정된다고 인식했다.[1] 2,000년 전 그리스 철학자 아리스토텔레스는 이렇게 정리했다.

"전체는 부분의 합을 넘어선다."

이런 믿음은 17세기에 이르러 흔들리기 시작했다. 프랑스 철학자 르네 데카르트(René Descartes)가 자신의 자전적 철학책 『방법서설』* 에서 환원주의를 소개한 것이다. "나는 생각한다, 고로 존재한다"는 유명한 말은 이 책에서 유래했다. 데카르트는 복잡한 상황을 분석하려면 그것을 부분으로 나누어 이성이 감당할 수 있을 정도로 충분히 분석한 다음 그것에 기반하여 전체를 다시 재해석하는 환원주의로 나아갈 것을 제창했다.[2]

나중에 신체와 뇌를 완전히 분리된 기관으로 취급하는, 심신 이원론을 제안했을 때 데카르트는 환원주의를 신체에 적용했다.[3] 심신의 갈등을 해소하려면 의사와 과학자는 오직 인체에만 관심을 두고 뇌와 정신은 교회에 맡겨야 한다고 그는 말했다. 데카르트의 견해는 철학뿐 아니라 생물학도 변화시켰다. 의학계는 데카르트의 이원론과 환원주의를 채택했고 의사들은 신체가 개별적인 부분으로 구성되고 각각 따로 기능한다는 전제에 따라 몸을 진단하고 치료하기 시작했다. 점차 의사들은 모든 생명체가 시계의 톱니바퀴처럼 규칙적이고 예측할 수 있게 작동하는 메커니즘을 갖고 있다고 믿게 되었다. 수 세기에 걸쳐 우회로에 머물렀음에도 불구하고 과학은 (의학계는 다소 멀어 보이지만) 신체를 상호 연관된 시스템의 복잡한

* '과학에서 이성을 올바르게 수행하고 진리를 찾는 방법에 관한 담론(*Discourse on the Method of Rightly Conducting One's Reason and of Seeking Truth in the Sciences*)'이 책의 원제이다.—역자 주

상호작용으로 보는 전통적인 고대 지혜의 관점으로 서서히 회귀하는 중이다.

물론 이제 우리는 이러한 연결을 뒷받침하는 생물학에 대해 더 잘 이해하게 되었다. 네트워크 과학이 광범위하게 도입되면서 우리는 관점을 혁신적으로 바꾸었다. 고립된 부분에서 통일된 전체로 세상을 보는 방식이 달라지자 사람들은 과학적 공동 작업에 박차를 가하게 되었다.[4] 네트워크 과학은 복잡한 네트워크 안에서 개별 요소의 상호작용을 연구하며 그래프 이론, 통계 역학, 예측 모델을 생성하는 데이터 마이닝 기법이 모두 동원된다. 1930년대 개발된 네트워크 과학은 사회과학에서 생태학, 세계 경제에 이르기까지 다양한 과학 분야에서 극적으로 발달했고 외연을 확장해나갔다. 그 결과 우리는 언뜻 관련이 없어 보이는 요소가 밀접하게 상호 연결된 부분으로 이루어진 시스템이라는 것을 파악하고 있다. 이러한 상호 연결성은 예측 가능한 패턴으로 나타나는데, 종종 예측을 넘어선 의외의 결과를 낳기도 한다.

"사람, 주식 시장, 유전자, 신경, 세포 안 분자를 떠올려보세요. 여기서 가장 중요한 것은 상호작용입니다." 인디애나 대학 심리학 및 뇌과학 교수이자 네트워크 과학 연구소 공동 소장인 내 친구이자 동료, 올라프 스폰스(Olaf Sporns)가 말했다. "우리는 시스템의 복잡성을 다루는 과학이 필요합니다. 컴퓨터를 동원해 그것을 수학적인 형태로 만드는 거죠. 그것이 바로 네트워크 과학입니다."

지난 수십 년 동안 자연, 사회 및 기술적 시스템에 적용되었던 네트워크 과학은 이제 복잡한 생물학적 시스템에 적용되어 인체를 수학적 연결성(sequencing)에 바탕을 두고 그려진 복잡한 상호 연결 지도로 파악한다.

한편 1950년대에 처음 개발되었지만 약 20년 전에 현대 생물학에 완전히 흡수된 시스템 생물학이라는 접근 방식도 주목을 받았다. 이것은 많은 사람이 의학에 혁명을 불러오리라 믿었던 인간 유전체 지도 작성 초기의 부푼 희망에서 비롯되었다. 그 무렵 빌 클린턴은 인간 유전 암호를 "신이 창조한 생명의 언어"라고 불렀다. 그 뒤로도 수십억 달러를 쏟아부었지만 불행히도 인간 유전체 프로젝트는 가장 흔한 질병에 대해서조차 실용적인 진단 및 치료법을 아직 찾아내지 못했다. 하지만 시스템 생물학은 의료 분야, 특히 미생물 유전체 과학에서 만개할 가능성을 찾았다. 기하급수적으로 성장한 슈퍼컴퓨터 처리 능력에 바탕을 둔 시스템 생물학은 대규모 생물학적 데이터 세트를 처리하고자 더 복잡하고 이론적이며 동시에 계산적인 방법을 제공했다. 이제 과학자들은 서로 다른 유형의 세포와 분자 및 미생물로 구성된 하나의 체계로 인간의 신체와 뇌를 이해한다.

시스템 생물학은 개별화(specialization)에서 상호 연결(interconnection)로 과학적 패러다임 전환에 추진력을 얻었다. 시스템 생물학 내 각 도메인에는 접미사 '옴(ome)' 또는 '오믹스(omics)'가 붙는다. 유전체학(gen**omics**)이 시스템 생물학의 첫 번째 도메인이다. 거기에 내가 '오믹스 혁명'이라고 부르고 싶은 작업이 뒤를 이었고 새로운 분야가 차례로 등장했다. 후성유전체학(epigen**omics**)은 우리 유전자가 환경의 영향을 받아 발현이 달라지는 현상을 연구한다(후성유전학epi**genetics**은 특정한 유전자에 미치는 환경의 효과를 분석한다).[5] 단백질을 합성할 때 유전자를 주형 삼아 발현되는 RNA 분자 집합을 연구하는 전사체학(transcriptomics), 유전자 발현의 영향으로 만들어지는 많은 수의 신호 물질을 분석하는 대사체학(metabolomics),[6] 특정한 세포나 생명체가 만드는 단백질을 종합적으로 연구하는 단백질체학(proteomics),[7] 소화기관에 거주하는 미생물 전체와 그들의 유전체를 연구하는 미생물군 유전체학(microbiome)[8]도 독자적인 도메인이다. 고대의 지식 전통이 수 세기에 걸친 예리한 관찰을 바탕으로 이해했던 세계를 시스템 생물학은 숫자를 계산하여 재발견했다. 상호작용하는 각 도메인은 서로를 수정하면서 상호의존적인 거대한 신체 다중 규모 네트워크를 낳는다.

요즘 시스템 생물학은 우리 몸의 두 가지 복잡한 시스템인 '**뇌 연결체**(brain connectome)'와 '**장 연결체**(gut connectome)'에 적용되었다. 뇌 연결체 연구의 선구자 올라프 스폰스는 뇌 안 전체 연결망을 지도로 만들었다.[9] 수조 개 신경 접합부(synapse)로 연결된 수십억 개 뉴런의 복잡한 망으로 이들 배선의 끝과 끝을 연결하여 이으면 지구에서 달까지 거리의 절반에 이른다. 이 시스템을 수학적으로 분석함으로써 스폰스는 뇌 내부 연결망을 가시화하였고 뇌의 구조와 기능뿐만 아니라 뇌 질병의 특성도 이전과 완전히 다르게 이해할 수 있는 발판을 마련했다. 뇌-소화기관 축의 다른 쪽 끝에 선, 저명한 장 신경생물학자이자 듀크 대학의 의과 교수인 로저 리들(Roger Liddle)은 2015년 장 연결체 개념을 제안했다.[10]

리들이 제안한 네트워크는 장 신경계 신경 세포로 구성된다. 중추 신경계의 통제를 벗어나 독자적으로 움직이며 다양한 위장관 운동을 조율하는 장 신경계는 소화기관의 작은 뇌라고 불린다. 그는 장 신경계에 지지세포(합쳐서 교세포, glia)와 호르몬을 함유하는 세포도 포함시켰다. 나는 이 네트워크가 확장되고 장 면역계와 장의 다양한 세포 사이의 복잡한 상호작용을 더 잘 이해하는 방향으로 나아가 우리 건강에서 이 연결망이 차지하는 역할을 철저히 규명해야 한다고 생각한다. 결과적으로, 장 **연결체**는(혹은 간단히 장, 앞으로도 자주 언급할 것이다) 장 신경계뿐만 아니라 내분비계 및 면역계를 포함한다. 장 연결체는 물질대사와 음식 섭취뿐만 아니라 병원균으로부터 우리 몸을 방어하는 다양한 역할을 수행한다. 앞으로 장 연결체 또는 장을 언급할 때 나는 소화기관이라는 장기를, 장 미생물 집단을 언급할 때는 소화기관에 살고 있는 수십조 개의 세균을 염두에 둔다는 점을 미리 말해둔다.

* * *

네트워크 과학 및 시스템 생물학 관점에서 볼 때, 장 그리고 장 미생물 집단은 현재 공중보건 위기를 대표하는 각종 질병을 이해하는 핵심 요소다. 이들 과학은 다양한 신체 기관을 연결하는 의사소통 네트워크 안에서 장을 중앙에 배치하기 때문이다. 장이 왜 이렇게 핵심적 지위를 차지하는지 확인하기 위해 네트워크 과학의 내막을 좀 더 자세히 살펴보도록 하자. 우선 과학자들은 전문 용어인 **노드**(nodes, 네트워크 내에 존재하는 개별 요소)와 이들 사이의 연결 또는 경로를 나타내는 **엣지**(egdes)로 복잡한 네트워크를 설명한다.

이렇게 비유해보자. '모든 길은 로마로 통한다'라는 속담이 있다. 고대 로마 제국에서 모든 길(엣지)은 결국 로마로 향하게 되어 있다. 이 특별한 네트워크에서 로마가 가장 중요한 노드이기 때문이다. 현대의 대도시처럼, 로마도 물리적 연결성뿐만 아니라 전체 국가에 미치는 영향 덕분에 다른 도시와 구분된다. 과학자들은 이를 **중심성**(centrality)이라고 부르며 커다란 네트워크 안에서 정보의 흐름과 소통에 미치는 노드의 영향력을 파악하려는 목적으로 중심성을 측정한다. 각 노드의 가장 기본적인 속성을 표현하는 용어가 두 개 더 있다. 노드에 결합하는 경로의 수를 의미하는 **연결정도**(degree), 네트워크 안에서 전체 참여도를 나타내는 **연결강도**(strength)가 그것이다. 로마가 고대 제국에서 매우 중요한 역할을 했다는 말은 다른 도시 또는 노드와 연결선의 수가 가장 많고 그에 따라 로마가 이 네트워크 안의 **허브**(hub)였음을 의미한다.[11]

이제 잠시 당신의 신체를, 각종 장기가 노드 역할을 하는 네트워크로 상상해보자. 전체적인 기능에서 어떤 기관은 다른 것보다 더 중요할 것이고 허브 역할을 맡는다. 경로 또는 엣지는 생물학적 시스템이 서로 통신하는 다양한 방법의 다른 말이다. 이러한 경로 중 일부는 신경 다발 및 혈관계와 같이 고정 배선된 반면 다른 경로는 매우 역동적인 통신 시스템이다. 순환하는 면역 세포, 수많은 순환 분자(호르몬, 염증 분자, 대사체), 심지어 혈구들도 이런 종류의 엣지에 속한다.

네트워크 과학의 가장 주목할 만한 개념 중 하나는 시스템의 **규모 가변성**(scalability)과 관련이 있다. 네트워크가 유전자, 분자, 세포, 기관 및 심지어 사람과 같은 서로 다른 개체로 구성되더라도 그것의 기본 특성과 행동 및 반응은 동일한 수학적 원리에 따라 결정된다는 뜻이다. 유전자 또는 분자 네트워크, 인간들로 구성된 사회적 네트워크 모두 상호 연결된 방식으로 작동한다. 상호작용은 가장 기본적인 생물학적 교환에서 가장 복잡한 사회 시스템에 이르기까지 작은 규모에서 큰 규모로 다시 더 기본적인 단위에 이르기까지 바쁘게 오가며 이루어진다. 예를 들어, 먹는 음식에 반응하여 장 미생물 네트워크가 변하면 뇌 네트워크가 달라질 수 있으며 이는 차례로 사회적 상호작용에서 행동 변화로 이어질 수 있다. 이는 다시 뇌 네트워크에 충격을 던질 것이고 궁극적으로는 미생물 네트워크에서 유전자 발현의 변화를 초래할 수 있다.

장 연결체에서 뇌 연결체 또는 뇌-몸 네트워크처럼 작은 것에서 큰 것에 이르기까지 우리 몸의 다양한 시스템은 서로 끊임없이 소통할 뿐만 아니라 지속적으로 영향을 미친다. 다른 기관과 더 많이 연결된 기관이 곧 허브이며 그것은 기관끼리의 모든 연결을 지도화한 '작은 세계 네트워크'를 구성한다. 우리 기관 네트워크의 구조(즉

노드의 연결성과 엣지의 수)는 개별 유전자 네트워크처럼 다른 규모에서 작동하는 네트워크의 영향을 받는다.

새롭게 전체론적 관점에서 신체를 바라보는 연구가 여전히 진행 중이지만 나는 두꺼운 신경 케이블과 혈관을 오가며 양방향으로 정보를 전하는 수많은 신호 분자로 연결된 뇌와 장이 우리 신체 기관 네트워크 중 가장 중요하고 중요한 허브라고 생각한다. 의심할 여지가 없다. 이 두 허브가 변하면 신체 전반에 걸쳐 커다란 충격파가 몰려온다. 실제 세계에서 한 사례를 들어보자. 시카고 지역에 눈보라가 내려 오헤어 공항이 폐쇄되었다고 치자. 국제선이 결항하면 곧이어 국내선 운항도 줄줄이 취소될 것이다. 골치 아픈 상황이 벌어지는 것이다. 허브가 망가지면 궁극적으로 전체 네트워크가 정지되거나 아니면 그 흐름이 끊긴다.

오늘날 우리는 생활 방식의 변화라는 현대적 '눈보라'의 영향을 목격한다. 뇌-신체 네트워크 허브가 혼란에 빠지자 우리 몸에서 필수적인 상호 의사소통이 방해를 받거나 차단되는 현상이 벌어지는 것이다. 나는 뇌-신체 네트워크의 변화가 인류의 건강 위기를 초래한 다양한 질병의 원인이라고 믿는다. 과학적으로 그 증거는 넘쳐난다. 이러한 변화는 우리의 신체 시스템이 산업화 초기부터 지속해서 격변에 노출되었고 이는 특히 지난 75년 동안 극적으로 가속된 탓에 발생했다. 지속적 격변이란 대기, 토양과 물의 오염, 독성 화학 물질 노출, 도시화, 항생제 등 약물 남용, 만성 스트레스가 포함되지만 무엇보다 중요한 것은 건강에 해로운 음식물이 증가한 일이다. 이 모든 것이 우리 장 미생물 집단에 영향을 미쳤다. 그렇게 인류 전체의 건강이 악화일로에 접어들었다.

환경의 이러한 요동이 장 미생물 집단과 장 연결체 사이에 오랫동안 형성되어온, 서로 돕는 관계를 근본적으로 변화시켰다.[12] 둘 사이의 상호작용은 탄력적이라 어느 정도의 불일치와 흐트러짐은 곧 회복될 수 있다. 이 둘은 공동 작업을 펼쳐 미약한 감염, 단기간의 항생제 사용, 식단의 점진적 변화에 대응한다. 그 어떤 장기보다 유연성이 좋은 장 미생물 집단은 전 세계 다양한 환경에서 인류가 정착하여 살아가는 데 결정적인 구실을 했다. 하지만 현대의 생활방식이 미생물 집단에 계속해서 압력을 가하는 동안 장 생물학은 그에 보조를 맞추지 못하고 청처짐하게 뒤처지게 되었다. 둘 사이의 불일치가 증가하고 장과 장 미생물 집단의 오랜 공생 관계가 심각한 위기에 봉착했다.[13]

이러한 장기간의 혼란은 또한 우리의 장기 또는 노드를 연결하는 엣지 또는 경로를 바꾸었다. 특히, 신체의 복잡한 분자 언어와 장에서 만들어지는 미생물 대사체 목록이 크게 달라졌다. 결정적으로, 뇌와 간, 심장 그리고 소화기관끼리의 의사소통이 변하면서 기관의 기능이 손상되었다. 뇌-신체 전체 네트워크가 구조적이고 기능적으로 재설정되면서[14] 최근 수십 년 동안 만성질환이 동시에 발발했다고 나는 판단한다. 만일 우리가 가장 시급한 공중보건 문제를 해결하려면 장과 그 면역계가 장 미생물 집단과 맺는 중요한 상호작용의 불일치를 해소하는 일이 선결되어야 한다.

* * *

위장병 전문의로서 경력 대부분을 장 관련 질환을 연구하고 치료하는 데 보냈다는 사실 말고도 몇 가지 이유로 나는 소화기관이 뇌-신체 네트워크에서 콩팥, 심장 혹은 폐보다 핵심적 지위를 차지한다고 간주한다. 언뜻 보기에 직관적이지 않아 보이는 뇌와 소화기관 사이의 양방향 통신은 실제 진화 역사에서 깊숙이 자리 잡았으며 그 증거도 탄탄하다. 뇌-장의 관계는 약 6억 년 전, 초기 해양 생물이 행성의 바다에 나타났을 때로 거슬러 올라간다. 히드라라고 불리는 이 작은 동물은 주변에 신경망을 두른 떠다니는 소화관에 불과했다. 엄밀히 말해 생명체의 첫 번째 뇌라고 할 수 있는 초기 장 신경계의 독자적인 기능은 이 원시 장의 적절한 기능을 보장하는 데 있었다. 그것은 한쪽 끝인 입에 들어온 음식물을 다른 쪽 끝으로 내보내는 동안 최대한 영양소를 추출하여 촉수를 포함한 전신으로 재배치하는 일이다. 놀랍게도 신경 세포와 평활근 세포 사이에 밀접하게 연결된 장의 이런 초기 형태는 수억 년 동안 진화 과정에서 고스란히 보존됐으며 원칙적으로 이 행성의 거의 모든 생물이 여전히 공유하고 있다. 꿀벌부터 물고기, 코끼리, 인간까지 예외는 없다.

대략 5억 년 전 바다에 사는 일부 세균이 원시 소화기관 내부에 정착하여 첫 번째 뇌의 신경 세포와 긴밀한 의사소통을 하게 되자 장내 통신 체계는 한결 더 복잡해졌다. 세월이 흘러 진화가 진행되었어도, 처음에 등장했던 장 연결체의 독특한 설계는 잘 보존되었으나 점차 동물은 **두 번째** 뇌(우리가 오늘날 뇌 또는 중추 신경계로 간주하는)를 발달시켰다. 약 5억 년 전 첫 번째 뇌가 개발한 신호 분자는 새로운 뇌로 전달되어 뇌와 장, 그리고 미생물 사이의 공통 언어로 자리 잡았다. 이것은 오늘날까지 남아 있는 장-뇌 네트워크 내에서 독특한 상호작용의 기초를 닦았다. 이들 상호작용 중 일부는 장 연결체 내에서 작은 세계 네트워크를 이뤄 주로 이 기관이 최적 기능(연동운동, 분비, 혈액의 흐름, 음식물 감지)을 수행하도록 돕는다. 그러나 이제 작은 세계 네트워크는 장 연결체 활동을 자세히 지켜보고 신체의 전반적인 요구를 조정하는 장거리 연결을 통해 뇌로도 연결된다. 이런 양방향 대화는 배가 고프거나 그만 먹을 때를 알려주며 우리의 기분과 행복을 조절하는 데 중요한 역할을 한다.

히드라 내부에서 발달한 최초의 소화기관과 신경계는 매우 밀접하게 얽혀 있(었)어서 마치 하나처럼 보였다. 이런 단순하고도 심오한 연결은 나중에 동물계가 진화하는 동안 위치가 서로 멀어지더라도 오롯이 보존되었다. 우리의 다른 장기는 늦게까지 발달하지 않았기 때문에 장-뇌와 같은 친밀한 유대를 형성할 수 없었다. 이러한 사실은 장과 뇌가 장기 네트워크에서 두 개의 주요 허브 자리라는 점을 확인해준다.

게다가 연구 결과에 따르면 우리 몸에서 뇌 다음으로 복잡한 기관은 장이다.[15] 장에는 자체의 신경계가 있어 제2의 신경계로 불린다.[16] 하지만 이 말은 틀렸다. **첫 번째** 뇌는 소화기 신경계다. 또한 소화기관은 자체 면역계도, 호르몬을 생산하는 내분비계도 갖추었다.

사실, 우리의 음식 섭취와 행복을 조절하는 화학 신호를 분비하는 장 내분비계는 우리 몸에서 가장 큰 내분비 기관이다. 장 연결체 일부인 장 내분비 세포는 수백 종의 신호 분자를 장 내강(음식물이 지나가며 세균이 상주하는 곳) 또는 혈류와 장벽의 신경 말단으로 분비한다. 이러한 신경 말단 대부분은 미주 신경에 있는 감지 장치로 장과 뇌 사이에서 신호를 배달한다.

아마도 가장 중요한 것은 우리 면역 세포의 70퍼센트 이상이 장벽에 있다는 사실이다. 거기에서 그들은 스스로 신체의 다른 부분으로 움직여 가거나 혈류로 염증 분자를 방출하여 신체 나머지 부분과 소통할 수 있다.[17] 면역 세포, 내분비 세포, 신경 세포는 장벽을 구성하는 층 사이에 끼어 있으며 장 미생물 집단을 이루는 수십조 개의 미생물로부터 얇은 두께의 점액층에 의해 분리된다.[18] 수지상 세포라고 하는 특정 면역 세포의 촉수는 점액층을 뚫고 나가 미생물의 동태를 파악한다. 따라서 점액층의 화학적 구성이나 물리적 두께가 변하면 장 미생물이 바로 면역계에 노출된다.

장 신경계, 내분비계 및 면역계의 특정 기능은 매우 자세히 연구되었지만 뇌와 장 미생물 그리고 우리가 먹는 음식이 상호작용할 수 있다는 사실은 최근에야 우리 시야에 들어왔다. 이러한 모든 요소는 상호 연결된 전체 또는 시스템 일부로 볼 때만 비로소 제 모습을 드러낸다. 이러한 상호작용이 조화로운 방식으로 동기화되면 장은 건강함을 유지한다. 그러나 그들 사이에 의사소통이 잘못되면 장의 정상적인 기능에 영향을 미치며, 시스템 생물학의 도움으로 이해하게 된 바와 같이 그 영향은 전신에 파급 효과를 가져올 수 있다.

3

건강한 장이란 무엇인가?

내가 나의 전문 분야에서 겪었던 가장 놀라운 경험 중 하나는 장 미생물 집단을 둘러싼 대중의 관심이 폭발적으로 증가한 현상을 목격한 일이다. 위장관 전문의로 일했던 지난 40년 세월 대부분을, 나는 주로 뇌와 소화기관의 상호작용을 탐구했다. 대개 동료들은 내가 뭘 하는지 이해하지 못했고 심지어 과민성 장 증후군 증상에 심리학을 동원하는 별난 인간으로 오해를 받았다. 그러나 지난 10년 동안 장과 장 미생물은 운동 능력에서 사업가의 리더십, 우울증에서 알츠하이머병에 이르기까지 광범위한 조건과 활성에 영향을 미치는 것으로 밝혀졌다. 무명에서 일약 과학계 주인공으로 급부상한 것이다. 지금은 거의 모든 사람이 자신의 장 미생물 이모저모를 술술 말하는 듯 보인다. 그러나 미디어에서 홍보하고 건강에 민감한 대중이 이해하는 장 건강의 실체는 여전히 모호하다.

건강한 장이 어떤 모습을 갖추어야 하는지 정확히 파악하기란 어려울 뿐 아니라 우리 문화가 미생물 집단을 열광적으로 수용하면서 그것이 우리 삶에서 어떤 역할을 하는지를 둘러싸고 다소 피상적이고 때로 왜곡된 해석이 난무했다. 그중 가장 당혹스러운 것은 장 건강이 좋아지면 에너지가 증가하고, 머리에 안개가 낀 듯한 브레인 포그 증상이 없어지며, 체중 감량에 도움이 된다는 검증할 수 없는 약속이 범람하는 현상이다. 반면, 장 건강이 수백만 명의 사람들에게 영향을 미치는 다양한 질병과 관련이 있다는 깊고 중요한 의미는 쉽사리 무시된다.

장 건강을 두고 떠들썩하게 벌어지는 이런 혼란스러운 상황 일부는 우리가 고정되고 이상적인 장 미생물 집단을 찾고 있으며 그것을 확보하기만 하면 유토피아에 이를 것이라는 환상에서 비롯된다. 하지만 이는 미생물 집단이 작동하는 방식과 거리가 멀다. 장과 장 미생물은 긴밀한 짝을 이뤄 함께 일하지만 둘 사이에는 뚜렷한 차이가 있다. 장 연결체는 상대적으로 안정한 반면 장 미생물 집단은 끊임없이 변하기 때문이다. 장에서 벌어지는 변화를 빠르게 조정하는 미생물 집단은 적응력이 무척 뛰어나 휙휙 바뀌는 주변 세계를 실시간으로 생생하게 반영한다. 특히 우리가 무엇을 먹느냐가 가장 중요한 변수다. 인간 신체 모든 기관은 어느 정도 환경에 적응하는 능력이 있지만 그 속도 면에서 미생물 집단을 따를 기관은 없다.[1]

수백만 년의 진화를 거쳐 가장 적합한 것으로 선별된 2만여 개의 유전자가 인간 생물학을 결정한다. 이러한 유전자 중 일부는 약 1만

5000~2만 년 범위의 시간대에 걸쳐 벌어진 환경의 변화, 특히 식단 변화에 적응한 것으로 예측된다.[2] 반면에 우리의 장 미생물 유전체는 약 40만 개의 유전자로 구성된 데다* 몇 세대에 걸쳐 빠른 변화를 보이는 까닭에 역동적인 환경에 반응하는 적응 능력이 인간 유전체의 20배를 상회한다. 심지어 이전에 한 번도 경험해보지 못한 상황에 부딪힌다고 해도 그렇다.[3] 그러나 뚜렷한 적응력 차이에도 불구하고 장과 미생물 집단은 느리게 공진화했고(히드라에서 시작했다), 조화로운 공생 관계를 이뤄왔다. 그 덕택에 인류는 다양한 서식처가 제공하는 온갖 종류의 음식물을 섭취하면서도 지난 수십만 년 동안 건강하게 살아올 수 있었다.

건강한 장 연결체(Connectome)

무엇이 장을 건강하게 할까? 장 건강을 결정하는, 밀접하게 연결된 주요한 세 가지 요소가 있다. 장 내분비계는 다른 일도 하지만 주로 음식 섭취와 신진대사를 조절하는 호르몬을 만든다. 면역계는 병원체로부터 신체를 보호하는 시스템으로 자가 내성이 있어 우리 몸에서 생산된 항원을 위협적이지 않은 내 것으로 인식하되 외부

* 77쪽 그림을 보면 미생물 유전체의 수는 200만~2000만 개다. 40만 개라는 숫자는 스탠퍼드 대학의 아미 바트(Ami Bhatt) 교수진이 《셀》에 발표한 논문에서 나온 값이다. 이들은 아미노산의 개수가 50개 이하인 작은 단백질을 암호화하는 유전자 약 40만 개를 분석했다. 미생물 유전체 숫자는 77쪽 그림의 값이 맞다. *Cell* 178 (2019): 1245.—역자 주

물질에 대항해서는 적절한 반응성을 유지한다. 소화기 신경계는 장의 연동운동과 소화액 분비와 음식물 흡수 과정에 관여한다.

신진대사 관점에서 **건강한 장**이란, 우리 몸에 에너지가 필요할 때 호르몬 생산 세포가 배고픔을 느끼도록, 반대로 식후에는 포만감을 부여하는 호르몬을 충분히 만들어 뇌가 먹는 일을 멈추도록 하는 상태로 정의할 수 있다. 이런 조정이 장 연결체에서 제대로 이루어지지 않으면 계속 배고픈 상황이 지속된다고 느끼는 탓에 신체는 대사 요구량을 넘어서는 폭식을 하게 된다. 그렇게 체중이 늘어 제2형 당뇨병과 같은 질병에 취약해진다.

면역계의 관점에서 건강한 장은 장에 둥지를 튼 면역계 세포가 장 미생물과 격리된 상태를 의미한다. 보호 점액층을 두텁게 두른 장 상피세포가 탄탄하게 연결된 방벽을 이루는 것이다. 이렇게 이중 장벽을 친 신체는 특히 장 미생물에 반응하여 면역계가 만성적으로 활성화하지 못하게 방지한다. 요즘 사람들의 식단을 살펴보면 섬유질이 적은 대신 설탕, 지방, 유화제, 인공 감미료 등의 식품첨가물이 듬뿍 들어간 가공식품이 늘어났다. 이러한 식단의 변화 탓에 소화기 방어벽이 서서히 손상될 수 있다는 연구 결과가 쏟아지고 있다. 예컨대, 자신의 주식인 식이섬유를 충분히 섭취하지 못하면 장 미생물은 점액층을 구성하는 이른바 글리칸(glycan) 또는 다당류로 눈길을 돌려 자신의 식탐을 이내 채우고야 만다. 섬유질 적은 부실한 식단 때문에 보호막 점액층이 소실되면 수지상 세포의 촉수가 직접 미생물과 접촉하는 사건이 빈번해진다. 위험하다고 느낀 수지상

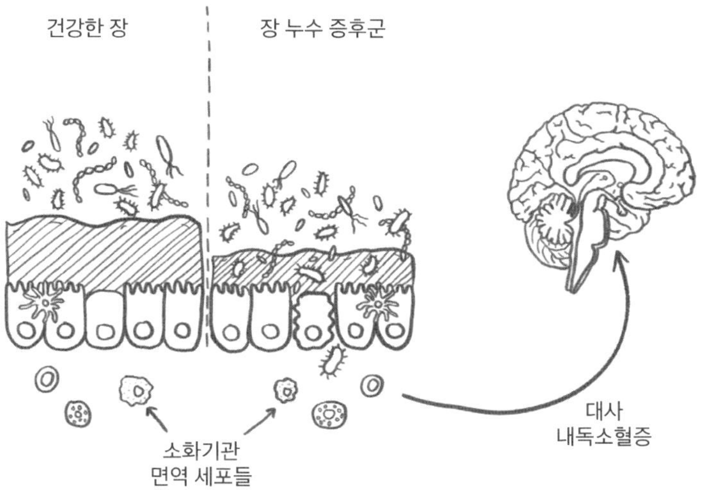

세포는 장 안쪽 면역계에 경보를 울린다.[4] 이런 일이 발생하면 염증 분자가 방출되어 장 상피층 세포 사이 밀착 연접(tight junction) 구조물이 느슨하게 풀어지고 서로 연결된 수백만 개의 면역 세포가 미생물과 직접 접촉하게 된다. 이런 상태를 장 누수(leaky gut)라고 일컫는다.

소화기 신경계 관점에서 건강한 장은 수축과 분비를 조절하는 수백만 개 신경 세포의 활동으로 정의할 수 있다. 이 신경망은 위와 장을 독특한 패턴으로 수축하도록 조정하여 소화를 최적화하고 그 내용물을 위에서부터 대장으로 천천히 운반한다. 장이 완전히 비어 있을 때, 이 신경계는 율동적으로 반복되는 고진폭 수축을 일으켜 전체 위장관을 천천히 움직이는 이동성 운동 복합체(migrating motor complex, MMC)를 증가시킨다. 이러한 일련의 수축은 음식물 찌꺼기, 분비액 및 밀도가 낮은 상부 위장관 속 세균을 한꺼번에 대장으로 옮긴다. 장의 뇌(소화기 신경계)가 제대로 작동하지 않으면 복통, 불규칙한 배변 습관 또는 과민성 대장 증후군, 소장 세균 과증식(small intestinal bacterial overgrowth, SIBO) 같은 증상이 생길 수 있다.

건강한 장에서 내분비, 면역 및 장 신경계 세 요소가 원활하게 작동하여 우리에게 영양소를 제공하는 동시에 음식 섭취를 조절하고 생명을 위협하는 장 감염으로부터 우리를 보호하는 작업을 수행한다. 건강한 상태라면 우리는 이런 일이 벌어지는지 느낌조차 없다. 소화기의 움직임이 완전히 우리의 의식적 자각과 무관하게 진행되기 때문이다.

건강한 미생물 집단

건강한 장을 정의하는 일은 비교적 간단하지만 무엇이 건강한 장 미생물 집단을 구성하는지 결정하기란 결코 쉽지 않다. 가끔 미생물 기관으로 잘못 일컬어지기도 하지만 사실 미생물 집단은 우리 내부 장기보다 훨씬 탄력적이어서 간, 콩팥 또는 심장처럼 그렇게 정적인 뭔가로 취급할 수 없다. 하지만 그것이 건강한 장 미생물 집단을 정의 내리기 어려운 유일한 이유는 아니다. 최근 관심과 질문이 쏟아지는 상황이긴 하지만 아직 우리는 장 미생물 집단 연구에 한 발짝 들어섰을 뿐이다.

소화기 미생물 과학이 본격 궤도에 오른 지는 그리 오래되지 않았다. 인간의 장 미생물을 폭넓게 특성화하고자 2008년 발족된 인간 장 미생물 프로젝트(Human Microbiome Project, HMP) 공동 기금 사업이 미국 국립보건원 주도로 시작되었다. 과학적 데이터가 엄청나게 축적된 6년 후, 미국 국립보건원은 건강과 질병에 미치는 영향을 더 잘 이해하고자 인간 미생물군의 완전한 프로필을 작성할 프로젝트의 두 번째 단계를 시작했다. 아직 연구의 초기 단계이지만 장 미생물 일차 프로젝트가 끝난 뒤 상황은 마치 2000년 인간 유전체 분석이 완료되었을 때 못지않게 희망적인 분위기 일색이었다.[5] 인간 유전체는 예상했던 것보다 훨씬 더 복잡했지만 인상적인 속도로 새로운 연구가 진행되면서 후성유전학의 필수적인 역할을 포함해, 유전자 조절 및 발현과 관련된 요소가 상세히 밝혀졌다. 유전체 지도가 우리가 바라는 즉각적인 해답을 내놓거나 해결책을 제시하지는 못했지만 유전자 치료, 유전 공학 및 유전자 검사와 같은 분야가 탄생할 토대를 닦았다. 23andMe처럼 값싸게 DNA를 분석하는 회사도 생겼다. 여러 면에서 진화하는 유전체학은 의학에 혁명을 불러일으켰다.

그와 비슷하게, 새롭게 밝혀진 미생물 집단은 엄청난 흥분을 자아냈고 의료 분야(그리고 미디어)의 많은 사람은 한결같은 결론에 이르렀다. 의학적으로 설명하기 어려웠던 만성질환을 치료하고 설명하는 답을 찾았다는 호들갑이었다. 하지만 우리는 이제 고작 복잡하고 정교한 체계를 이해할 실마리를 한 올 부여잡은 상황일 뿐이다. 인간 유전체와 마찬가지로 우리 앞에는 아직 밝혀야 할 의미가 산더미처럼 놓여 있다.

장 미생물 연구 초기, 과학자들은 '핵심' 종을 구성하는 미생물 집단이 전 세계 모든 인간의 장에 보편적으로 존재한다고 발표했고 유익한 세균종이 사라진 자리에 건강에 해로운 세균이 자리를 채울 것이라고 예상했다. 그러나 초기 염기 서열 분석법보다 훨씬 더 나은 해상도로 미생물 유전체를 볼 수 있게 해주는 기술이 등장하자 아종 및 균주 수준에서 분석이 가능해졌다.* 이러한 연구는 개별 미생물 집단 구성에 엄청난 개인차가 있음을 보여주었다. 따라서 특정 미생물 균주가 건강한 장 미생물 집단의 지표가 될 것이라는 가설은 잘못된 것으로 밝혀졌다. 이제 전문가들 대부분은 그런 개념

* 지구 행성의 모든 생명체를 대하듯, 과학자들은 미생물도 각기 다른 분류군으로 집단을 나눈다. 이런 계통적 분류 체계(문자 그대로 "질서 정연하게 배열된")는 다양한 생명체가 서로 얼마나 먼지 혹은 가까운지 이해할 수 있게 돕는다. 가장 덜 구체적인 것부터 구체적인 것까지 전부 여덟 단계의 분류군이 있다. 가장 광범위한 분류군은 도메인(역, 域, domain)이고 모두 세 가지다. 다음 단계로 폭이 넓은 분류군은 계(kingdom), 다음은 문(phylum)이다. 분류군의 맨 아래에는 가장 구체적인 종이 자리한다. 각 문에는 수억 년에 걸쳐 진화해온 다양한 범위의 생명체들이 포함된다. 종은 서로 가장 밀접한 생명체를 일컫는다. 유연관계가 있는 종의 집단은 속(genus)이다.
좀 더 이해하기 쉽게 인간과 대형 유인원을 예로 들자. 인간은 동물계, 척추동물문(뼈가 있는 척추를 가진 모든 동물)에 속한다. 우리는 포유강(class), 영장목(order), 사람과(family) 소속이다. 다음 우리는 호모속(사람, 라틴어로 '인간'이 *Homo*), 종은 사피엔스(*sapiens*, 라틴어로 현명하다는 뜻, 누구나 동의하는 것처럼 보이지는 않지만)다. 인간을 호모 사피엔스(*Homo sapiens*)라는 용어로 표현하듯, 박테로이데스 프라질리스(*Bacteroides fragilis*)라는 특정한 세균은 박테로이데테스문, 진정 박테리아계, 박테리아 도메인에 들어간다. 인간과 가장 가까운 사촌에는 고릴라, 침팬지, 오랑우탄이 있다. 이들과 함께 인간은 사람과에 포함된다. 인간처럼 대형 유인원도 자신의 속이 있다. 고릴라는 두 종을 포함하는 고릴라속(Gorilla)으로 분류된다. 침팬지는 침팬지속(Pan)이며 역시 두 종이 포함된다. 오랑우탄은 오랑우탄속(Pongo)으로 두 종이 들어간다. 인간은 호모속의 유일한 종이지만 한때 호모 네안데르탈리스 또는 네안데르탈인(지금은 멸종했다)과 함께 호모속에 속했다.
두 유형의 세균, 프레보텔라와 박테로이데스는 각기 다른 속에 속하지만 인간과 고릴라 사촌 수준의 유연관계를 갖는 생물학적 분류 단위이다.—저자 주

을 더는 고집하지 않는다. 그러나 많은 언론과 과학계 일부 구성원은 여전히 한 미생물 집단에서 다른 집단으로 이어지는 연속성이 있으며 특정 미생물 집단의 불균형 상태가 좋지 않은 장 건강으로 이어져 파킨슨병이나 알츠하이머병, 과민성 대장 증후군 또는 염증성 장 질환과 같은 특정 질병을 진단하는 수단이 될 거라고 힘주어 말한다. 잘못된 개념이 여전하다는 한 사례가 바로 최근 발표된 연구 논문이다. 《네이처 커뮤니케이션즈》에 게재된 논문에서 장 미생물 집단의 특정 미생물 개체수를 확인함으로써 건강한 사람과 만성 질환을 앓는 사람을 구분할 수 있다고 주장했다. 하지만 논문의 연구자들은 미생물의 구체적인 기능을 살펴보지 않았고, 균주가 아니라 종 수준에서만 미생물을 확인했으며 예측 정확도는 73.7퍼센트에 불과했다.

우리는 지금과 같은 산업 사회에서 건강한 성인끼리 공유하는 미생물 균주가 10퍼센트 언저리에 불과하다는 사실을 알고 있다. 이런 사실 때문에 연구자들은 건강한 미생물 집단을 규정하는 한 특성으로 **기능적** 핵심이라는 아이디어를 떠올리기 시작했다.[6] 미생물 자체가 아니라 미생물이 생성하는 화합물과 신호 분자가 상호작용하고 장, 면역 체계, 뇌 및 신체의 나머지 부분과 소통한다는 관점을 취한 것이다. 메타전사체학(metatranscriptomics)과 대사체학(metabolomics)을 연구함으로써 어떤 유전자가 미생물 집단에서 발현하고 어떤 대사체들이 만들어지는지 일일이 확인한 다음 우리는 건강한 개인의 장 미생물 공동체 구성은 무척 다양하지만 그들이 비슷한 대사체와 신호전달 물질을 집합적으로 합성한다는 결론에 이르게 되었다. 궁극적으로 미생물끼리 소통하고 장과 상호작용하는 기능적 핵심은 바로 이들 물질인 것이다.

핵심 기능 말고도 건강한 장 미생물 집단의 특징이 더 있다. 개별 미생물 집단은 각기 다르고 끊임없이 변하지만 장에 사는 미생물의 풍부함과 다양성도 나름의 기능을 한다. 여기서 **풍부함**(richness)은 세균종의 전체 숫자이지만 **다양성**은 이들 종이 얼마나 고르게 분포되어 있는지 판단하는 척도이다. 예를 들어, 곤충 세계에서 풍부함은 파리, 벌, 나비, 말벌, 나방, 벼룩 등, 다양한 종의 수를 뜻한다. 하지만 곤충의 90퍼센트가 파리라면 다른 종이 얼마나 있든 다양한 집단이라고는 결코 말할 수 없다. 연구자들은 장 미생물 집단의 다양성이 클수록 장기간에 걸쳐 생태계가 건강하고 안정되게 유지됨을 확인했다.[7] 그와 달리 장 생태계의 다양성이 부족하면 감염에 취약하고 비만이나 염증성 장 질환, 제1, 2형 당뇨병에 걸릴 가능성도 커진다. 지난 수십 년 동안 우리는 중요한 미생물 균주를 잃었다. 선진국에서 장 미생물의 풍부함과 다양성이 꾸준히 감소하는 추세다.[8]

또한, 다양성은 장 미생물 집단의 건강을 좌우하는 주요한 두 특성을 결정한다. 바로 저항성과 회복력이다. 곤충, 인간 또는 미생물 집단 모두 외부와 내부의 변화에 회복력을 지녀야 한다. 장 미생물 집단이 병원균, 항생제, 혹은 일시적으로 해로운 식단으로 생긴 교란에 저항할뿐더러 빠르게 원상태로 돌아갈 충분한 회복력이 있다면 우리는 건강하다고 판단한다. 특정 장 미생물 집단이 모든 핵심 기능을 수행한다손 치더라고 다양성과 회복력이 떨어진다면 도전에 직면했을 때 혼돈에 빠질 위험성은 더 커질 수밖에 없다.

일반적으로 미생물 건강이란 고정된 것이 아니라 항상성을 향한 역동적 평형 상태라는 점에 모두 동감한다. 역동성이 핵심이고 모든 사람의 미생물 집단이 끊임없이 변한다면 정확히 우리는 어떻게 건강에 해로운 장 미생물 집단을 구분할 수 있을까? 사는 지역에 따라 건강한 미생물 집단을 규정할 새로운 정의가 있을까? 과학자들은 전 세계 각 지역에서 독특한 생활양식을 가진 사람들의 장 미생물 구성의 차이를 비교함으로써 이 질문에 답하려고 했다. 이런 일련의 연구 결과는 장 미생물 집단의 구성이 사람들끼리도 서로 다를 뿐 아니라 집단, 지역 및 시간대에 따라서도 크게 차이가 있음을 밝혀냈다.

장 미생물 집단의 일상적인 변화

현재 펜실베이니아 대학 페렐만 의과대학 미생물학 조교수인 크리스토프 타이스(Christoph Thaiss)가 이스라엘 텔아비브에 자리한 바이츠만 연구소의 에란 엘리나브(Eran Elinav) 실험실에서 젊은 연구원으로 일하는 동안 타이스는 밤과 낮에 사람과 생쥐의 미생물 생태계가 고정되지 않는다는 사실을 발견했다. 미생물 집단의 기능과 구성뿐 아니라 그것이 신체와 상호작용하는 방식도 24시간을 주기로 변함을 알아낸 것이다.[9] 이러한 주기적 변동은 우리가 무엇을 언제 먹는지에 따라 그리고 한편으로는 시교차상핵(suprachiasmatic nucleus, SCN)의 영향을 받았다. 수면과 각성 주기 등, 신체의 일주기 리듬을 관장하는 시상 하부의 작은 이 뇌 부위는 시계 혹은 박동 조절기 역할을 맡는다.

시교차상핵 안으로 들어가고 나오는 신호의 복잡한 상호작용에 따라 일주기 리듬이 조절된다. 이곳의 신경 세포의 활성은 밤으로 낮으로 다르게 진동한다. 신경과 호르몬 활성이 바뀌면서 장과 장 미생물을 포함한 다양한 신체 기능을 조절하는 것이다. 다른 복잡한 네트워크처럼 시교차상핵과 소화기관의 통신도 서로 주거니 받거니 다양한 되먹임 회로로 구성된다. 뇌로 간 신호는 다시 장과 미생물에게 되돌아가면서 미생물의 기능이 변한다. 그 변화가 다시 뇌에 전달되는 것이다. 이 둘 사이에서 벌어지는 통신의 내용은 빼먹지 않고 간(肝, liver)으로도 전해진다. 잠을 자거나 혹은 먹는 유형이 바뀌어 미생물 집단의 이런 리듬이 깨지면 사람들은 쉽게 대사 질환과 같은 질병에 노출된다.

이러한 진동을 조절하는 미생물 집단의 역할을 설명하기 위해 타이스는 생쥐에게 항생제를 투여하고 장 미생물 집단을 억제하여 주기 리듬을 제거했다. 이렇게 미생물의 기능을 망가뜨리자 미생물의 특정 유전자 활성이 심각하게 훼손되었다. 그 결과 혈류로 들어가는 미생물 신호전달 물질의 생성에 차질이 빚어져 간과 뇌 같은 기관의 기능에 변화를 일으킨 것이다.

연구진과 함께 일주기 리듬에서 식단의 역할을 살펴본 타이스는 장 생태계의 건강한 모습을 갖추는 데 먹는 시간이 필수적인 역할을 한다는 사실도 알게 되었다.[10] 사람이 밤이 아닌 낮에 정상적인 식사를 할 때 24시간 주기로 장에 서식하는 서로 다른 미생물의 상대적 분포가 약 15퍼센트 변했으며 세균의 전체적인 수도 늘어났음을 확인했다. 시차로 인해 24시간 주기 리듬이 교란된 사람을 대상으로 연구했을 때도 동물 연구에서 살펴본 것과 비슷하게 장 생태계가 흐트러짐을 확인했다. 일주기 리듬이 깨지면 장 미생물의 일주기 리듬도 망가진다. 장 연결체와 장 미생물의 리듬성 있는 상호작용이 수면과 각성 주기 및 식사 시간과 동조하고 있다는 사실을 처음으로 확인한 결과였다. 시차를 경험해본 사람은 잘 알겠지만 낮밤이 바뀌면 멍해지고 방향감각이 둔해진다. 금세 집중력을 잃고 수면 패턴도 달라진다. 간호사, 의사 또는 경찰처럼 특정 직종의 종사자들은 근무 일정에 따라 정기적으로 이러한 상태가 찾아오지만 심각한 건강 문제로 이어질 거라고 여기는 사람은 거의 없다. 하지만 정상적인 일주기 리듬이 만성적으로 깨지면 장 미생물 집단의 주기성이 바뀌고 장 미생물, 장 연결체와 우리 기관들 사이의 소통 방식이 달라지면서 비만, 대사 질환, 만성 간 질환, 인지 기능 저하와 같은 증세가 발생할 수 있다. 그러나 7장에서 자세히 살펴보겠지만, 시간제한 식사 계획으로 이 효과를 상쇄할 수 있다. 미생물 집단의 리듬과 우리 자신의 신진대사를 재설정하는 일이 가능한 것이다.

미생물 집단의 계절적 변화

장 미생물 집단은 밤낮으로 율동적인 변화를 겪을 뿐만 아니라 더 큰 규모의 시간대에서도 그렇다. 스탠퍼드 대학 저스틴, 에리카 소넨버그 박사 부부는 이런 변화가 계절별로도 동조화되어 있음을 밝혔다. 동부 아프리카 탄자니아 리프트 밸리 깊은 곳에 사는 하드자 부족 원주민들은 숲에서 수렵채집 생활을 하던 조상의 후손들이다.[11] 2015년 당시 전 세계에 남아 있는 하드자 원주민들은 1,200~1,300명에 불과했다. 지난 세기까지 그들은 전통적인 수렵채집 생활 방식을 유지하면서 수천 년 동안 현재의 영토를 점유했다고 알려졌다. 이제 식민 통치의 압박이 드센 탓에* 관광업에 종사하거나 소를 키우는 사람이 늘면서 전통적인 수렵채집 방식을 고수하는 사람의 숫자는 300명도 안 되는 것으로 보인다. 그들은 계절이 허락하는 한도 내에서 꿀을 따 집으로 가져오거나 식물의 덩이줄기, 바오밥 열매를 채집하고 때때로 야생 사냥감을 사냥한다.

산업화의 영향을 받지 않은 채 전통적 수렵채집 생활 방식을 고수하는 사람들처럼 하드자 원주민들도 서구 국가에 흔한 비만이나 당뇨병 같은 질병에서 벗어나 있다. 그러나 먹는 것 외에도 신체 활동이 많거나 인공적인 화학 물질에 노출되는 빈도가 낮아서 하드자 원주민의 질병 이환율이 적을 가능성도 배제할 수 없다.

* 수렵채집하는 공간을 줄이라고 지속적으로 압박해왔다.—역자 주

리프트 밸리에는 하드자 부족민의 식단을 결정하는 뚜렷한 두 계절이 있다. 11월에서 4월까지 이어지는 우기와 나머지 5월에서 10월까지 이어지는 건기가 그것이다. 1년 내내 섬유질이 풍부한 덩이줄기와 다양한 식물을 두루 섭취하지만 우기에는 채집한 베리류와 꿀을 주로 먹고 건기에는 사냥 성공률이 높아 살코기 섭취량이 늘어난다.

이러한 계절적 변화가 하드자 부족민의 장 미생물 집단에 미치는 영향을 연구하고자 소넨버그 연구진은 1년 동안 수집된 350개의 대변 시료를 조사했다. 그들은 2017년 《사이언스》에 발표한 것과 같이 사냥한 육류 소비가 늘어난 건기에 부족민의 장에 박테로이데테스문의 세균이 늘어남을 확인했다. 그러나 하드자 부족민이 채식 위주의 식단으로 돌아간 우기에 이들 세균의 수는 약 70퍼센트가 줄어 산업 사회에 사는 사람들의 장 미생물 구성과 비슷하게 바뀌었다.[12] 미국처럼 산업화된 사회에서 볼 수 있는 영구적인 변화와는 완전히 대조적으로 하드자 부족민들의 미생물 집단은 건기에 접어들자 다양성을 충분히 회복했다. 다시 말해, 산업화된 사회에서 영구적으로 감소되었거나 멸종된 장 미생물 분류군은 식단이 바뀐 하드자 부족 집단 내부에서 감지 가능한 수준으로 곧장 회복된다.

장 미생물 분류군의 상대적 풍부함이 계절에 따라 달라지는 일은, 동물이나 식물 혹은 점액질(mucin)을 흡수 가능한 형태로 변환시킬 효소가 얼마나 만들어졌느냐 하는, 탄수화물의 활용 능력의 변이에 상응했다. 우기에 하드자 부족민들의 장에는 탄수화물 대사 효소의 양이 적었지만 건기에는 이들 효소의 양과 다양성이 크게 늘었다. 이 연구의 주저자인 사무엘 스미츠는 다양한 종류의 탄수화물을 처리하는 미생물 집단의 변화(shift)가 계절적 주기성을 띠고 그에 따른 식단의 변화를 반영할 것이라고 말했다. 계절 또는 먹는 음식물에 따라 건강한 하드자 부족민의 장 미생물의 조성과 기능이 변한다. 이 연구는 건강한 사람의 장 미생물 집단이 개인의 식이 습관에 상응하도록 변한다는 사실을 증명했다.

건강한 장 미생물 집단을 유지하는 식단

하드자 연구 외에도 여러 연구자가 남미, 아프리카, 네팔, 북극 등지에서 전통 생활 방식을 고수하는 토착 공동체 주민의 장 미생물 구성과 기능을 연구했다. 그들도 역시 서구 사회에 사는 사람들과 커다란 차이를 목격했다. 이런 차이를 두드러지게 하는 산업화의 여러 측면이 강조되었지만 그중에서도 식단이 가장 뚜렷하고 지속적인 요인으로 드러났다.

2010년 카를로타 드 필리포(Carlotta De Filippo)가 이끄는 피렌체 대학 연구진들은 1~6세의 피렌체 아이들과 아프리카 부르키나 파소 아이들의 대변 시료를 분석하고 미생물 집단이 상대적으로 건강하다고 볼 만한 특정 유익균의 범위를 좁혀나갔다.[13] 아프리카 아이들은 평균 2세까지 모유를 먹었다. 또한 그들이 먹는 모든 음식은 현지에서 수확, 재배, 생산된 것이었다. 결과적으로 그들의 식단에는 포화 지방과 동물성 단백질은 적지만 전분, 섬유질, 식물성 다당류, 당 분자가 다양하게 결합한 복합 탄수화물이 풍부했다. 신석기 농업 혁명 초기 인간 정착촌과 마찬가지로 이들의 식단은 주로 채식이어서 기장과 수수, 검은콩과 신선한 채소가 주종을 이룬다. 탄수화물과 섬유질, 그리고 비동물성 단백질 함량이 무척 높은 식단이다.

하지만 이탈리아 아이들은 1년가량 엄마 젖을 먹었고 그다음에는 가공식품, 동물성 단백질, 설탕, 전분, 지방은 많으나 섬유소는 적은 전형적인 서양식 식단을 먹었다. 이러한 현대 이탈리아 식단은 이탈리아 사람들이 즐겨 먹었고 세계적으로도 건강 식단이라 소문났던, 식물성 위주의 지중해 식단과는 현저히 다르다. 실제로 섬유질 함량은 아프리카 식단의 거의 절반에 불과했다.

따라서 아마 아프리카와 이탈리아 어린이들 사이에 미생물 분류군의 다양성과 상대적 개체수가 다르다는 사실은 그리 놀랄 만한 일이 아닐 것이다. 특히, 아프리카 어린이의 장에는 박테로이데테스문(phylum, 門) 세균들이 많았다. 사냥철 하드자 부족민들의 장에서 다양성이 커졌을 때 개체수가 늘었던 바로 그 세균 집단이다. 반면 퍼미큐테스문 세균은 줄어들었다. 인간의 장에 사는 모든 미생물 문의 90퍼센트는 바로 이들 두 문에 속한다.

아프리카 어린이 장에는 또한 박테로이데테스문을 구성하는 프레보텔라(Prevotella) 및 자일라니박터(Xylanibacter)가 특히 풍부했다. 미생물마다 자신이 적응한 식품을 더 쉽게 처리할 저마다의 유전자를 가지므로 이런 편차는 주목할 만하다. 가령 프레보텔라 세균은 특정 식물 섬유를 짧은 사슬 지방산으로 분해하는 일련의 효소를 암호화하는 유전자를 통째로 가지고 있다. 이 효소 분해 산물인 부티르산, 초산, 프로피온산은 유익한 효과를 가진 분자로 알려졌다. 장벽의 총체성을 유지하고 면역 기능을 최적화하면서 배부름 신호를 뇌로 보낸다. 짧은 사슬 지방산은 건강한 장의 중요한 구성 요소이다.

복합 탄수화물을 분해하여 숙주에 유익한 효과를 나타냈던, 부르키나 파소 어린이들의 장 세균 대사 유전자는 아프리카 하드자 원주민과 남아메리카 야노마미족처럼 수렵채집 행위를 유지하는 사람들의 장에서도 발견되었다. 그러나 이탈리아 어린이들의 장에서는 이런 유전자가 전혀 발견되지 않았다. 예상할 수 있는 일이다.

전통 식단 연구 대부분은 남반구에 사는 사람들을 대상으로 수행되었지만 2017년 제네비에브 뒤부아(Geneviève Dubois)가 이끄는 몬트리올 대학 연구진은 반(半) 전통적 생활 방식을 고수하는 북극의 이누이트, 특히 캐나다 북부 누나부트(Nunavut) 주민의 장 미생물 집단을 조사했다.[14] 아마도 지구상에서 가장 오래되고 가장 대규모로 유지되는 사냥-채집 자치구인 이들의 식단은 다른 토착 사회와 달리 지방 섭취 비율이 더 높아서 대량 영양소 면에서라면 서양 식단에 견줄 수 있을 정도다. 본디 이누이트인들은 물개와 순록, 들새와 물고기 등 야생 동물을 날것으로 혹은 얼리거나 조리하고 발효하여 다양한 방식으로 섭취한다. 계절에 따라 다양한 식물과 베리류도 먹었지만 그들이 소비한 열량의 4분의 3은 동물 지방에서 나왔다. 이들과 달리 몬트리올에 거주하는 캐나다인은 열량의 약 35퍼센트를 지방에서, 50퍼센트를 탄수화물에서 얻는다.

서구식 생활 방식이 토착 생활 방식을 잠식해 들어가는 세계 여러 지역에서와 마찬가지로 오늘날 이누이트 식단은 전통 음식과 상점에서 살 수 있는 가공식품이 뒤섞여 있다. 대개 동물성인 전통 음식은 사냥과 채집이 더 쉬운 여름과 초가을에 소비되는 반면, 서양 음식은 10월과 11월에 인기가 높다. 이누이트 피험자를 전형적 서구 식단을 섭취하는 몬트리올 유럽계 사람들과 비교한 뒤 뒤부아는 두 집단 사이의 미생물 구성이 거의 20퍼센트 차이가 있음을 발견했다. 게다가 개인별 미생물 편차는 몬트리올보다 누나부트 사람들에게서 더 컸다. 아마도 먹는 음식물이 다양하기 때문일 것이다.

마지막으로 2018년에 미네소타 대학 연구팀이 건강과 복지를 고민하는 소말리아, 라틴계, 몽족(Hmong)* 파트너십과 함께 추진한 공동 연구 결과에 따르면 동남아시아 이민자의 장 미생물이 몇 달 만에 빠르게 서구화되었음을 보여주었다. 파급력이 컸던 이 논문에서 미국에 도착한 지 몇 달 안에 그런 일이 발생했다고[15] 운을 뗀, 대표 저자 댄 나이츠(Dan Knights)는 이민자들이 설탕, 지방 및 단백질이 풍부한 음식을 먹고 "거의 즉시 토착 미생물을 잃기 시작했다"라고 덧붙였다. 환경 변화에 따라 장 미생물 집단이 매우 빠르게 적응

* 베트남, 중국, 라오스 등지에 거주하는 몽족이다. 미국에서는 특히 미네소타주에 많이 산다.—역자 주

한다는 점을 돋보인 연구였다. "다양성 상실이 상당히 뚜렷하게 나타났습니다. 미국에 와서 살자마자, 미생물 다양성이 갑자기 약 15퍼센트나 줄었단 말이죠." 이민자의 비만율도 몇 배 늘었다. 그러나 식단은 미생물 집단보다 느리게 변하기 때문에 그저 음식이 바뀐 사실만으로는 이렇게 급격한 변화를 설명할 수 없다. 나이츠는 식수(처리되지 않은 자연 식수에서 발견되는 대부분의 미생물이 없다)와 항생제 사용 빈도의 차이도 영향을 미쳤으리라 추정했다.

나이츠 연구팀은 약 6~9개월 안에 서구식 사회에 널리 퍼진 박테로이데스속(Bacteroides) 세균이 비서양(non-Western) 세균속인 프레보텔라를 대체하기 시작했음을 발견했다(이들 두 속의 세균 모두 박테로이데테스문 소속이다). 이민자들이 미국에 머무는 시간이 길어질수록 미생물 집단의 다양성은 점차 줄어들었고 부모들보다 자녀들 장 세균의 다양성이 5~10퍼센트 더 줄어들었다.

부모의 미생물 집단 변화가 세대에 걸쳐 증폭되는 이 현상은 다른 전임상 연구에서도 입증되었다. 예를 들어, 4세대에 걸쳐 섬유소가 적은 식단을 섭취한 생쥐 무리에서는 세대를 거듭할수록 미생물 다양성이 줄어들었다. 고섬유질 식단으로 바꾸었어도 다음 첫 세대의 장 미생물 다양성은 원래대로 회복되지 않았다. 4세대의 실험 기간이 지나는 동안 특정한 세균 분류군이 멸종되었음을 의미한다.

서구식 식단은 장 미생물 집단에 장기적인 스트레스를 불러온다

확실히 장 미생물은 식단에 민감하다. 그리고 서구식과 다양한 전통 식단을 비교한 결과에서 미루어 짐작하듯, 고지방에 정제된 탄수화물의 양이 많으나 섬유소는 적은 식단으로 바뀌면서 장 미생물의 활력과 다양성은 심각한 타격을 입었다.

이러한 변화는 지난 75년 동안 가속화된 산업화와 함께 시작되었다. 가공된 지방과 설탕이 들어간 값싼 식품이 넘쳐나고 거기에 방부제, 살충제, 제초제, 첨가제 및 유화제 등 식품이 아닌 화학 물질이 일상적으로 더해졌다. 이들은 점차 장 시스템에 영향을 미치고, 차례로 전신으로 파급된다. 나는 이렇게 광범위한 식단 변화가 현대에 빈발하는 만성질환의 근저에 자리한다고 강하게 믿는다.

먼저 장 미생물 생태계는 지난 수십 년에 걸쳐 스트레스에 지속해서 노출된 결과, 복원력을 크게 상실하고 바이러스 전염병에 취약해졌을 뿐 아니라 오랜 기간 이어져왔던 소화기관과의 공생 관계가 위협받고 있다. 현대 식단은 미생물 집단의 다양성을 격감시킨 것은 물론이고 최근 소넨버그 연구팀에 따르면 미생물 우세 종들의 상대적 풍부함도 줄였다.[16] 전통 사회의 장 미생물과 비교할 때, 산업화가 진행된 지역에 사는 사람들의 그것은 세 가지 미생물 과(family, 科)인 프레보텔라과, 나선상균과(spirochaetaceae), 석시니비브리오나세아(Succinivibrionaceae)에서 개체수가 줄어든 반면 늘어난 세균종도 없지는 않다. 아커만시아 뮤시니필라(*Akkermansia muciniphila*)는 수가 늘어난 대표적 종이다. 이 특별한 세균은 대장의 점액층에 거주하며 장벽의 점액을 구성하는 당 분자를 분해할 수 있다. 서구식 식단에서 섬유소가 줄면(하드자 부족민들은 미국인들보다 평균 열 배가 넘는 섬유소를 먹는다) 배가 고픈 이 세균은 점액층을 먹어 치운다. 두께가 줄며 장벽의 충실도가 떨어진다. 장 내막과 세균 사이의 견고한 장벽이 무너지는 것이다.

장 미생물 집단의 구조와 기능은 수렵채집인에서 농경인, 산업사회로 전환되는 동안 공진화했어도 최소한 산업 농경이 등장하기 전까지는 상당한 적응력을 유지했다. 인류가 다양한 서식처로 이동하고 특정 지역 토산물이나 계절에 따라 제공되는 음식을 먹음으로써 역동적인 미생물 집단은 이런 변화를 너끈히 수용할 수 있었다. 하지만 이제 인류가 적응하는 데 도움이 되었던 바로 그 미생물 집단의 탄력성이 우리 건강을 해친다. 장 미생물 집단은 환경의 극적 변화에 적응하기 위해 안간힘을 쓰고 있지만 그럴수록 그것은 인간 생물학의 나머지 부분, 특히 정적인 장 연결체와 점점 더 양립하기가 어려워지고 있다. 이러한 불일치 탓에 자가면역 질환 및 알레르기처럼 면역 기능이 얼토당토않은 곳에서 과도하게 활성화되거나 대사 증후군 및 특정 뇌 질환처럼 오랫동안 면역 기능이 낮은 수준으로 활성화되는 일이 예기치 않게 벌어진다.

이런 혼란스러운 상황이 단지 식단 때문만은 아니다. 현대화, 놀랄 만한 의약학의 진보는 불가피하게 항생제와 살균제 사용량의 절대적 증가, 부적절한 오남용의 증가, 높은 위생 시설(식수에 든 유익균 감소), 토양과 가축과 접촉 기회 감소, 제왕 절개 출산 증가를 동반했고 이 모든 것이 함께 현재 장 미생물의 변화를 이끌었다. 태어나 첫 1,000일 동안 항생제와 스트레스 및 부실한 영양소에 노출되면 나머지 인생 전체에 걸쳐 장 미생물 집단의 변화를 불러올 수도 있다는 연구 결과[17]는 잘 알려져 있다.[18]

우리가 시간 또는 현대화의 발길을 되돌릴 순 없지만 식단을 바꿀 수는 있다. 식사 방식을 달리하고 필요 없는 항생제의 사용을 줄이는 한편 만성 스트레스를 줄이고 신체 운동을 늘려 생활양식을 조정하면 만성질환의 임박한 파국에서 벗어날 가능성이 커진다.

어떻게 건강한 미생물 집단을 회복할 수 있을까?

내가 상담하는 거의 모든 환자는 어떻게 하면 그들의 장 미생물 집단을 건강하게 만들 수 있는지 어떤 식으로든 결론을 얻고자 한다. 그뿐만 아니라 여러 결함을 해결할 최적의 프리바이오틱스와 프로바이오틱스에 대한 처방도 요구한다.* 하지만 문제가 그렇게 간단하지 않다.

* **프리**바이오틱스는 소화가 되지 않는 섬유소나 그와 유사한 음식물 성분이다. 이들은 장내 유익균의 성장을 촉진한다. **프로**바이오틱스는 세균 그 자체다. 적당한 양을 섭취하면 건강의 이점을 얻을 수 있다.—저자 주

기업체들 중에는 유전자 검사 대행과 비슷한 방식으로 환자의 '미생물 지문'을 제공해주겠다고 홍보하는 곳도 늘고 있다. 그들은 개인 차원의 진단 또는 처방을 하지는 않는다고 할지라도 장 미생물의 유형과 풍부함을 검사하고 세균의 기능까지 분석해준다고 광고한다.

53세의 저널리스트 사라는 자신의 고질적인 증상에 좌절감을 느꼈지만 호기심도 그에 못지않게 많은 환자였다. 문제를 스스로 해결하고자 단단히 맘을 먹은 사라는 장 세균을 파악할 목적으로 대변 시료의 분석을 의뢰했다. 내게 상담하러 오기 전, 사라는 가스가 차는 복부 팽만감과 설명하기 어려운 좌절감에 시달렸고 체중도 7킬로그램 가까이 늘었다. 그렇다고 최근 식단에 무슨 변화가 있지도 않았기 때문에 그녀는 더욱 혼란스러워했다. 지난 몇 년 동안 사라는 붉은 고기, 단 음료, 파스타와 쌀과 같은 전분이 든 식단을 꾸준히 섭취해왔다고 맹세하듯 말했다. 그녀는 또한 자신의 말로 '뇌 안개(brain fog)' 증상과 무기력 증상에도 시달렸다. 한편 그녀는 글루텐, 유제품, 렌틸콩(렌즈콩) 등 몇 가지 음식물과 여러 약물에 과민증이 있다고 말했다.

인터넷에서 자신의 증상을 검색한 사라는 자신의 소화기 증상이 부실한 장 건강과 관련이 있으며 특히 그녀의 미생물 집단과 관련이 있다고 확신하게 되었다. 사라는 대체 무엇이 잘못되었고 어떻게 늘어난 체중을 줄일 수 있는지 꼭 알아내고 싶었다. 그녀는 내게 오기 전에 두 명의 소화기 전문의와 만난 적이 있었다. 한 의사는 사라의 증상이 소장 세균의 과증식과 '장 누수 증후군' 때문이라고 진단했다. 그는 복부 팽만감을 완화하고자 자주 처방하는 비흡수성 항생제 자이팍산(Xifaxan)을 처방했다. 항생제를 복용하는 동안 복부 팽만감이 사그라들고 기력도 늘어나 사라는 잠시나마 기분이 좋아졌다고 느꼈다. 그러나 약물 복용을 중단하자 몇 주 지나지 않아 두 증상이 다시 나타났다. 두 번째 의사는 사라에게 과민성 대장 증후군과 복부 팽만감을 호소하는 환자에게 인기 있는 저(低) 포드맵(발효성 올리고당, 이당류, 단당류 및 폴리올, Fermentable Oligosaccharides, Disaccharides, Monosaccharides, And Polyols, FODMAP)* 식사를 권했다.[19] 콩과 콩류 섬유질에서 발견되는 발효성 짧은 사슬 탄수화물을 제거한 이 식단은 장 미생물의 주요 식품 공급원을 박탈하여 가스 생성을 줄인다. 이번에도 가스가 찬 느낌이나 복부 팽만감은 줄었지만 곧 그녀는 이런 제한적인 식단을 지속할 만큼 효과가 충분치 않다고 느꼈다.

또한 사라는 자신의 대변 미생물을 분석한 미국 장 프로젝트(American Gut Project, AGP)와 비옴(Viome) 회사 보고서도 내게 보여주었다. 요즘 환자들은 회사에서 자신의 장 미생물 집단을 분석한 데이터를 들고 와서 결과를 해독하고 맞춤형 치료법을 처방해달라고 자주 요구한다. 하지만 이 시점에서 그런 분석 조사는 혈당이나

* FODMAP은 소장에서 흡수되지 않은 채 대장으로 내려가 물과 결합하여 장 운동을 변화시키고 세균의 도움으로 대사되어 다량의 기체를 만든다고 한다. 프럭탄, 갈락탄, 유당, 과당, 만니톨 등이 풍부한 식품을 나열했다고 보면 된다. 166쪽과 239쪽에서도 언급된다.—역자 주

혈중 콜레스테롤을 검사하는 것과 같지 않다. 사라에게 설명했듯, 이런 데이터는 흥미롭고 유용하긴 하지만 아직까지는 과학적이라 할 수 없다.

먼저, 나는 캘리포니아 대학 샌디에이고의 미생물군 유전체 연구 개척자인 롭 나이트(Rob Knight)와 잭 길버트(Jack Gilbert) 박사가 2012년에 공동 설립한 크라우드소싱 글로벌 시민 과학 사업인 미국 장 프로젝트의 자료를 쭉 살폈다. 가끔 나는 환자들에게 미국 장 프로젝트에 대변 시료를 보내라고 권한다. 99달러를 기부하면 참가자는 대변 시료를 채취할 도구를 받게 된다. 그와 함께 각 참가자는 일반적인 건강 상태, 질병 이력, 생활 방식 및 식단을 묻는 설문지도 작성해야 한다. 그 뒤 참가자들은 자신의 장에 어떤 주요 미생물 분류군이 살고 있는지 설명하는 그래프가 그려진 짧은 보고서를 받고 그 결과를 세계의 약 1만 2,000명의 개인 데이터와 폭넓게 비교하는 방법, 또는 좀 더 구체적이고 세분된 기준인 성별, 비슷한 나이 또는 비슷한 식단의 사람들과 어떻게 비교할 수 있는지도 안내받는다. (심지어 작가 마이클 폴란(Michael Pollan)의 매우 건강한 장 미생물 데이터와 비교한 도표도 있다.) 이 보고서에는 장에서 가장 개체수가 많은 4개의 분류군과 가장 수가 많은 세균종 정보가 들어 있다. 이 결과는 아마 검사 의뢰인이 가장 좋아하는 음식물과 관련이 있을 것이다. 참가자의 혼합 시료에 든 세균의 종류와 상대적 풍부함을 조사하고자 미국 장 프로젝트는 공식적으로 16S rRNA를 검사하는 표준 분석 기술을 사용한다. 이 기술은 세균과 고세균에 고유한 유전자 지표를 확인하는 방법이다. 나는 이것이 우리 몸속 장내 세균의 상대적인 풍부함과 다양성을 조사하는 저렴하고 믿을 만한 검사법이라고 믿는다.

그러나 이 프로젝트의 목표는 환자에게 실행 가능한 어떤 단편적 정보를 제공하는 것이 아니라 인간 미생물 집단을 과학적으로 이해하는 데 있다. 어떤 종류의 세균이 어디에 살고 그 수는 얼마나 되며 식단이나 생활양식 또는 질병에 따라 그 유형이나 분포는 어떻게 달라지는지 알아보는 대규모 연구인 것이다. 다시 말하면 이것은 연구 프로젝트이다. 분석 결과가 개인의 어떤 증상을 설명하거나 치료 방식을 결정하는 데 도움이 된다는 식의 주장은 펼치지 않는다. 미국 장 프로젝트에서 수집한 모든 정보는 공개적으로 사용 가능하므로 전 세계 누구라도 개인의 미생물 구성과 식이, 운동, 항생제 사용 및 생활 방식과 같은 요인 사이의 의미 있는 관련성을 찾고자 한다면 언제든 이용할 수 있다.

사라의 보고서를 함께 읽으면서 나는 그녀의 장 세균이 무척 전형적이라는 느낌을 받았다. 주요 장 미생물 문인 퍼미큐테스와 박테로이데테스의 상대적 풍부함은 데이터베이스가 제공하는 모든 의뢰인의 평균과 거의 다르지 않았다. 하지만 박테로이데테스보다 퍼미큐테스가 훨씬 더 많은 결과는 곧 고지방, 저섬유소 서양 식단을 주로 섭취하는 사라의 식이 습관과 궤를 같이했다. 무엇보다 중요한 사실은 사라의 장에서 발견된 가장 풍부한 네 가지 분류군이 박테로이데스속, 루미노코카세아과(Ruminococaceae), 피칼리박테리움속(Faecalibacterium), 블라우티아속(Blautia)이었다. 이들 모두 건강한 장에서 발견되는 것들이다.

보고서에서 언급하지 않았지만 내가 의심한 것은 갱년기에 들어선 사라의 난소가 점차 에스트로겐을 덜 만들기 시작했다는 점이다. 갱년기에는 간혹 체중 증가 및 복부 팽만감 증상을 동반한다. 불행히도 이런 불편한 증상에 대한 쉬운 설명이나 치료법은 없다. 최근 우리 연구팀은 갱년기에 벌어지는 여성 성호르몬의 극적인 변화가 장 미생물 집단에 어떤 영향을 미치는지 연구하고자 미국 국립보건원의 연구비를 지원받았다. 사라가 겪는 유형의 갱년기 증상에 효과적인 치료법을 개발하는 일이 이 연구의 최종 목표이다.

나는 이런 저간의 사정을 사라에게 설명한 다음, 실제 장 미생물 집단과 신체의 에스트로겐 양을 조절하는 복잡한 방식이 서로 관련된다는 증거가 있다고 말했다. 장 미생물 집단이 여성의 성호르몬, 간, 소화기관 등 신체의 여러 조직과 서로 신호를 주고받는 체계를 구성하고 있다는 다른 연구 결과도 언급했다.[20] 에스트로겐 생합성 양이 줄거나 소화기관으로 분비된 에스트로겐이 재흡수되기 전, 이를 대사하는 장 미생물의 개체수가 변하는 일은 조직 사이의 소통 체계에 영향을 미치고 아마 사라가 겪는 증상으로 이어질 가능성이 없지 않다.

사라는 이런 과학을 흥미로워했지만 그보다는 증세를 완화할 실행 가능한 구체적인 계획을 서둘러 원했다. 우리는 다른 정보를 얻을 수 있는지 살펴려고 시애틀에 본사를 둔 비옴 보고서도 탐독했

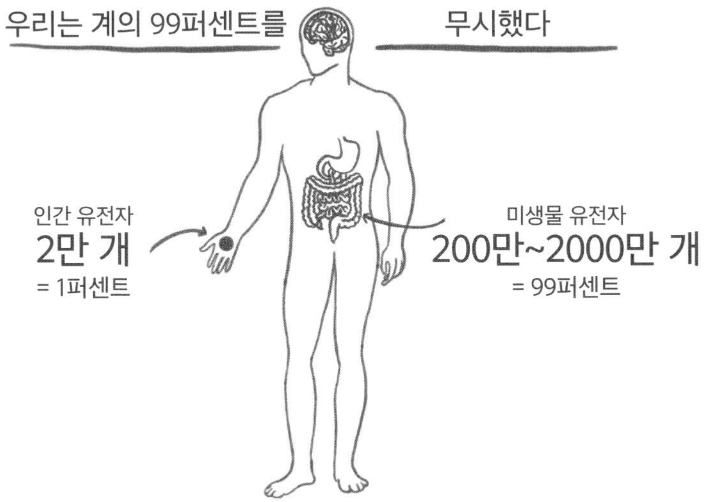

다. 이 회사는 단순히 장 미생물의 상대적인 비율을 확인하는 작업뿐만 아니라 실제 발현하는 유전자를 분석하고 개인별로 맞춤화된 식품 권고안을 마련하는 일을 목표로 삼는다. 비옴사의 설명에 따르면 자신들의 궁극적인 목표는 장 미생물의 불균형 및 염증 같은 만성질환의 근본적 원인을 찾아내 수습하여 사전에 질병을 예방하거나 역전시키는 일이다.

따라서 비옴은 무엇보다 장 미생물 기능에 초점을 맞춘다. 이는 우리가 건강한 장 미생물군 유전체를 파악하는 한 가지 방법이다. 그들은 미생물 및 인간 유전자가 발현하는 RNA를 분석하는 메타전사체학(metatranscriptomics)이라는 최첨단 분석법을 도입했다. 미생물끼리 혹은 미생물과 신체가 서로 소통할 때 요긴한 물질을 생산하는 필수적인 전사(유전자를 주형 삼아 RNA를 만드는) 단계를 확인하는 비옴의 기술은 장 미생물의 기능을 평가하는 제법 그럴싸한 수단이다.

비옴의 ‘장 지능(Gut Intelligence) 검사’는 여러 장 기능에 점수를 매기고 좋다, 혹은 개선이 필요하다는 주석을 단다. 장 기능을 평가하는 항목은 여럿이다. 소화 효율, 장벽 건강, 전체적인 가스 생산량, 단백질 발효, 대사 적합성 등이 여기에 속한다. 사라의 “장 적합성 보고서”에는 장벽, 염증 및 가스 생산량 항목에 개선이 필요하다는 의견이 달려 있었다.

비옴은 분석 기술과 인공 지능(AI)을 활용해 개인 맞춤형 추천 음식 목록까지 제공한다. 식품마다 ‘최고(superfood)’, ‘즐겨라’, ‘최소화하라’, ‘피하라’ 네 가지 유형 중 하나로 분류한다. 이들은 또한 특정한 식이 보충제, 프리바이오틱스, 프로바이오틱스를 권장한다. 비옴사는 수만 명의 미생물 데이터를 분석하여 인공 지능을 학습한 결과 환자의 특정 미생물 기능에 가장 적합한 식품과 영양소를 예측할 수 있다고 광고한다.

미생물 집단의 기능을 파악하기 위해 사용하는 최첨단의 방법이 다른 대변 분석법보다 우수하다고 인정하지만 나는 이런저런 보충제를 포함한 개인 맞춤형 식단을 권장하는 행위가 현재 공식적으로 이용 가능한 과학 논문이나 잘 설계된 임상 시험에 기반을 두었다고는 생각하지 않는다. 따라서 이런 보고서 일부는 현재로는 시의 적절하지 않다. 하지만 어쨌든 비옴의 접근 방식은 엄청난 잠재력을 가지며 가까운 장래에 만성질환을 진단, 예측 및 치료하는 데 널리 사용되고 맞춤 의학 시대를 여는 실마리가 되리라 믿는다.

그래서 나는 사라에게 비옴이 제공하는 권장 식단을 뒷받침할 충분한 과학적 증거가 나올 때까지는 구식이지만 좀 더 경험적인 방식을 써보는 게 어떠냐고 권했다. 그것은 식물성 식단에서 시작하는 일이다. 의심할 바 없이 그 식단은 건강과 직결되며 다양한 만성 질환으로부터 건강상의 유익한 효능이 있는 것으로 수많은 연구 결과에서 입증되었다. 아마도 가장 좋은 사례는 전통 지중해 식단일 것이다. 식물성 식단을 선택하되, 계속해서 소화기 증상을 유발하는 음식이 있는지 주의 깊게 살피고 그런 음식이 있다면 그것을 최소화하거나 빼버린다. 가스 생성을 증가시키는 유제품과 콩류는 일반적으로 증세를 악화시키는 요인이다. 대다수 성인이 젖당 대사 효소인 락타아제를 보유하지 않는 데다 일부 콩류의 대사체도 대장에서 가스를 생성하기 때문이다. 발효 요구르트 또는 케피르 등 유제품은 일반적으로 가스 생성량이 적어 복부 팽만 증상을 거의 유발하지 않는다. 또한 나는 사라에게 유제품과 적색육 등 모든 종류의 동물성 식품을 줄이라고 권했다. 섬유질이 풍부한 식물성 식단은 미생물과 건강을 촉진하는 짧은 사슬 지방산 등, 미생물이 생성하는 분자 다양성을 높일 뿐만 아니라 열량 밀도가 낮으므로 이들 식품에서 섭취하는 총열량이 전반적으로 줄어드는 효과도 나타낸다. 다시 말하면 식물성 식품은 단위 무게당 열량이 적다.

탄수화물을 예로 들어 이 점을 자세히 살펴보자. 정제된 탄수화물인 설탕 100그램을 먹었다 치자. 여기에 섬유질은 없고 열량은 1

그램당 4칼로리이기 때문에 섭취 열량은 400칼로리가 된다. 모든 설탕은 소장의 첫 번째 부분에서 빠르게 흡수되지만 이러한 열량의 어느 만큼도 대장 미생물에 도달하지 못하며 미생물 다양성에 기여하지 않는다. 이제 고구마, 통밀 또는 귀리, 고대 곡물 또는 야생쌀과 같이 열량 밀도가 낮고 섬유질이 풍부한 복합 탄수화물 100그램을 먹자. 그러면 약 70칼로리를 소모하게 된다. 이는 같은 무게의 정제 탄수화물이 가진 열량의 약 6분의 1이며 섬유질을 포함한 탄수화물 덕분에 대장에 사는 다양한 미생물에게 영양분을 제공하는 효과를 낳는다.

지중해 식단 외에도 나는 그녀에게 매일매일의 식단에 자연 발효 식품이나 음료를 추가하고, 적당한 강도로 규칙적인 운동을 시작하고, 일주일에 하루는 시간제한 식사를 하도록 권했다(7장에서 자세히 설명하겠다). 그렇게 나는 사라에게 복부 팽만감 증상을 완화하고 체중을 감량할 수 있는 매우 간단한 해결책을 설득할 수 있었다. 그녀는 그간 값비싼 검사와 프리 · 프로바이오틱스 알약에 의존해왔다. 나는 사라에게 일일 열량 섭취량을 줄이는 동시에 장 미생물 집단의 다양성과 풍부함을 회복하는 데 도움이 될 자신만의 식단을 개발하도록 몇 가지 조언을 했을 뿐이다.

4

스트레스와 뇌 질환

우울증, 파킨슨병, 알츠하이머병과 같은 정신 및 신경 장애는 우리를 괴롭히는 가장 고통스러운 질환 중 하나이다. 제2형 당뇨병, 비만, 대사 증후군, 심혈관 질환 같은 만성질환과 달리 이러한 질환의 증가는 단순한 궤적을 따르지 않는다. 가령 정신 장애의 진단 분류 방식은 세월의 흐름에 따라 바뀌었다. 그런 탓에 지난 75년 동안 정확한 유병률 측정값이 없는 형편이다. 이러한 한계에도 불구하고 과학자들은 젊은 층에서 우울증이, 연령대 관계없이 전반적으로 파킨슨병, 알츠하이머병 및 자폐 스펙트럼 장애가 꾸준히 증가한다는 점에 주목했다.[1] 이러한 대사, 인지, 정신 및 신경 질환이 공유하는 한 가지 특징이 있다. 바로 장 미생물 집단이다.

최근 연구에 따르면 대사, 심혈관, 기분 장애로 진단받은 사람은 퇴행성 뇌 장애 발병 위험이 커진다.[2] 장내 미생물 집단과 장 기반

면역계 간의 상호작용이 변화한 탓에 생기는 만성적인 낮은 수준의 염증 반응이 이 모든 질병의 근저에 깔려 있다.[3] 나는 뇌 장애와 관련된 위험 요소인 신경 염증과 그러한 만성 염증에 기인한 혈관 협착이 지난 75년 동안 일어난 뇌-신체 네트워크의 변화를 이끌었다고 믿는다. 심장 및 간 질환, 특정 형태의 암과 같은 다양한 대사 관련 질병이 산업화의 혼란 징후인 것처럼 뇌 장애도 마찬가지다.

만성 스트레스와 뇌-장-미생물 네트워크

나는 첫 번째 책인 『더 커넥션』에서 뇌-장-미생물 축을 따라 일어나는 양방향 대화 개념을 소개했다. 그 이후 나는 이 개념을 네트워크 과학에 적용하고 장-뇌-미생물 네트워크 또는 간단히 BGM 네트워크라고 부른다. 기본적으로 이것은 더 범위가 넓은 뇌-신체 네트워크의 한 부분이다(다음 그림). 장-뇌-미생물 네트워크의 의사소통은 순환 과정이다. 다시 말해 정보는 장과 미생물 집단에서 뇌로, 또는 그 반대 방향인 뇌에서 장과 미생물 집단으로(하향식 소통), 두 가지 주요 궤적을 따라 여러 갈래로 전송된다. 이 양방향 대화는 장과 뇌 건강에 큰 영향을 미친다.

인간의 현대적 생활양식이 장 연결체와 미생물 집단 사이의 불일치를 이끈 것처럼 뇌 수준에서도 불균형을 초래하여 또 다른 불일치를 낳았다. 그것은 인간의 태곳적 스트레스 반응과 생명의 위

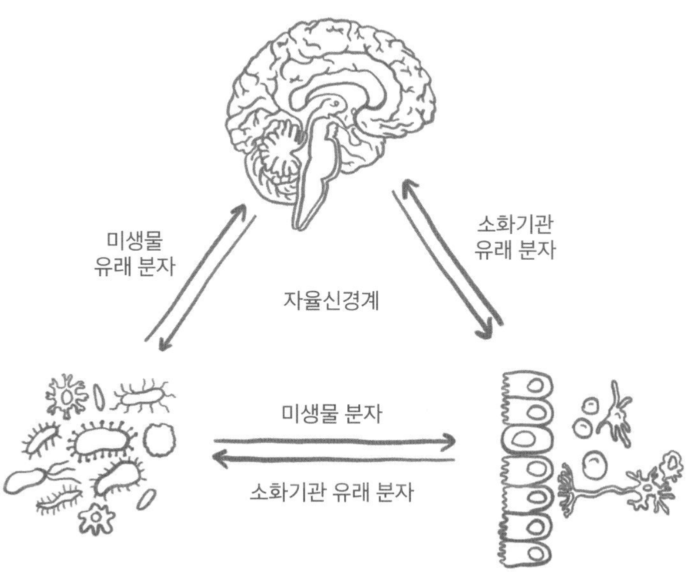

협과는 별 상관이 없는, 전례 없이 다양한 스트레스 때문에 불거졌다. 한때 생명을 위협하는 촉박한 위험으로부터 우리를 지켰던 산발적인 신경계의 투쟁 또는 도피 반응은 포식자로부터 인류의 조상을 구했지만, 오늘날에는 덜 심각한 위협에도 스트레스 반응이 훨씬 자주 촉발된다. 높은 수준의 생리적 스트레스와 만성 불안장애가 뇌-장-미생물 네트워크의 핵심 소통 라인을 잘라낸 탓에 상황은 자못 심각해졌다.

급성 및 만성 스트레스에 반응하여 장 건강에 중요한 락토바실러스(Lactobacillus, 유산균속)의 개체수가 감소한다는 등, 몇 가지 실험적 사실이 알려져 있다.[4]

소화기관으로 방출된 노르에피네프린 같은 스트레스 매개 화합물은 미생물 유전자를 활성화하여 장 면역 체계를 사사건건 간섭한

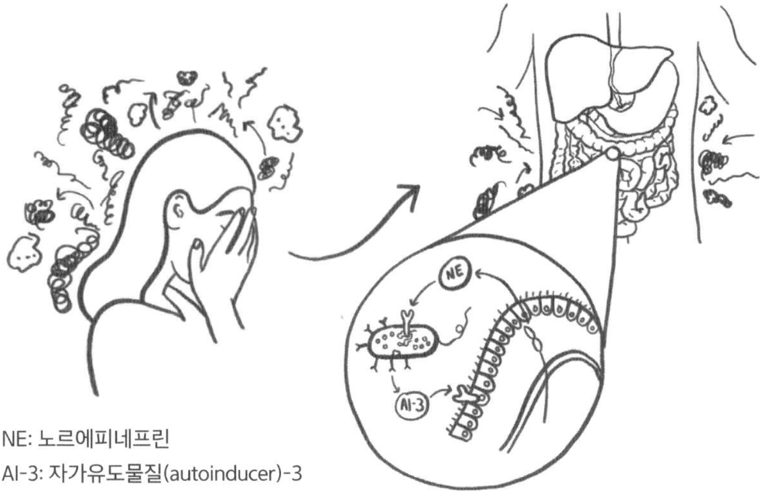

NE: 노르에피네프린
AI-3: 자가유도물질(autoinducer)-3

다. 스트레스는 또한 장 전체의 수축과 연동운동을 변화시켜 장 내용물의 장 통과 시간에 영향을 미치고, 이는 차례로 미생물의 서식지와 먹이 공급에 영향을 미치는 것으로 나타났다. 게다가 스트레스는 장 투과성을 증가시키는, 이른바 '장 누수' 현상을 일으켜 낮은 수준으로 장 면역계를 활성화시킨다.[5]

과거에는 몸에 좋지 않은 음식을 먹어서 장 건강에 문제가 생겼다면 지금은 뇌에서 장으로 보내는 만성 스트레스 신호 때문에 부분적으로 그런 일이 벌어진다. 그 결과 장 미생물 신호 분자가 바뀌면서 거꾸로 뇌에 되먹임 경보 신호가 반송된다. 복잡한 뇌 질환은 이제 단순한 선형 개념으로 깔끔하게 설명할 수 없게 되었다. 오히려 네트워크 과학의 좀 더 포괄적인 렌즈가 필요하다. 만성 스트레스와 불안이 건강에 해로운 식단 및 정기적 운동 부족과 만나면 설상가상으로 상황이 나빠져 장 건강에 악영향을 끼칠 수 있다. 뇌-

장-미생물 네트워크를 둘러싼 이러한 양방향 대화는 뇌와 소화기관 그리고 미생물 집단의 상호작용에 끊임없는 되먹임 고리를 형성하여 폐해를 조장한다.

우리가 산업화라는 똑같은 압박에 노출되어 있다 해도 모두가 만성 뇌 질환을 앓지는 않는다. 신경계 질환에 더 취약한 일부 사람들은 유전적 요인과 생애 초기에 형성된 후성 유전적 프로그래밍에 뭔가 문제가 있을 가능성이 크다. 이 모든 것이 개인의 뇌-장-미생물 네트워크 구조에 영향을 끼쳤을 것이다. 그것은 한 사람의 일생에 걸쳐 특별히 취약한 건강상의 문제를 남긴다.

지난 10년간 대개 동물을 대상으로 한 결과이긴 하지만, 미생물 집단의 변화가 거식증에서 조현병에 이르기까지 거의 모든 뇌 장애의 발병과 관련 있다는 결과가 발표되었다. 그중에서도 나는 우울증, 퇴행성 신경 질환(파킨슨병 및 알츠하이머병) 및 신경발달 장애(자폐 스펙트럼 장애)에 초점을 맞추어 설명하려 한다. 이들은 최근 수십 년 동안 유병률이 꾸준히 증가했을 뿐만 아니라 장내 미생물 집단 및 만성 스트레스의 변화와 확실히 밀접한 관련이 있는 질병이다.

우울증

약 15년 전, 과학자와 연구원은 물론이고 미디어와 일반 대중까지 마음과 소화기관을 연결해서 보는 새로운 관점에 환호했다. 장 미생물이 변하면 '상향식'으로 뇌 질환이 생길 수 있다는 개념이었다. 대부분 동물 연구를 바탕으로 이루어진 패러다임 전환이었다. 장 미생물이 전혀 없는 '무균' 생쥐가 비정상적인 감정 유사 행위를 보일 뿐 아니라 학습과 기억 능력도 떨어진다는 결과가 나온 것이다.[6] 눈이 번쩍 뜨이는 이런 실험 결과들은 소화기관과 미생물로부터 받는 어떤 신호가 뇌의 기능과 행위를 설명할 수 있다는 점을 보여주었다. 그에 따라 연구자들은 장내 미생물의 수, 다양성 또는 기능 변화가 주요 우울 장애와 어떤 식으로든 연결될 수 있는지 확인하고자 심혈을 기울였다.

뒤이어 최근 몇 년 동안 깜짝 놀랄 만한 연구가 수행되었다. 우울 장애가 있는 사람의 대변을 무균 생쥐 또는 항생제 처리한 쥐에게 이식하는 실험이었다. 실험동물은 일반적으로 인간 우울증의 측면을 반영하는 것처럼 낙담의 징후를 보이기 시작했다.[7] 이런 실험 덕택에 우리는 생체 내 세균의 역할을 이해하는 데 커다란 진전을 이룬 셈이다. 대변 이식으로 인간 미생물과 대사산물을 옮기는 일이 생쥐의 행동과 뇌 생화학을 변화시킬 수 있음을 증명했지만 이러한 대사산물이 단독으로 또는 염증 신호 같은 다른 분자와 결합하여 실제로 인간 대상에서 우울증을 유발하는지는 여전히 미지수이다.

그런데도 많은 연구자는 '미생물 우울증 지표물질', 다시 말해 인간 우울증과 관련 있을지도 모를 특정한 장 미생물 대사산물을 찾고 있었다. 이런 시도는 장-뇌-미생물 네트워크가 핵심 역할을 하는 생물학적 장애로 우울증에 접근하려는 방식과는 명백히 대립하는 것이었다. 다행스럽게도 최근 '상향식' 연결고리에 초점을 맞춘 몇 가지 연구 결과가 우울증을 더 잘 이해하는 데 큰 도움이 되었다.

2015년, 중국 항저우, 저장 대학 전염병 진단 및 치료 국가 핵심 연구소의 해인 장(Haiyin Jiang)과 연구팀은 순전히 장 미생물의 구성을 확인함으로써 우울증이 있는지 아니면 정상적인 피험자인지 구분할 수 있다는 연구 결과를 내놓았다.[8] 연구자들은 주요 우울 장애 진단을 받은 46명의 환자와 우울증이 없는 30명의 건강한 대조군 대변 표본에 든 미생물을 비교했다. 그 결과 우울증 그룹이 박테로이데테스(Bacteroidetes)와 프로테오박테리아(Proteobacteria) 및 액티노박테리아문(Actinobacteria) 세균이 높은 비율을 차지하는 반면 퍼미큐테스문(Firmicutes)의 하위 집단인 피칼리박테리움속(Faecalibacterium) 세균의 수가 줄어들었음을 확인했다. 하드자 부족의 미생물 집단에서 아주 풍부하게 존재하는 퍼미큐테스는 일반적으로 건강한 장의 지표로 여겨지며 항염증 특성을 나타낸다. 당연한 말이지만 사람의 대변에 이런 유익균의 빈도가 높게 존재할수록 우울증에 노출될 가능성이 적었다.

2016년에 발표된 두 연구 결과는 여기에서 한 걸음 더 나갔다. 하나는 중국 충칭 연구소, 다른 하나는 아일랜드 코크 대학의 APC 미생물 유전체 연구소에서 수행한 연구였다. 연구자들은 주요 우울증 환자의 배설물을 무균 생쥐(중국 연구에서)와 항생제 치료를 받은 쥐(코크 연구에서)로 옮겼다. 두 실험동물 모두 정상적인 장내 미생물 집단을 지니지 못한 상태였다. 연구진들은 우울증 환자에서 확인된, 변형된 장내 미생물이 낙담한 기분에 직접적인 원인임을 증명하고자 실험을 진행했다.[9] 공교롭게도 두 실험 모두에서 대변 이식을 받은 동물은 우울한 방식으로 행동했다. 우울증 증세를 보이는 인간과 비슷한 모습을 보인 것이다. 또한 '우울한' 생쥐는 우울한 환자에서 관찰된 것과 유사한 미생물 유전자 패턴을 보였다. 두 연구 모두 트립토판(tryptophan) 대사산물인 키뉴레닌(kynurenine) 같은 우울증 환자의 장에서 파생된 특정 장내 미생물 대사산물이 실험동물의 행동, 특히 불안과 유사한 행동과 뇌 기능에 영향을 미친다고 결론을 내렸다.

그러나 이 세 가지 연구 모두 우울증 환자의 장내 미생물 구성과 건강한 대조군 환자의 장내 미생물 구성을 다른 방식으로 비교해서 서로 모순된 결과가 나오기도 했다. 예를 들어, 한 연구진은 우울증 환자에서 박테로이데테스가 줄었다고 보고했다. 이는 저장 대학 장 박사 연구진이 발표한 내용과 반대되는 것이었다. 다시 말해, 이들 연구자 누구도 장내 대사체와 우울증 사이의 직접적 인과성을 드러내는 보편적 미생물 우울증 지표물질을 찾을 수 없었다.

내가 보기에 생쥐 실험 연구를 통해 얻을 수 있는 정보의 양에는 한계가 있다. 인간과 생쥐의 차이가 크기 때문이다. 예컨대 근친 교배되는 실험용 생쥐는 유전적으로 구별하기 어렵다. 그들은 같은 조건에서 자란다. 같은 음식을 먹고 같은 온도에서 살고 동일한 초기 환경을 경험한다. 또한 대변 이식에 사용되는 시험 균주도 수백 가지 균주 중에서 선택된 것이다. 균주들은 저마다 생물학적 메커니즘, 뇌-장-미생물 네트워크에서 기능을 수행할 장내 미생물의 구성, 신호전달 물질과 신경 활성 대사체와 수용체 단백질이 다르다. 그러나 이보다 더 중요한 차이는 감정을 일으키는 인간의 뇌가 생쥐 뇌와는 비교할 수 없을 정도로 복잡하다는 사실이다.

임상 연구에 참여하는 인간은 유전적으로, 환경적으로, 미생물적으로 모든 면에서 서로 다르다. 먹는 것과 삶의 경험이 사람마다 다른 것은 더 말할 나위가 없다. 따라서 연구자들이 논리적으로 확정적인 결론을 내리려면 소수의 무균 생쥐 그룹에서 얻은 관찰을 수만 명의 환자에서 평가하고 확인해야 한다. 다행히도 여러 뇌 장애를 대상으로 대규모 연구가 현재 진행 중이며 이 장의 뒷부분에서 논의할 것이다.

담즙산이나 호르몬처럼 장으로 분비되는 생체 분자와 장 미생물의 식품 대사를 통해 생성되는 신호 분자 중 일부가 잠재적으로 우울증과 관련이 있음을 입증하는 일은 적잖은 노력이 필요하다. 하지만 이러한 연구에서 얻은 결과는 여러 화합물이 뇌-장-미생물 네트워크의 기능에 어떻게 영향을 미치는지 완전히 이해할 수 있을 때 비로소 의미가 드러날 것이다. 우리는 이미 장내 미생물이 직접 만드는 수천 개의 분자, 미생물과 장 면역 체계의 상호작용에서 비롯된 수많은 염증 매개체가 이 복잡한 네트워크 내에서 의사소통에 참여하고 있다는 것을 잘 알고 있다. 그러나 현재의 연구 수준으로는 이러한 커뮤니케이션의 정확한 암호를 밝히고, 더 나아가 특정 치료 대상을 선정하는 데까지는 상당한 시간이 걸릴 듯하다.

이런 네트워크 접근 방식을 취한 최근 연구에서 과학자들은 신경 전달 물질인 세로토닌(serotonin)을 연구하여 놀라운 발견을 했다. 세로토닌 대부분은 미생물의 도움을 받아 장에서 만들어지지만 그와 무관하게 뇌에서도 소량 생산된다. 세로토닌은 수면 조절, 통증 민감성, 식욕 및 기타 중요한 기능에서 필수적인 역할을 하는 화합물로 잘 알려져 있다. 또한 여러 가지 뇌 장애, 특히 우울증 및 자폐 스펙트럼 장애와 관련이 있다. 세로토닌은 장에서 장의 운동과 분비 기능을 조절한다. 이러한 이유로 필수 아미노산인 트립토판에서 만들어지는 장 세로토닌과 두 가지 다른 신경 활성 대사산물인 키뉴레닌 및 인돌(indole)은 뇌-장-미생물 네트워크에서 가장 광범위하게 연구된 신호 분자에 속한다.[10]

뇌 기능을 미세 조정하는 중요한 역할에도 불구하고 뇌에서 만들고 저장하는 세로토닌의 양은 채 5퍼센트도 되지 않는다. 뇌간(brainstem)의 신경 세포에서 발견되는 소량의 세로토닌은 위쪽으로 대뇌를 비롯한 뇌의 거의 모든 영역으로, 아래로는 척수로 배달된다. 이렇게 광범위한 영역에 투사되기 때문에 세로토닌은 신경계의 활동과 행동에 폭넓은 영향을 미친다. 감정 조절 네트워크에 지배적인 영향 덕분에 세로토닌은 기분 조절에 도움이 된다. 이는 세로토닌의 선택적 재흡수 억제제(selective serotonin reuptake inhibitor, SSRI)가 우울증에 대한 가장 효과적인 약제로 사용되는 이론적 배경이다. 세로토닌 재흡수 억제제는 뇌 곳곳에서 세로토닌의 농도를 증가시키는 결과로 이어진다.

그러나 우리 몸에서 발견되는 세로토닌의 나머지 95퍼센트는 장 내벽에 분포하는 특수화된 세포에서 만들고 저장된다. 세로토닌 저장소 기능을 하는 장크롬친화(enterochromaffin) 세포와 장신경계 소수의 신경 세포가 그것이다. 장크롬친화 세포는 소장과 대장에 두루 분포한다.

미생물이나 장 통과 내용물의 자극을 받은 장벽 장크롬친화 세포는 세로토닌을 만들어 감각 신경 말단과 순환계 및 장 내강으로 분비한다. 이렇게 분비된 세로토닌은 국소적으로 장에 강력한 효과를 주고 간접적으로 뇌에 영향을 미치지만 혈류로 들어가는 양은 무척 적다. 혈액 속의 세로토닌이 장크롬친화 세포와 혈소판에 빠르게 재흡수되기 때문이다. 게다가 세로토닌은 혈액 속 물질 대부분을 뇌로 접근하지 못하게 막는, 혈관-뇌 장벽(blood-brain barrier)을 통과하지 못한다. 그렇다 할지라도 장에서 분비되는 세로토닌의 중요 표적이 미주 신경의 감각 말단인 덕분에 장 세로토닌은 뇌의 기능에 큰 영향을 미친다. 자극을 받으면 뇌의 감정 조절 네트워크에 장거리 미주 신경 신호를 생성하는 방식으로[11] 장 세로토닌은 뇌에 신호를 보낸다.

뇌에서, 그리고 장에서 만들어지는 세로토닌이 오랫동안 독자적인 것으로 여겨져왔음에도 불구하고 우리가 먹는 음식물에 반응하여 장내 미생물은 세로토닌의 합성과 분비에 영향을 미칠 수 있다. 따라서 이러한 미생물 활동은 뇌와 통증 민감성, 수면 및 식욕과 같은 생리적으로 필수적인 기능에 중요한 파급 효과를 갖는다.[12] 우리가 먹는 음식, 장내 미생물, 장 사이의 소통은 양방향 도로와 같다. 장내 미생물은 장크롬친화 세포에서 세로토닌을 만들도록 자극을 주고 이렇게 생성된 세로토닌 일부는 장의 내강 또는 장으로 분비되어 미생물에 영향을 미칠 수 있다. 최근 연구에 따르면 이 장 내강 세로토닌은 장내 미생물과 장내 세포 사이의 매개체로서 중요한 역할을 한다.

세로토닌 및 기타 트립토판 대사산물을 조절하는 미생물의 역할을 더 잘 이해하기 위해 연구자들은 멸균 조건에서 자란 무균 생쥐와 일반 실험실 생쥐 간의 연구 결과를 비교하는 전략을 쓴다. 과학자들은 무균 생쥐의 혈관에서 순환하는 세로토닌의 양은 정상 미생물을 가진 생쥐에서 발견되는 양의 절반에 불과하다는 사실을 알아냈다. 또한, 세로토닌의 농도가 더 높은 정상 생쥐는 이 신경 전달물질 생산에 필요한 유전자도 풍부하게 발현했다. 이러한 발견은 특정한 장 미생물이 뇌-장 네트워크 전반에 걸쳐 세로토닌 합성 및 세로토닌 신호전달 조절에 필수적이라는 핵심적 증거이다.

내 동료이자 공동 연구자인 캘리포니아 대학 통합 생물학 및 생리학과 조교수인 일레인 샤오(Elaine Hsiao) 박사는 일련의 우아한 실험에서 짧은 사슬 지방산(미생물의 식이섬유 분해산물)과 2차 담즙산(지방 흡수를 촉진하는 미생물 대사산물)이 장크롬친화 세포에서 세로토닌 합성의 거의 절반을 책임진다는 결론을 얻었다. 예기치 못한 이런 효과는 장크롬친화 세포 안에 있는 특정 효소를 미생물이 자극한 결과물이다. 이 효소는 음식물을 통해 들어온 트립토판을

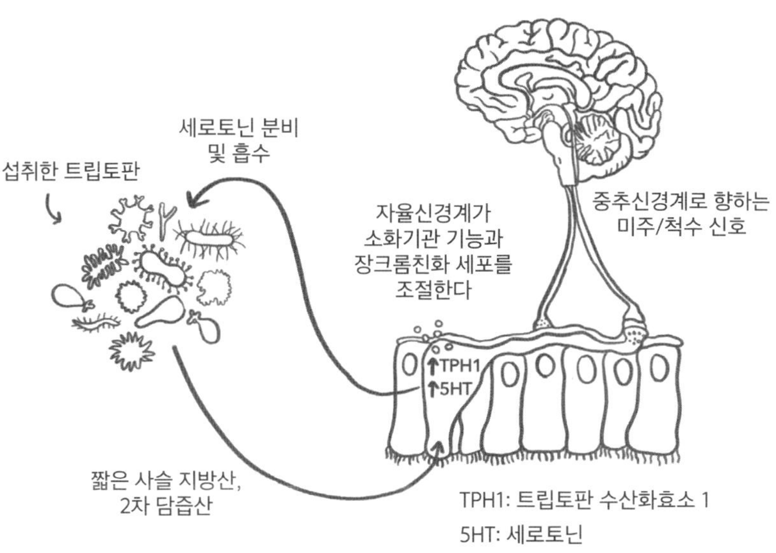

세로토닌으로 대사하는 첫 번째 단계를 촉매한다. 생쥐를 대상으로 한 연구에서 샤오는 초콜릿, 귀리, 말린 대추야자, 우유, 요구르트, 코티지치즈, 붉은 고기, 계란, 생선, 가금류, 참깨, 병아리콩, 아몬드, 해바라기, 호박씨 등에 있는 더 많은 양의 트립토판과 마주하게 되면 미생물이 세로토닌의 생성량을 늘린다는 사실을 발견했다. 다시 말해, 식물성 섬유의 복합 탄수화물 또는 치즈, 초콜릿처럼 트립토판이 풍부한 식품을 섭취하여 장 미생물을 배불리 먹일수록 이 미생물들은 반대급부로 장에서 세로토닌 생성을 한결 더 자극하여 신체 전반에 걸쳐 광범위한 이점을 제공한다. 변방의 소화기관 체계는 무척 생산적이지만 장크롬친화 세포에서 만든 세로토닌이 뇌-혈관 장벽을 통과한다는 증거는 없다.

지금까지 살펴본 것은 우리가 먹거나 미생물을 먹이는 일, 장내 세로토닌 생산에서 미생물의 역할 사이의 복잡한 관계를 둘러싸고 벌어지는 이야기의 서막에 불과하다. 최근 샤오 박사는 줄거리의 반전을 꾀하는 흥미로운 결과를 얻었다. 미생물이 세로토닌의 생성을 자극하는 한편 거꾸로 그 세로토닌의 영향을 받는다는 사실이다. 샤오 박사는 혈소판과 뇌세포 세포막에서 세로토닌을 흡수하는 분자와 무척 비슷해 보이는 분자가 특정 미생물의 세포막에도 존재한다는 점을 발견했다. 미생물 세로토닌 운반 단백질은 뇌 신경 세포에서 발현하는 것과 다를 바 없고 셀렉사(Celexa)나 프로작(Prozac) 같은 항우울제인 선택적 세로토닌 재흡수 저해제의 표적이기도 했다.[13]

이는 장크롬친화 세포가 만들어 장 내강으로 분비한 세로토닌을 거기에 사는 일부 미생물이 다시 흡수하여 자신의 행동 양식을 바꿀 수 있다는 뜻이다. 초창기 쥐를 대상으로 한 연구에서 급성 스트레스가 세로토닌을 장 내강으로 방출할 수 있음은 이미 알고 있었지만[14] 장 미생물 과학이 도래하기 이전 과학자들은 이 사실을 설명하느라 애를 먹었다. 그러나 이제 우리는 왜 자연이 장크롬친화 세포, 장 내강 그리고 미생물 사이에 이러한 소통 방식을 고안했는지 알고 있다. 미생물은 트립토판에서 세로토닌을 만들 수단이 아예 없다. 장크롬친화 세포와 뇌 안의 특정 세포만이 이러한 화학적 전환을 성사시킬 수 있기 때문에 미생물이 세로토닌을 구할 수 있는 곳은 오직 장 내강뿐이다. 세로토닌을 흡수하는 미생물의 행동이 인류의 건강에 어떤 의미가 있는지 아직은 잘 모른다. 하지만 이들 연구는 항우울제를 복용하는 일이 뇌에만 영향을 미치는 것이 아니라 장내 세로토닌의 양을 증가시킴으로써 장크롬친화 세포와 미생물 간의 양방향 통신에 상당한 영향을 미친다는 데까지 운신의 폭을 확장하였다. 장에서 세로토닌 농도가 증가하는 현상은 항우울제를 복용하는 환자가 겪는 부작용의 원인일 테지만 한편 항우울제 치료의 독특한 임상 특징 일부와 관련될 수도 있다. 예컨대, 장내 미생물과 식단이 서로 다른 탓에 항우울제 약물에 대한 반응성과 부작용이 개인별로 차이가 생길 수 있는 것이다. 약물을 복용한 뒤에도 약효가 쉽게 나타나지 않는 사람이 있는 반면 약물을 끊은 뒤에도 약효가 지속되는 경우도 흔하다. 세로토닌 생리학에서 장내 미생물이 관여한다는 사실은 사라와 같은 우울증 환자에게 전통적인 항우울제 요법을 보완하는 식이요법이 도움이 되는 까닭도 아울러 설명할 수 있다.

장내 미생물 집단이 장크롬친화 세포에서 세로토닌 생산을 자극하는 주인공 역할을 할 뿐만 아니라 트립토판이 신경 활성 분자로 분해되는 데에도 관여한다는 사실을 과학은 증언한다. 뇌 기능 및 뇌 질환과 직접적인 관련이 있는 이러한 화합물의 한 예는 트립토판 대사산물인 키뉴레닌이다. 위장관에서 인돌아민-2,3-이산소화효소(indoleamine- 2,3-dioxygenase)가 트립토판을 키뉴레닌으로 바꾼다.[15] 장에 존재하는 이 효소와 키뉴레닌의 생산은 장 건강과 그곳의 특정 미생물의 활동에 따라 달라진다. 퍼미큐테스문에 속하는 한 계열의 세균이 장크롬친화 세포의 세로토닌 생성에 주도적인 역할을 하지만 같은 문의 유산균속에 속하는 세균은 얼마나 많은 양의 트립토판이 키뉴레닌으로 전환될지를 결정한다.

많은 독자들이 트립토판과 '행복의 분자'인 세로토닌에는 익숙하겠지만 키뉴레닌은 생소할 것이다. 세로토닌, 키뉴레닌 둘 다 중요하다. 그러나 우리 몸과 뇌가 만성 스트레스 상황에 부닥쳤을 때 이 둘은 상반된 역할을 한다. 다수의 논문에서 과학자들은 우울증과 알츠하이머병을 포함한 여러 뇌 질환에서 키뉴레닌의 조절에 문제가 있음을 알아냈다. 이를테면 생쥐와 쥐, 영장류 그리고 인간의 만성 스트레스는 유산균의 상대적인 풍부함을 줄이는 것으로 나타났다.[16] 스트레스를 받은 쥐의 소화기관에서 유산균의 빈도가 줄자 트립토판을 세로토닌으로 바꾸는 능력이 현저히 떨어졌다. 또한 만성 스트레스에 노출된 쥐의 인돌아민 이산소화효소 활성이 덩달아 증가하면서 키뉴레닌의 생성량이 증가하였다. 세로토닌과 달리 키뉴레닌은 혈관-뇌 장벽을 자유롭게 통과한다. 뇌에 키뉴레닌의 농도가 증가하면 신경 염증 반응이 일어나 궁극적으로 일부 형태의 우울증 및 알츠하이머병 같은 퇴행성 신경 질환으로 이어진다.[17] 더구나 혈관-뇌 장벽을 통과하느라 키뉴레닌이 트립토판과 경쟁하는 상황도 전개된다. 뇌로 진입하지 못한 트립토판이 키뉴레닌으로 대사될 가능성이 커지는 것이다. 설상가상으로 이는 세로토닌을 생산할 트립토판 재료가 줄어드는 효과로 이어진다. 실제 키뉴레닌 대 세로토닌 비율이 증가하는 현상이 알츠하이머와 일부 형태의 우울증을 비롯한 뇌 질환과 관련이 있다. 따라서 만성 스트레스를 줄이고 장내 미생물 개체수를 늘려 그 기능을 회복하도록 식이 변화를 꾀하면 키뉴레닌으로 전환되는 트립토판의 양을 줄일 수 있다. 그와 동시에 세로토닌의 합성량이 늘어나는 것이다. 이러한 변화가 여러 뇌 장애에 치료 효과가 있는지 알아보기 위한 연구가 한창 진행 중이다.

음식물에 든 트립토판을 세로토닌과 키뉴레닌으로 대사하는 작업은 장 세포가 주재하고 미생물의 조절을 받는다. 그러나 또 다른 트립토판 대사체인 인돌은 사정이 다르다. 오직 장내 미생물만이 인돌을 만들 수 있기 때문이다. 인돌 계열의 화합물은 인체와 뇌에서 광범위한 기능을 담당한다. 예컨대, 우리 연구실 학생 연구원인 바딤 오사치(Vadim Osadchiy)는 인돌 대사체 중 하나가 섭식 욕구에 영향을 주는 뇌 네트워크를 조절한다는 연구 결과를 발표했다.[18] 최근 또 다른 인돌 대사체인 인독실 황산염이 자폐 스펙트럼 장애, 알츠하이머병 및 우울증을 비롯한 여러 가지 만성 뇌 질환의 발병에 관여할 수 있다는 결과가 발표되며 주목을 받았다.[19]

근래 들어 다양한 뇌 및 소화기관 장애에 트립토판 대사체 몇 가지가 관련되어 있다는 발견이 이어지자 과학자들 사이에선 트립토판 조절이 중요할 뿐 아니라 장 미생물이 만든 분자가 뇌-장-미생물 네트워크의 다양한 노드를 연결하는 데 핵심적 역할을 한다는 견해가 새록새록 등장하고 있다. 건강에 해로운 식단 또는 만성 스트레스, 혹은 이 두 가지가 네트워크 소통 체계를 심하게 망가뜨릴 수 있다.

퇴행성 신경 질환

알츠하이머병과 파킨슨병은 오늘날 널리 유행하는 퇴행성 신경 질환이다. 알츠하이머병은 주로 기억 상실이 특징인 반면, 파킨슨병 증상은 떨림과 느린 움직임처럼 운동과 관련된다. 발현 양상은 다르지만 두 질병 모두 뇌에서 특정 단백질이 만들어진다. 예컨대 알츠하이머병에는 β-아밀로이드(amyloid) 플라크와 타우(tau) 신경섬유 엉킴이, 파킨슨병에는 α-시누클레인 루이 소체가 특징적이다. 그러나 두 질병 모두 우울증, 불안, 수면 이상 및 인지 장애와 같은 증상을 동반한다. 이렇게 증상이 겹치는 이유 중 하나는 주의력, 각성 및 기분 조절에 중요한 호르몬인 노르에피네프린을 생성하는 이른바 청반(locus coeruleus)이라는 뇌간의 작은 부위와 관련이 있다. 연구자들은 청반의 퇴행적 변화가 알츠하이머와 파킨슨병으로 고통받는 사람들이 공유하는 신경 정신병적 이상 증세에 영향을 미친다고 생각한다.[20]

뇌 같은 곳에 청반과 밀접한 연관이 있는 또 다른 조직이 있다. 바로 고립핵(Nucleus tractus solitarius)이다. 미주 신경에서 오는 신호를 받는 고립핵은, 앞에서 말했듯, 소화기관과 미생물군 및 뇌 사이의 주요한 교신 통로이다. 파킨슨병 환자의 고립핵은 퇴행성 신경 변화를 겪는 것으로 알려졌다.[21]

상호 연결된 자그마한 뇌간 구조인 청반, 고립핵 모두 뇌-장-미생물 네트워크 선상에 있는 중요한 플랫폼으로서 장내 미생물과 뇌 사이의 신호를 계속해서 주고받는다. 따라서 이들 구조를 오가는 정보 흐름이 흐트러지면 알츠하이머 및 파킨슨병 증세가 나타날 가능성이 크다. 많은 신경과학자가 나서서 퇴행성 신경 질환의 발병에 결정적으로 연루된 뇌-장-미생물 네트워크와 그 경로에 있는 여러 플랫폼을 집중적으로 연구하고 있다. 그 결과, 우리가 먹는 것, 장의 건강과 뇌 그리고 마음이 서로 연결되어 있다는 놀랍고 새로운 통찰이 열리고 있다.

파킨슨병

파킨슨병은 일반적으로 운동과 보행에 어려움을 겪는, 오롯이 신경학적 장애로 알려졌지만, 파킨슨병 환자는 변비와 소화불량을 비롯하여 골격 근육 운동과 무관한 장 관련 증상으로 힘들어한다. 대변이 대장을 통과하는 시간, 위에서 음식물을 비우는 시간이 늘고 장 자극에 민감해지는 증상은 자율 신경계인 소화기 신경계의 기능 이상으로 간주한다.[22] 파킨슨병 발병 위험은 장운동이 줄고 변비의 위험성이 늘수록 증가하는 것으로 밝혀졌다. 약 40퍼센트 정도에 이르는 파킨슨병 환자에서 관찰되는 이런 증상은 질병의 초기 징후 중 하나이며 임상적으로 감지할 수 있는 운동 관련 증상보다 빠르면 15년 일찍 나타난다.[23]

사실, 뇌에서 진행되는 파킨슨병의 퇴행성 신경 변화보다 무려 10년 앞서 장 미생물 집단에서 특정한 증세가 나타날지도 모른다는 흥미로운 연구 결과들이 나오고 있다.[24] 임상 시험 성격상, 환자와 건강한 피험자 간의 차이에 국한된 관찰 결과이긴 하지만 연구자들은 파킨슨병으로 고통받는 환자에서 장 미생물이 다양하게 변하고 그 현상이 발병 위험성과 관련 있다는 증거를 찾아냈다. 예를 들어, 파킨슨병 환자에서 프레보텔라(Prevotella) 종을 포함하는 미생물 과(科)인 프레보텔라세아(Prevotellaceae) 개체수가 크게 줄었다.[25] 3장에서 살펴본 것처럼, 이러한 변화는 서구식 식단을 소비하는 산업화된 사회에서도 흔히 관찰된다.

소화기관에서 프레보텔라가 줄고 그에 따라 짧은 사슬 지방산의 생산량이 감소하면 덩달아 점액의 양이 줄면서 울타리 역할을 하는 장 점막의 기능이 눈에 띄게 떨어진다. 이는 정확히 파킨슨병 환자에서 벌어지는 일이다. 식이섬유를 짧은 사슬 지방산으로 대사하는 미생물이 부족한 탓에 파킨슨병 환자의 장벽은 기능이 무척 손상되어 있다.[26]

그러나 이러한 관찰 결과는 식단과 미생물 및 질병 사이의 상관성은 뚜렷이 보여주지만 미생물 군집의 변화가 질병의 직접적 원인이라는 증거는 아니다. 대중매체는 이런 연구 결과를 획기적인 돌파구라고 강조하고 싶겠지만 지금까지 나온 성과만 가지고서 뭔가 결론을 내리긴 좀 이르다.

그러나 앞서 언급한 우울증 유사 증상을 보이는 생쥐에서 살펴본 것처럼, 파킨슨병 유사 행동을 보이는 생쥐에게 파킨슨병을 앓고 있는 사람의 대변을 이식했을 때 신체 기능이 더 손상될 수 있음을 발견했다. 대조군으로 건강한 사람의 대변을 이식받은 생쥐에서는 그런 일이 벌어지지 않았다. 장 미생물이 뇌 안의 신경 세포와 면역 세포, 혈관-뇌 장벽의 완전성, 장 투과성 등, 뇌-장-미생물 네트워크에 부정적인 영향을 끼칠 수 있다는 연구도 여러 차례 발표되었다.[27] 이러한 발견을 함께 고려할 때 일부 파킨슨병 환자가 보고한 초기 위장 증상이 실제로 장내 미생물 집단과 장 연결체 간의 상호작용이 달라지는 첫 출발점이라고 추측할 수 있다. 물론 그다음은 뇌다.

연구자들은 최근 장내 미생물 집단이 파킨슨병 치료에도 의미 있는 역할을 할 수 있음을 발견했다. 2019년 하버드 의과대학 화학 및 생물화학과의 에밀리 발스커스(Emily Balskus)가 이끄는, 샌프란시스코 캘리포니아 대학과 하버드 대학 공동 연구진은 장 미생물의 구성에 따라 파킨슨병에 쓰이는 주요 약물의 효과가 달라진다는 논문을 발표했다.[28] 근육 경직, 자세 변화, 보행 장애, 비자발적 움직임 및 떨림 등, 파킨슨병의 운동 증상은 뇌의 특정 영역에 신경 전달 물질인 도파민이 부족할 때 발생한다. 이 질환에 가장 우선되는 약물인 레보도파(levodopa, 또는 L-도파)는 뇌에서 특정 효소의 도움을 받아 도파민으로 대사된다. L-도파는 일종의 보호막인 혈액-뇌 장벽을 통과하지만 도파민은 그렇지 않다. 하지만 실제 L-도파의 1~5퍼센트만 뇌에 도달한다. 신체 다른 부위, 특히 장에 사는 특정 세균이 L-도파를 초기 대사시키기 때문이다. 뇌로 들어가기 전에 장에서 먼저 대사되는 일을 막으려고 의사들은 대개 두 번째 약물인 카르비도파(carbidopa)를 처방한다. 불행히도 파킨슨병 환자에서 카르비도파는 장내 미생물이 L-도파를 대사하는 과정을 차단하는 데 별 효과가 없는 것으로 밝혀졌다. 사실, 이 이중 약물 투여전략에도 불구하고 L-도파의 거의 60퍼센트는 장내 미생물의 훼방을 받아 활성을 잃는다.

이런 현상을 조사한 발스커스 박사와 그녀의 연구진들은 L-도파 대사에 중요한 역할을 하는 미생물 균주인 엔테로코커스 피칼리스(*Enterococcus faecalis*)를 확인했다. 이 균주의 많고 적음, 유전적 상황 및 그것이 암호화하는 효소의 활성에 따라 장에서 L-도파가 도파민으로 분해되는 효율이 크게 달라질 수 있다. 서로 공유하는 미생물 균주가 10퍼센트에 불과할 정도로 사람들이 제각각 다른 미생물 집단을 보유하기 때문에 이러한 치료법에 대한 파킨슨병 환자의 반응은 크게 다를 수 있다.

미생물이 세로토닌 재흡수 저해제에서 L-도파에 이르는 다양한 약물의 개인별 반응성을 조절한다는 점을 감안하면 식단을 선택하는 일도 약물 반응 조절에 꽤 유용한 조건이라고 보아야 할 것이다. L-도파를 치료제로 사용할 때 특정한 미생물 균주를 표적으로 삼아 장에서 덜 대사되는 환경을 조성하는 일이 가능할 것이다. 우울증 치료에 세로토닌 재흡수 저해제를 처방할 때 지중해 식단으로 보완하는 일도 바람직한 효과를 기대할 수 있다. 앞으로는 약물 대사 과정에서 미생물이 차지하는 역할을 충분히 고려하면서 약물 치료를 수행하는 일이 점점 더 중요해질 것이다.

신경 질환의 진행을 늦출 수 있을까?

나는 전작 『더 커넥션』에서 파킨슨병 환자의 초기 발병 사례를 언급한 적이 있다. 그 후 점점 더 많은 환자가 내 사무실을 찾아와 신경 장애에서 장과 장내 미생물 집단의 역할을 묻기 시작했다. 그들은 주로 이 험악한 질병의 진행을 늦추기 위해 무엇을 할 수 있는지 알고 싶어 한다. 캘리포니아 프레즈노에서 온 55세의 농부 데이비드도 그러한 환자 중 한 명이었다. 긴가민가했지만 어쨌든 처음 만났을 때 그는 아직 병의 진단을 받지 않은 상황이었다. 고맙게도 우리는 신경학적 징후가 완전히 나타나기 훨씬 전에 그의 병을 식별할 수 있었다. 처음에 데이비드는 그의 아내 신디와 함께 전반적인 건강 상태를 살펴보려고 내 진료실을 방문했다. 이야기를 나누는 동안 나는 이 부부가 피할 수 없는 긴 결혼 생활의 폭풍우를 잘 이겨냈다는 느낌을 받았다. 그들은 가까이 앉아 농장 생활과 세 자녀, 최근 데이비드의 건강에 대해 사근사근하게 얘기를 나눴다.

데이비드는 자신의 병력을 간단히 설명했다. 5년 전 체중이 약간 늘었고 혈중 콜레스테롤 수치와 혈압이 올라간 탓에 주치의가 처방한 스태틴 약물을 복용한 것 말고 데이비드는 평소 별다른 문제없이 건강했다. 나는 데이비드와 신디에게 그들의 생활 방식이 어떤지 물어봤다. 기본적으로 농장 일이 바쁜 탓에 데이비드 가족은 부지런히 노동을 해야 했지만 전체적으로 서구식 식단이라고 할 만한 음식을 먹었다. 설탕이 많이 들어간 아침 식사용 시리얼, 베이컨과 계란, 붉은 고기, 감자 및 빵을 규칙적으로 섭취했다. 하지만 샐러드와 채소가 식탁에 등장하는 일은 드물었다고 인정했다.

그러다 문득 생각난 듯, 데이비드는 과거에는 별문제가 없었던 배변 습관이 평소와 달라졌다고 말했다. 때때로 그는 대변을 보지 않고 하루나 이틀을 건너뛰곤 한다고 설명했다. "크게 신경을 쓰지는 않았어요." 데이비드가 아내를 보고 웃으면서 말했다. "그녀는 제게 전문의를 만나봐야 한다고 말했지요." 대장 내시경 검사를 한 뒤 주치의는 별로 걱정할 일이 아니라고 말한 뒤 증세가 심해지면 복용하라고 완하제(laxative)를 처방해주었다.

데이비드의 말이 끝나기도 전에 신디가 덧붙였다. "한 가지 더 있습니다. 지난 몇 년 동안 데이비드가 큰 소리로 잠꼬대를 하고 가끔 고함을 치는 바람에 잠을 깬 적이 한두 번이 아니었어요. 어느 날인가는 갑자기 침대에서 일어나 걸어 다니기도 했답니다."

그 뒤로 데이비드는 종종 괴로워하는 것처럼 보이며 마치 끔찍한 악몽을 꾸는 것 같았다고 신디가 설명했다. "어쨌든 너무 이례적인 일이고 그전까지 한 번도 그런 적이 없었기 때문에 언급할 가치가 있다고 생각했지요."

이 부부가 겉보기에 관련이 없어 보이는 두 가지 증상을 언급한 데 나는 약간 놀랐다. 마치 이 두 가지 세부 사항이 서로 어울려 데이비드의 건강에 대한 완벽한 그림을 그리는 것처럼 보였기 때문이었다. 최근에 나는 다른 환자 몇 명에게서도 데이비드와 비슷한 증상을 목격했고 아마도 둘 다 파킨슨병의 초기 신호가 될 수 있다고 여겼다. 전형적인 신경학적 증세가 나타나기 약 10~15년 전에 갑작스레 변비가 시작되고 렘수면 행동 장애가 나타나는 일이 임상적으로도 확인된 것이다.

정상적인 수면에는 두 가지 다른 상태가 있다. 첫 번째는 더 깊은 수면 상태인 렘 단계에 접어들기 전 더 가벼운 상황인 '서파 수면' 단계이다.[29] 꿈을 꾸거나 뇌가 매우 활동적인 상황은 두 번째 단계다. 이러한 렘수면 상태에서 기록된 전기적 뇌 활동은 깨어 활동하는 각성 상태의 그것과 다를 바 없다. 사람들 대부분은 꿈꾸는 일이 순전히 정신적 활동이라고 생각하지만 실제로 꿈을 꾸면서 움직이는 신체적 활동을 방지하도록 일시적으로 근육이 마비되고 그것 때문에 가위에 눌려 잠이 깨기도 한다. 그러나 렘수면 행동 장애가 있는 사람의 경우 이 마비가 불완전하거나 없기 때문에 잠을 자면서 꿈을 재현하듯 행동할 수 있다. 어떤 사람들은 낮에 정상적으로 행동하는 것처럼 태연히 움직이기도 한다. 이러한 수면 이상 증세는 비교적 드물지만 의학 저널《신경학*Neurology*》에 게재된 미네소타 의과대학 연구에 따르면 렘수면 행동 장애로 진단받은 환자의 약 38퍼센트가 평균 12~13년 이내에 파킨슨병에 걸렸다.[30] 데이비드의 사례에서처럼 수면 이상과 변비 증상, 두 가지가 동시에 나타나면 나중에 파킨스병에 이를 가능성은 두 배로 커졌다.

하지만 데이비드와 신디가 제시한 두 가지 증상만으로 내가 파킨슨병으로 진단한 것은 아니었다. 대화하다 은연중에 신디는 자신의 농장이 한때나마 역사상 가장 부유한 농업 지역으로 불린 캘리포니아 센트럴 밸리에 있다고 말했다. 맞다. 그곳은 약 640킬로미터에 걸쳐 펼쳐진, 세계에서 가장 생산적인 농경지 중 하나이다. 미국에서 소비되는 농산물의 약 4분의 1이 재배되고 이 나라에서 사용되는 모든 살충제, 제초제 및 살균제의 거의 절반이 이곳 농작물에 뿌려진다. 사실 얘기하는 중 신디는 농약을 뿌리는 비행기 소리가 멀리서 들리면 급하게 아이들을 불러들였다고 말했다. '화학 비'로부터 아이들을 보호하려는 조처였다.

이 모든 것이 우연은 아니었다. 캘리포니아에서 파킨슨병 유병률이 가장 높은 지역에서 흔히 벌어지던 일이었던 것이다. 캘리포니아 대학 동료인 비테 리츠(Beate Ritz) 박사는 공중보건대학 역학과 교수이자 부의장이기도 하며 환경보건학과와 신경학과에서 공동으로 데이비드와 신디가 살고 있는 카운티 주민들을 대상으로 파킨슨병 연구를 수행한 적도 있다. 연구진과 함께 리츠 박사는 1998년에서 2007년에 걸쳐, 진단받기 전 캘리포니아 센트럴 밸리에서 최소 5년 이상 거주한 파킨슨병 환자 368명을 모았다. 건강한 대조군의 숫자도 같았다. 그런 다음 그들은 1974년에서 1999년 사이에 두 가지 일반적인 농약(마네브maneb, 파라콰트paraquat) 노출 추정치를 파악했다. 연구진들은 두 살충제가 뿌려진 곳에서 약 500미터 이내에 살던 사람들이 파킨슨병에 걸릴 위험이 75퍼센트 증가한다는 사실을 확인했다. 진단을 받았을 당시의 나이가 60세 아래였던 사람들의 발병율은 무려 4배나 높았다. 다시 말하면 그들은 어렸거나 십대 혹은 젊은 성인이었을 때부터 살충제에 노출되었다는 뜻이다.[31]

살충제가 파킨슨병 발병 위험을 증가시킨다는 다른 역학 연구도 있었다. 사실, 지난 20년 동안 살충제가 동물에서도 이 질병의 신경화학적, 행동적 또는 병리학적 특징 중 일부를 재현한다는 증거가 나왔다. 살충제와 제초제는 해충과 잡초를 억제하고자 의도적으로 독성이 크게 설계된다. 신경독성 물질은 곤충을 마비시킨다. 상당수의 농약은 생물학적 기전을 손상시키거나 상호작용하여 의도치 않게 신경 세포, 특히 소화기 신경 세포를 죽인다. 이런 결과는 과일, 채소, 견과류 및 농작물을 재배할 때 곤충을 통제하느라 사용하는 살충제, 디아지논(diazinon)의 효과를 조사한 실험용 생쥐의 연구에서 여실히 드러났다.[32]

나는 데이비드의 뇌와 장에서 벌어진 파킨슨병 초기 증세가 오랫동안 노출된 화학 물질 때문일 거라 설명하면서 예측적 진단을 내렸다. 그러한 초기 진단을 재차 확인하기 위해 전문 지식을 갖춘 캘리포니아 의과대학 신경과 전문의에게 데이비드의 파킨슨병 검사를 부탁했다. 그와 동시에, 현재 진행을 늦추는 효과적인 약물은 없지만 본격적인 신경 징후가 나타나기 15년 전에 이를 예측할 수 있다는 점, 그리고 그동안 장내 미생물 집단을 표적으로 한 치료법이 개발될 가능성도 높다는 점을 데이비드 부부에게 완곡하게 설명했다.

나는 근거도 없이 낙관론을 펴지는 않았다. 여러 생명공학 회사가 현재 장 미생물 집단을 겨냥한 파킨슨병의 새로운 치료법을 연구하고 있으며, 우리 연구진도 미국 국립보건원에서 연구비를 지원받아 파킨슨병 발병 과정에서 장 미생물의 역할이라는 주제로 리츠 박사와 공동 연구를 진행하고 있다. 가까운 장래에 진전이 있기를 진정 바란다.

결정적인 과학적 증거가 아직 뒷받침되지는 않았지만 나는 데이비드에게 뇌와 장 모두에 유익한 음식물로, 다시 말해 식이섬유, 폴리페놀 및 오메가-3 지방산이 풍부한 식물성 식단으로 전환하기를 권했다. 식이섬유를 섭취하면 프레보텔라 미생물이 상대적으로 늘어나 장에서 짧은 사슬 지방산의 가용성이 커질 것이라는 점도 잊지 않고 설명했다. 이러한 유형의 질병으로 고통받는 환자라면 신체 네트워크의 모든 측면을 아우를 식이요법, 행동치료 및 필요한 경우 약물치료와 같은 다양한 방법을 총동원해야 할 것이다.

다소 걱정스러운 가능성을 언급했음에도 데이비드와 신디는 내가 설명한 과학적 사실을 충분히 수긍하고 추천한 전문가와 상의해서 할 수 있는 조치를 해나가겠다고 자못 결기에 찬 속내를 보였다. 다시 그들 부부를 만나지는 못했지만 신디가 전화를 해서 데이비드가 캘리포니아 의과대학에서 파킨슨병 진단을 받았고 이후 채식주의 식단으로 확 바꾸었다는 소식을 들었다. 얼마 후 그들은 집을 팔고 로스앤젤레스 북쪽에서 유기농 농장을 운영하기 시작했다. 기쁜 소식이었다. 나는 먹는 방식과 생활양식을 바꾼 일이 데이비드 병의 진행을 멈추고 개선되기를 희망했다.

알츠하이머병과 인지 능력 저하

알츠하이머병은 오늘날 노인 치매의 주요 원인이다. 2017년 전 세계적으로 약 5000만 명의 사람들이 알츠하이머병으로 고통받고 있다. 가히 천문학적 숫자다. 이 숫자는 20년 뒤 두 배로 늘 것으로 예상한다.[33] 사람들은 흔히 그러리라 간주하지만 사실상 심각한 인지 저하 증세가 나타나는 일은 정상적인 노화 과정의 일부가 아니라는 점은 꼭 짚고 넘어가야 한다. 기대수명이 늘어 주변에서 연령대가 80~90대인 사람들이 늘어난 점도 알츠하이머 유병률 증가에 확실히 기여했지만 서구식 현대 식단 같은 생활양식도 커다란 역할을 했을 것이다. 현재 알츠하이머병의 진행을 늦추거나 예방할 수 있는 검증된 치료법은 없다. 사실이다. 그러나 바로 그 때문에 의사나 과학자들은 여전히 질병의 원인이 무엇인지 불완전하게 이해하고 있다는 점을 새롭게 주목하고 있다.

최근 들어 퇴행성 신경 질환을 장과 연계하는 연구자들이 늘고 있다. 알츠하이머와 상관성 높은 유전자 면면을 보면 면역계 기능 변화와 장내 미생물 집단의 역할이 중요함을 알 수 있다. 이런 점에서 듀크 대학 알츠하이머병 대사체 연구회에서 발표된 결과는 정말 흥미롭다. 리마 카두라-다우크(Rima Kaddurah-Daouk) 박사가 이끄는 연구팀은 간과 장 미생물 그리고 퇴행성 신경 질환의 생물학적 지표 사이의 연결고리를 파악하고 질병의 시작과 결부된 장-뇌-미생물 네트워크의 일부로 '장-간-뇌 축'의 인과성을 강조했다. "이제 장의 문제 그리고 간의 문제가 알츠하이머병 환자의 뇌에서 진행되는 질병의 일부 측면과 소통한다는 점을 지적하지 않을 수 없습니다"라고 리마는 말했다. "뇌와 다른 기관 사이의 연결성에 정말 주목할 때가 되었죠."[34]

알츠하이머병 신경영상 연구모임(Alzheimer's Disease Neuroimaging Initiative)에서 1,556명의 피험자를 분석한 결과, 환자의 혈액 내 1차 담즙산 수치가 감소하고 특정한 2차 담즙산 수치가 증가한 것으로 나타났다. 더구나 이러한 현상은 인지 기능 저하, 뇌의 포도당 대사 감소 및 대뇌의 위축으로 이어졌다.[35] 콜레스테롤을 변화시켜 간에서 생성된 1차 담즙산은 담낭에 저장되었다가, 소장으로 분비되고 다시 소장 말단에서 재흡수된 다음 온몸을 순환한다. 따라서 재흡수된 1차 담즙산은 모두 뇌를 포함하여 신체의 많은 기관에 분배된다. 하지만 장을 지나는 짧은 순간을 포착한 세균들의 간섭을 받아 화학적 특성이 바뀐 이들은 2차 담즙산으로 변신을 치른다.[36]

소장에서 지방 흡수를 촉진하는 기능을 포함, 1차 및 2차 담즙산은 전반적으로 우리 건강에 이롭다. 하지만 과학자들은 특정한 2차 담즙산이 뇌 기능에 해로운 영향을 끼칠 수 있다고 경고했다. 특히 흥미로운 점은 2차 담즙산이 7-알파 수산화 효소(hydroxylase)라는 유전자를 보유한 특정 장내 미생물이 있어야만 생성된다는 사실이다. 다시 말해, 담즙산을 대사하는 장 미생물의 비정상적인 기능이 없다면 우리 몸과 뇌가 해로운 2차 담즙산에 노출될 일이 아예 없을 것이다. 담즙산 대사 과정이 유전적으로 변하는지, 담즙산을 대사하는 미생물의 개체수가 늘어나는지, 또는 이런 일이 먹는 것에 영향을 받는지는 아직 확실한 답이 없고 그 답을 찾기 위해 여전히 꾸준한 연구가 진행되고 있다. 사실, 카두라-다우크 박사 연구진은, 양이 늘어난 2차 담즙산이 퇴행성 신경 질환의 두 생체 지표인 아밀로이드와 타우의 뇌 축적뿐만 아니라 수준이 경미한 인지 저하에서 말기 치매까지도 관련이 있음을 발견했다. 장이 알츠하이머 발병에 중추적인 역할을 한다는 놀라운 증거다.[37]

"너무 오랫동안 뇌만 따로 떼어서 연구해온 셈이죠?" 네트워크 과학의 최근 성과를 언급하던 카두라-다우크 박사는 이렇게 에둘러 말했다. "뇌를 표적으로 삼되, 뇌와 대화하는 다른 기관도 결코 무시해서는 안 됩니다."

몇 년 전 워싱턴 DC에서 미국 국립노화연구소(NIA)가 주최한 학회가 열렸다. 노화에서 미생물의 역할이란 주제로 열린 그 모임에서 나는 카두라-다우크 박사를 만났다. 우리 둘 다 발표자로 한동안 함께 자리했다. 곧이어 공동 연구 제안에 따른 구체적인 말들이 오갔다. 그 결과, 우리 연구원들은 현재 카두라-다우크 박사, 캘리포니아 공과대학 미생물학과 교수인 사르키스 마즈마니안 박사, 캘리포니아 대학 샌디에이고 소아과 및 컴퓨터 과학과 교수인 롭 나이트 박사(미국 장 프로젝트 입안자)가 이끄는 국제 공동 연구진에 합류하게 되었다. 우리는 장내 미생물 대사산물과 염증 반응의 변화가 뇌에 어떤 영향을 미치는지 확인하고 이러한 대사산물이 인지 기능 저하에 인과관계가 있는지 증명하는 일을 목표로 삼았다. 미국과 유럽 전역의 15개 연구 기관, 연구 책임자 35명의 연구 방향과 역할 분담을 조율하는 일은 쉽지 않지만 우리는 이미 수천 명의 피험자를 대상으로 만성 뇌 질환에서 장 미생물의 영향을 평가할 보편적인 기준을 세우고 있다. 이 분야 최고 전문가들이 모인 이 국제 공동 연구진의 규모와 정교함을 고려하면 앞으로 5~7년이 지나지 않아 파괴적인 뇌 질환에 맞설 혁신적 돌파구가 마련되리라 전망한다. 그와 함께 식단을 조절하는 일이 그 어느 때보다도 중요하다는 사실도 곧 명확해질 것이다.

자폐 스펙트럼 장애

자폐 스펙트럼 장애(autism spectrum disorder, ASD)는 미국 전역의 어린이 45명 중 1명에게 영향을 미치는 신경 발달 장애다. 자폐증은 모든 뇌 장애 중에서도 가장 극적인 속도로 증가하여 지난 15년 만에 발병률이 거의 3배 늘었다. 미국 질병 통제 예방 센터(Centers for Disease Control and Prevention)에서 발표한 자료에는 국가가 "무방비 상태로 거대한 후폭풍"을 맞을 것이라 적혀 있다. 현재 자폐 스펙트럼 장애를 겪는 약 50만 명이 앞으로 10년 안에 성인이 된다.[38]

자폐 스펙트럼 장애의 정확한 원인은 불분명하지만 다른 만성 뇌 질환과 마찬가지로 유전적이고 환경적 위험 요인이 뒤섞여 있을 것이다. 그러나 자폐증의 유전적 위험이 50퍼센트로 일정하게 유지된다는 점을 감안할 때 이 질환이 증가하는 현상은 아마도 식단처럼

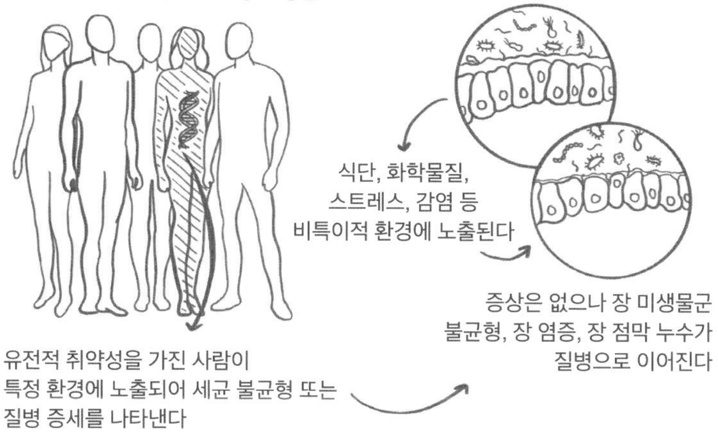

외부적인 영향이 크다는 점을 보여준다.

사회적 의사소통의 어려움 및 반복적 행동 여부와 심각도를 기준으로 자폐 스펙트럼 장애를 진단하지만 면역 조절 장애와 위장 문제를 호소하는 환자도 적지 않다. 또한 퇴행성 신경 질환에서 그러는 것처럼, 장과 장 미생물 집단의 변화가 복합적인 증상에 기여한다는 연구 결과도 연달아 보고되었다. 산모의 스트레스, 감염, 나이 등 태아 발달에 부정적인 영향을 끼칠 수 있는 임신 중의 여러 위험 요소가 태아로 하여금 자폐 스펙트럼 장애 또는 기타 신경 발달 장애에 더 취약하게 만들 수 있다는 연구 결과들도 눈에 띈다.[39] 수많은 역학, 임상 및 동물 연구에서 드러난 결과를 종합하면, 감염 또는 임산부의 열악한 대사 건강과 관련된 면역계 활성화와 그에 따른 장 미생물 집단의 변화가 태아의 자폐 스펙트럼 장애 발병 위험을 높인다. 이를테면 면역계를 활성화시킨 생쥐 어미에서 태어난 새끼가 자라 성체가 되었을 때 미생물 군집이 통째로 변했다는 사실을 확인했다. 결과적으로 장 세균의 불균형은 지속적 행동 이상, 신경병리, 면역 기능 장애 및 소화기의 통합적 기능 이상 증세로 이어졌다.[40] 비록 자폐 스펙트럼 장애가 유아에서 젊은 성인에 걸친 인구에 영향을 미치더라도 최근 이 신경 발달 장애가 뚜렷이 증가한 현상은 산모의 건강에서 비롯했을 가능성이 크다. 미국에서는 가임기 여성(20~39세)의 거의 60퍼센트가 과체중이고 3분의 1은 비만이며 16퍼센트는 대사 증후군 증세를 보인다.[41] 2012년 《소아학*Pediatrics*》 저널에 발표된 연구에 따르면 대사 증후군을 앓는 산모가 자폐아를 낳을 위험이 최대 2.4배 늘었다. 그러나 임산부에게 과도한 책임을 지워서는 안 된다. 지금껏 무시해왔지만 의사나 일반인 모두 이런 위험성을 인지하는 일이 무척 중요하다. 다음 장에서 임산부, 아기 및 자폐 스펙트럼 장애 위험에 영향을 미치는 식단의 역할을 더 자세히 살펴보겠다.

장 미생물 변화는 소화기 장벽의 손상과 무관하지 않다. 이런 현상은 자폐 스펙트럼 장애로 고통받는 어린이에게서도 흔히 발견된다. 파킨슨병과 마찬가지로 자폐증 환자의 장에서도 박테로이데테스와 퍼미큐테스 비율이 줄어드는 반면 유산균종과 디설포비브리오종은 증가했다. 그 모든 것이 질환의 중증도와 연관되었다. 장 투과성을 낮추는 짧은 사슬 지방산의 생성량이 줄수록 정도가 심각해졌다. 마지막으로, 자폐 스펙트럼 장애 환자에서 프레보텔라의 개체수가 상대적으로 줄어들었다. 이는 파킨슨병과 알츠하이머병에서도 관찰되었던 일이며 산업화된 사회에서 서구식 식단을 먹는 인간 집단에서 일관되게 발견되는 상황이다.

애리조나 대학 토양, 수자원 및 환경과학부의 로사 크라이마닉-브라운(Rosa Krajmalnik-Brown)과 강대욱은 같은 대학 자폐-영양 연구소 설립자인 제임스 애덤스와 함께 산업화가 장 미생물 집단의 변화를 이끌고 그에 따라 자폐 스펙트럼 장애가 늘었는지 아닌지를 조사하려는 연구에 착수했다.[42] 그들은 미국 자폐 어린이의 프레보텔라 결핍을 개발도상국에 사는 건강한 어린이와 비교하고 이 세균 개체수의 상대적 빈도 차이가 미국에 사는 비자폐 어린이와 비교할 때 훨씬 더 큰지를 확인했다. 예상대로 그들은 미국 자폐 스펙트럼 장애 환자가 훨씬 더 '서구화'되었다고 결론지었다. 연구자들이 자폐 어린이의 분변 미생물 유형이 과도하게 서구화되었다는 설명을 덧붙인 것이다. 이러한 연구 결과가 누적되자 몇몇 과학자들은 유익한 장 미생물 부족, 특히 짧은 사슬 지방산 생산자인 프레보텔라의 개체수 감소가 신경계 건강을 해친다고 믿는다.[43]

크라이마닉-브라운 박사와 그녀의 동료들은 자폐 스펙트럼 장애를 치료하는 혁명적 방법을 탐구함으로써 그들의 발견을 더욱 확장해나갔다. 건강한 사람의 장 미생물을 자폐 스펙트럼 장애 환자에게 이식하는 실험을 진행한 것이었다. 이들은 자폐 스펙트럼 장애 어린이 18명을 대상으로 소규모 개방형(open-label) 임상 시험을 수행했다. 개방 연구는 피험자와 연구자 모두 처치 상황을 알고 있는 방식이다. 미생물 집단 이식 치료법으로 알려진 분변 이식을 어린이를 대상으로 수행했다는 뜻이다. 치료를 시작하기 전 먼저 장을 깨끗하게 만든다. 항생제와 위산 억제제를 2주간 투여하여 존재하고 있던 미생물 생태계를 거의 완전히 제거한 뒤 건강한 기증자의 분변 미생물 이식을 진행한다. 이식 초기에는 하루에 투여하는 분변 미생물 농도가 높지만 그 기간이 지나면 7~8주 동안 매일 낮은 유지 용량으로 투여했다.

위장관 증상 조사에 응답한 환자의 주관적인 평가를 바탕으로 연구자들은 변비, 설사, 소화불량 및 복통의 상당한 개선을 포함하여 치료가 끝날 때쯤에는 이러한 증상이 약 80퍼센트 이상 줄었다고 판단했다. 그러나 가장 놀라운 사실은 자폐 어린이의 행동 징후가 크게 나아진 점이었다. 실험이 진행되는 8주 동안에도 모두 개선된 상태가 유지되었다.[44]

내가 보기에 이 연구에서 엿볼 수 있는 가장 핵심적 통찰은 아이들의 손상된 장 미생물 집단을 제거하고 비피도박테리움과 프레보텔라 종처럼 유익균 개체가 많고 종 다양성이 풍부한, 건강한 버전의 생태계를 통째로 대체할 수 있다는 데 있다. 불행히도 이 연구 빼고는 나쁜 장내 미생물 집단을 건강한 새것으로 대체하는 실험은 대부분 성공하지 못했다. 건강한 것이든 그렇지 않든, 온전한 미생물 생태계에 주입된 외부 미생물은 일반적으로 오래 가지 못한다. 사람들이 즐겨 섭취하는 프로바이오틱스조차도 48시간 이상 지속되는 경우는 거의 없다. 프로바이오틱스를 먹어도 대다수 사람의 장 미생물 개체수나 기능이 눈에 띄게 변하지 않는 것이다. 분변 이식을 통해 장에 새로운 세균 집락을 심어 과민성 대장 증후군, 염증성 장 질환 또는 비만을 치료하려는 임상 연구는 모두 실패로 돌아갔다. 생태계가 원래 상태로 돌아가려는 성향을 갖기 때문이다. 안정성, 탄력성, 저항성을 갖는 생태계 고유의 특성을 고수하다 보면 원래 상태의 좋고 나쁨은 전혀 고려 사항이 되지 않는다. 질병에 걸리지 않도록 억제하는 생명의 고유한 속성은 심지어 좋은 것일지라도 기를 쓰고 변화하길 거부한다.

그러나 자폐 스펙트럼 장애 아동을 대상으로 수행된 분변 이식 연구는 이런 규칙의 극히 드문 예외였다. 연구자들은 기증자의 미생물을 성공적으로 이식하여 소화기관 및 자폐 스펙트럼 장애 증상을 완화시켰을 뿐만 아니라 장기간에 걸친 변화와 개선된 상황을 유지할 수 있었다. 처음 이식을 수행한 지 2년 후, 연구자들이 18명의 피험자와 다시 상담했을 때 좋아진 소화기관의 상태가 여전했고 자폐 스펙트럼 장애 증상도 훨씬 나아졌다는 대답이 돌아왔다.[45] 장 세균의 다양성, 비피도박테리아 및 프레보텔라의 상대적 빈도도 커진 채로 변함이 없었다. 사실 이 임상 시험은 플라세보 대조군이 없는 상황에서 진행되었다. 참가자와 절망에 빠진 부모들 모두 의식적으로 치료에 개입하고 있다는 점도 그에 못지않게 중요했다. 그럼에도 불구하고 결과는 고무적이었다. 자폐 스펙트럼 장애와 소화기 증상이 있던 어린이를 치료한 경험을 바탕으로 연구자들은 성인 자폐 스펙트럼 장애 환자를 모집하여 이중 맹검, 플라세보 대조군을 갖춘 임상 시험을 시작했다. 팬데믹 때문에 한참 지체되었지만 어린이를 대상으로 한 대대적인 실험도 계획 중이다. 크라이마닉-브라운 박사는 "저희는 장에 사는 미생물과 뇌로 이동하는 신호 사이에 매우 강한 연관성을 발견했습니다"라고 결론지었다. "2년이나 지났습니다. 아이들은 여전히 상태가 좋아요. 놀랍습니다."[46]

스트레스는 만성 뇌 질환을 악화시킨다

우울증, 파킨슨병, 알츠하이머병 및 자폐 스펙트럼 장애와 같은 뇌 장애를 겪는 사람들은 건강하고 탄력적인 방식으로 세상과 상호작용하는 능력이 떨어져 만성적으로 고조된 스트레스 반응을 경험한다. 예컨대 인지 기능이 떨어지면 뇌의 능력과 기억력이 저하되고 있다는 깨달음과 함께 불안이 시도 때도 없이 찾아온다. 자폐 스펙트럼 장애라면 사람을 만날 때마다 사회화 기술이 부족함을 느낄 것이고 외로움과 더불어 스트레스가 쌓인다. 유전적, 후성 유전적 요인이 결합된 우울증 환자들은 스트레스에 더 민감하게 반응한다. 어린이는 불안장애에 더 취약하고 커서도 거기서 벗어나기 힘들다. 어려서부터 불안이 가중된 상황에 노출되면 나중에 우울증이 더 심해진다는 연구 결과도 나왔다.[47] 이런 신경 장애가 지속적인 투쟁 또는 도피 생리학으로 연결되고 그럴 때마다 두려움을 느낀다면(근심, 슬픔, 분노가 생기는) 하향식으로 뇌-장-미생물 네트워크가 추가적인 부담을 떠안는 모양새가 된다. 이는 차례로 장에 영향을 주어 미생물 집단의 구성 변화를 이끈다. 트립토판 대사체인 키뉴레닌과 인돌을 생성하는 세균 개체수가 늘어나는 것이다. 그러면 낮은 등급의 면역이 활성화되는 현상이 찾아온다. 대사체 신호 물질, 면역 매개체 및 미주 신경 활동을 거쳐 현 상황이 뇌로 고스란히 전달된다. 양성 되먹임 현상이 가중되면서 원래 질환이 더 나빠진다. 장애가 강화되고 영속화되며 심지어 신경 가소성이라는 뇌의 구조적 변화가 뒤따를 수 있다. 회로처럼 서로 주고받는 신호가 증폭 효과를 내는 것이다.

전임상이든 인간 대상 연구든, 뇌-장-미생물 연구 분야에서 급성 및 만성 스트레스가 장내 미생물 구성에 미치는 영향만큼 일관된 결과를 보여주는 사례는 찾아보기 힘들다. 2017년, 이오아나 마린(Ioana A. Marin)과 동료들은 만성 스트레스를 받는 생쥐의 정서적 행동, 미생물 구성 및 대사체 표지 화합물이 극적으로 변한다는 사실을《사이언티픽 리포트*Scientific Reports*》에 발표함으로써 이런 견해를 크게 확장시켰다.[48] 미생물군의 구성이 만성 스트레스의 영향을 받는다는 결과를 보강하듯, 그들은 스트레스를 받은 생쥐 장에서 유산균종의 개체수가 현저히 줄고 혈중 키뉴레닌의 농도가 늘어난 점이 가장 뚜렷한 변화라고 말했다. 하지만 스트레스를 받은 생쥐에게 유산균 프로바이오틱스를 투여하자 혈중 키뉴레닌 수치가 줄고 비정상적인 행동도 눈에 띄게 줄어듦을 확인했다. 사실, 유산균 속 세균들은 과량의 과산화수소(H_2O_2)를 생산할 수 있는 능력이 있어서 경쟁이 치열한 장내 미생물 생태계 안에서 자신의 안전한 틈새를 확보한다. 또한 유산균은 고농도의 과산화수소를 분비하여 직접적으로 장내 인돌아민 산화효소(IDO)의 활성을 억제함으로써 만성 스트레스 유발 우울증과 같은 행동을 예방할 수 있는 듯하다. 효소 활성이 줄면 우울증 및 기타 뇌 장애와 관련 있는 키뉴레닌의 양이 줄어들기 때문이다.

유산균종으로 구성된 '정신 건강 증진 미생물(psychobiotic)'의 극적인 효과가 인간에서 재현되지는 않았지만 이러한 결과는 미생물 집단을 표적으로 삼는 식이요법이 항우울증을 개선하는 효과적인 수단이 될 수 있음을 뒷받침한다. 더욱이, 우리가 먹는 음식이 이런 모든 질환에 파급 효과를 지닐 수 있다는 연구 결과가 끊임없이 나오면서 소화기관에 바탕을 두고 뇌의 건강을 개선할 수 있는 가능성의 문이 차츰 열리고 있다.

5

식단은 어떻게 뇌-장-미생물 네트워크를 조절하는가?

2,000여 년 전 약 60여 권으로 편찬된 고대 그리스 초기 의학서적 모음집인 『히포크라테스 전집*Hippocratic Corpus*』에는 뇌전증 치료 수단으로 단식을 언급했다. 하지만 1920년대 들어서야[1] 하버드 의대 연구원들이 항경련제에 반응하지 않는 약 30퍼센트의 불응성 뇌전증 환자 발작 치료에 처방하면서 단식이 하나의 치료 수단으로 알려지기 시작했다. 단식은 케톤증(ketosis) 상태로 대사를 전환하기 때문에 시간이 지남에 따라 이는 케토제닉 또는 케토 다이어트를 하라는 보다 구체적인 권장 사항으로 자리 잡았다. 고지방에 고단백질 식품을 섭취하면서 탄수화물 소모량을 최소화하는 케토제닉 식이요법은 뇌 세포가 연료로서 지방을 일차적으로 소모하도록 대사 과정을 강제한다. 이른바 케톤 생성 상태라고 일컫는 방식이다.[2]

난치성 뇌전증 환자들 사이에서 단기 케토 다이어트의 임상적 이

점이 널리 받아들여졌지만 최근까지도 과학자들은 왜 이런 다이어트가 효과가 있는지 명확히 설명하지 못했다. 2018년 캘리포니아대학 동료 일레인 샤오는 장에 서식하는 특정 세균을 발견하고 이들이 만드는 대사산물이 항경련 효과가 있다는 사실을 발표했다. 《셀*Cell*》에 게재된 논문에서 샤오 연구진들은 케토 식이를 했을 때 개체수가 늘어나는 두 종류의 세균을 찾아냈다. 케토 식이를 준 실험용 생쥐에서 증가하는 두 가지 유형의 박테리아 아커만시아 뮤시니필라(*Akkermansia muciniphila*)와 파라박테로이데스(Parabacteroides)를 동정했다. 또한 연구원들은 발작을 일으키는 뇌 영역인 해마의 신경 전달 물질에 영향을 미치는 생리활성 물질을 생쥐의 장과 혈액에서 발견했다.[3] 연구 결과에 따르면 이들 세균은 신경 전달 물질인 감마 아미노부티르산(gamma-aminobutyric acid, GABA)의 양을 증가시켰다. 향정신성 약물인 발륨(valium)과 같은 메커니즘에 따라 감마 아미노부티르산도 신경 세포의 활동을 억제한다. 감마 아미노부티르산과 발륨 모두 신경 세포의 관문을 열어 다양한 자극에 덜 흥분하도록 조절한다.

샤오 박사가 실험용 생쥐에서 확인한 메커니즘이 인간에게도 똑같이 적용되는지 확인하려면 할 일이 더 있겠지만 이 연구는 뇌병변 같은 심각한 질병을 치료하는 수단으로 특정 식단과 장 미생물이 효력을 발휘할 수 있다는 사실을 최초로 입증한 쾌거였다. 영양과학과 장 미생물이 전면에 등장하게 된 아름다운 사건이었다.[4]

사실, 지난 수십 년 동안 질병을 치유하는 지중해 식단의 효과를 분석하려는 연구가 진행되었다. 초기에는 대규모일망정 비교분석 연구에 그쳤다. 특정 식단과 건강의 상관성을 보여준 대규모 집단 연구, 인간 집단의 질병을 조사한 역학 연구 및 긴 시간 동안 특정 형질을 가진 인구 집단을 추적한 코호트(cohort) 연구가 그런 사례들이다. 이런 연구 결과는 일관되게 지중해 식단이 건강을 개선하는 효과가 있음을 보여주었다. 예컨대, 신선한 과일과 채소, 견과류, 씨앗 그리고 올리브유를 많이 먹고 주로 가금류나 생선에서 유래한 기름기 적은 동물성 단백질을 섭취한 사람이 전형적인 서구식 식단을 주로 섭취하는 사람보다 행복하고 정신적으로 건강하며 복지 수준도 높다는 연구 결과가 나왔다.[5] 인상적이기는 해도 이런 연구는 상관성만을 보여줄 뿐이다. 건강한 식단이 실제로 더 나은 건강과 인과성이 있다는 (반대로 건강에 해로운 식단이 질병을 일으킨다는) 증거를 제공하지 않는다. 더군다나 관찰 연구에 어쩔 수 없이 뒤따르는 아주 중요한 교란 요소가 있다. 특정한 식이요법이 경제적인 소득과 이어지고 더 활발한 사교활동, 적은 스트레스, 행복도, 운동 등 사회적 특성에서 차이가 불거지는 경우가 흔하다는 사실이다. 그렇기에 이런 연구의 결론을 확정 짓기에 어려움이 뒤따른다.

그럼에도 불구하고 지난 10년 동안 식단과 건강 사이의 연관성을 구조적으로 분석하고 그 이면에 깔린 임상적 의미를 파헤치려는 식으로 연구가 더욱 정교해졌다. 예를 들어, 정신 건강을 좌우하는 식단의 영향을 구체적으로 탐구하는 영양 정신의학(Nutritional Psychiatry)이라는 새로운 분야가 태동한 점도 이런 경향을 반영한다. 최근 연구에서 과학자들은 무작위로 피험자를 실험군과 대조군으로 나누고 실제 이들이 무엇을 먹었는지 샅샅이 조사한다. 한 단계 더 나아가, 보다 최근 연구에서는 장과 미생물에서 보내는 신호가 뇌 장애에 미치는 '상향식' 기여도를 조사하고 특정 미생물과 그 대사체가 긍정적 혹은 부정적 결과에 영향을 미칠 수 있는 방식을 정확히 그려내기도 한다. 나는 이러한 실험이 영양과 정신 건강 사이의 인과관계를 명확히 보여주며 따라서 과학적 발견을 지향하는 훌륭한 지표가 되리라 생각한다.

전통적인 지중해식 식단이 비만, 대사 증후군, 심혈관 질환, 염증성 장 질환 및 비알코올성 지방간 질환 등, 비감염성 질환 전반에 걸친 개선과 관련되어 있지만 나는 특히 앞에서 설명한 세 가지 뇌 질환에 중점을 두어 설명하겠다. 질병의 상호 연관성과 발생 과정에서 모든 장기가 영향을 받는 방식을 고려하다 보니, 나는 질병을 하나의 복합적이고 다면적인 증후군으로 보게 되었다. 내가 보기에 개별 질병을 따로 진단하는 일은 그것을 인위적으로 분리할 뿐만 아니라 다른 분야의 이른바 전문가가 처방하는 각기 다른 약물 치료를 받게 하는 결과로 이어진다. 건강에 해로운 식단에서 비롯된 만성적 면역 활성화뿐만 아니라 대사 장애가 질병과 직접적 관련이 있다는 점을 참작한다면 질병을 하나의 증후군으로 보는 일은 무척 적절해 보인다. 지금껏 밝혀진 연관성 중 가장 중요한 점은, 소량의 동물성 식품을 섭취하는 채식, 혹은 완전 채식주의자(vegan) 식단과 달리 주로 식물성 식품에 의존하는 지중해 식단이 어떤 식으로든 일관된 치료 효과를 보이는 것 같다는 사실이다.

우울증

수많은 관찰 연구 결과를 보면 특정 음식물은 사람을 우울증에 취약하게 만들 수 있다. 우울증은 유전적, 후성 유전적 요인의 복잡한 상호작용, 다시 말하면 호르몬, 면역학적, 생화학적 요동에 영향을 받는 질환이다.[6] 궁극적으로 이들 모든 체계에 커다란 파급력이 있기 때문에 우리가 먹는 음식물이 정신 질환의 발달과 경과에 의미 있는 효과를 드러낸다는 점도 어쩌면 당연한 사실이다.

과학자들은 표준적인 미국인의 음식물, 다시 말해 가공식품, 동물성 제품 및 정제 설탕이 듬뿍 든 식단이 우울증의 위험 증가와 관련이 있는 반면[7] 채소, 과일, 콩류, 통곡물 및 씨앗에 소량의 가금류와 어류를 가미한 식단은 우울증의 위험성을 줄인다고 말한다. 실제로 우울증을 다룬 9개의 연구 결과를 조사한 한 메타분석에 따르면 식물성 위주의 식단을 고수하면 우울증 위험이 30퍼센트 줄어드는 것으로 나타났다.[8] 관찰 연구는 항상 사회경제적 차이와 같은 교란 요소를 포함하지만 그럼에도 이러한 연구가 제시하는 결과는 우울증을 앓고 있는 환자에게 주로 식물성 식단을 섭취하라고 추천할 수 있을 만큼 충분히 인상적이다. 나는 또한 식물성 식단의 이점을 보여주는 보다 엄격한, 무작위 대조군 임상 시험 데이터에 점점 더 확신을 갖게 되었다.

마드리드에 있는 카를로스 3세 건강 연구소에서 설립한 비만 및 영양 생물 의학 연구 센터의 알무데나 산체스-비예가스(Almudena Sánchez-Villegas) 박사가 8년간 수행한 연구를 살펴보자. 그것은 전통 지중해식 식단*이 심혈관 질환을 예방하는 효과가 있는지 평가하는 지금까지 가장 큰 규모의 식이 개입 실험이었다.[9] 그러나 지중해식 식단 예방 연구(PREvención con DIeta MEDiterránea, PREDIMED)로 알려진 이 다중기관 시험은 지중해식 식단의 도입이 저지방 대조군과 비교하여 우울증 위험에 유익한 영향을 미치는지 여부를 결정하고자 2차 분석을 수행했다. 연구자들은 지중해식 식단을 따르는 사람들이 심혈관 질환과 우울증, 둘 다 발병 위험이 감소하면서 두 배의 이점을 얻었다는 사실을 확인했다. 내가 강조한 '하나의 증후군' 개념에 들어맞는 사례였다.

심혈관 건강에 미치는 식단의 영향을 조사한 1차 연구에서 연구자들은 질환 위험이 큰 7,447명의 참가자(50~80세의 남성과 여성으

* 1960년대까지 이탈리아, 그리스 및 스페인에서 가장 인기 있었던 **전통 지중해식 식단**은 다양한 과일과 채소, 올리브유, 견과류 및 곡물을 많이 섭취하는 식물성 위주의 식단이다. 생선과 가금류는 적당히 섭취하는 반면 유제품, 붉은 고기, 사탕이나 과자 등은 거의 먹지 않는다. 식사하는 중에 적당한 양의 적포도주를 곁들인다.
몇몇 전통적인 아시아 식단도 이와 구성이 비슷하다. **전통 일본 식단**은 생선, 해산물 위주의 식물성 식품이 풍부하지만 육상 동물 단백질의 양은 무척 적다. 여기에 탄수화물과 지방이 포함된다. 간단하고 신선하며 제철 재료로 구성된 음식물을 소량 먹는다. **오키나와 전통 식단**은 녹색과 노란색 채소, 특히 고구마를 섭취하고 약간의 생선과 돼지고기를 규칙적으로 곁들이는 것이 특징이다. 현대식 지중해 및 아시아 식단은 육류, 유제품 및 가공식품의 비율이 처음보다 훨씬 높아졌다.
주로 식물성 식품 위주로 구성된 전통적인 지중해 및 아시아 식단과 달리 **완전 채식주의자**(vegan) **식단**에는 고기, 해산물, 계란, 유제품 등 동물성 식품은 전혀 없다. **채식주의자**(vegetarian) **식단**에는 육류, 생선 그리고 가금류 고기가 빠진다.—저자 주

로 구성됨)를 대상으로 세 가지 식이요법 중 하나에 배정했다. 이들은 각기 최상급 압착 엑스트라 버진(extra-vigin) 올리브유를 보충한 지중해식 식단 그룹, 혼합 견과류를 보충한 지중해식 식단 그룹, 그리고 어떻게 식이 지방을 줄이는지 간단한 조언만 들은 대조군이었다. 또한 분기별로 참가자들은 지중해식 식단 교육을 받았고 그들이 속한 그룹에 따라 최상급 올리브유, 혼합 견과류 혹은 식품이 아닌 소정의 선물을 받았다. 주요 목표는 참가자의 심근경색, 뇌졸중 또는 사망처럼 주요 심혈관 질환의 위험과 비율, 그리고 식이요법이 이들 결과에 미치는 영향을 판단하는 일이었다. 궁극적으로 주요 심혈관 질환의 위험률은 대조군 식단에 비해 지중해식 식단을 섭취한 두 집단에서 평균 약 30퍼센트 낮았다. 사실상 지중해식 식단의 이점이 너무 커서 실험은 도중에 중단되었다. 순전히 윤리적인 이유였다. 양심상 연구자들은 실험을 지속할 수 없었다.

데이터를 좀 더 세심하게 분석하는 과정에서 산체스-비예가스 박사팀은 견과류가 보충된 지중해식 식단을 섭취한 집단에서 우울증 위험이 20퍼센트가량 감소하는 현상을 발견했다. 임상적으로 의미 있는 발견이었지만 통계적 유의성에 도달하지는 못했다. 우연히 벌어진 현상일 수 있다는 것이다. 그러나 연구자들이 등록 당시 제2형 당뇨병 진단을 받은 일부 참가자만을 따로 분석하자 그 우울증 감소 효과가 40퍼센트 증가하여 통계적으로 유의성이 있었다.

심혈관 및 정신 건강 위험에 미치는 지중해식 식단의 유익한 효과는 이 두 만성질환이 서로 연관되어 있을 뿐만 아니라 이들 질환을 개선하고 합병증을 예방하는 데 식이요법이 중요한 역할을 맡을 수 있음을 분명히 했다. 내 진료소에서도 이와 비슷한 결과를 확인했다. 여러 유형의 뇌 질환 환자에게 식물성 위주의 식단을 처방하자 얼마 지나지 않아 이들이 가진 이차 만성질환, 예컨대 당뇨병, 비만 또는 지방간 증상도 나아졌다.

지중해식 식단 예방 연구에서 결과를 발표한 다음 진행된 두 연구에서도 비슷한 결과가 나왔다. "지중해식 식단으로 건강을 증진하는(HEaLthy eating For lIfe with a MEDiterranean-style diet, HELFIMED)" 연구와 "생활양식을 조절하여 우울증을 개선하는(Supporting the Modi-fication of lifesytle In Lowered Emotion States, SMILES)" 연구였다. 2019년 《영양신경과학*Nutritional Neuroscience*》에 게재된 헬피메드(HELFIMED) 연구 결과에서는 생선 기름을 첨가한 지중해식 식단이 성인의 정신 건강과 우울증을 개선하는 효과가 있었다.[10] 피험자들은 무작위로 2주마다 음식을 받았고 3개월 동안 지중해식 요리 워크숍에 참가했다. 그리고 6개월 동안 생선 기름 보충제를 받았지만 대조군은 3개월 동안 2주마다 단체 모임을 가졌을 뿐이다.

호주 디킨 대학의 영양 및 역학 정신과 부교수이자 식품 및 감정(Mood) 센터 소장인 펠리스 자카(Felice Jacka)가 이끄는 스마일스(SMILES) 연구진은 주요 우울에피소드에 식단의 효과를 조사했다.[11] 그녀의 연구팀은 중간 혹은 심각한 우울증을 치유하고자 일상적인 치료를 받고 있는 환자들에게 지중해식 식단으로 바꾸는 방법을 가르치는 일이 증상 완화에 도움이 된다는 점을 이론화했다. 연구팀 구성원은 이런 방법이 피험자들과 1:1로 만나 감정적으로 부담되는 문제를 건드리지 않은 채 그들이 좋아하는 주제를 중심으로 토론하는 사회적 지원 방식보다 우수하다는 점도 아울러 이론화했다.[12] 또한 경험이 풍부한 임상 영양사와 함께 7시간에 걸쳐 개별적으로 상담을 진행하는 일종의 식단 개입 방식도 도입되었다. 대조군 피험자들은 같은 시간을 '사회적 지원' 모임에서 보냈다. 12주 후, 연구가 끝났을 때 등록된 환자 중 31명이 식이 중재를, 25명의 대조군 집단이 사회적 지원 방식의 치료를 마쳤다.

헬피메드와 스마일스의 연구를 종합한 결과, 12주 후 식이 중재 집단이 대조군과 달리 우울증 증상이 유의성 있게 개선되었다. 실제로 스마일스 연구에서 환자의 32퍼센트가 우울증 증세를 거의 보이지 않았다. 반면 대조군에서는 그 수치가 8퍼센트에 그쳤다.

물론 이러한 연구에는 여전히 방법론적 한계가 있다. 예를 들어 자신이 어떤 치료를 받는지 알고 있던 식단 중재 집단 피험자들은 이로운 결과를 기대했을 것이다. 이른바 '기대 편향'이 플라세보 효과로 연결되었을 수 있다. 그렇긴 하지만 이 세 가지 중재 시험은 다른 치료법을 사용할지라도 식물성 위주의 식단이 우울증을 경감시킬 수 있다는 이전의 역학 연구 결과에 권위를 부여하는 부수적 효과도 있었다.

이들 연구자는 지중해식 식단으로 변화한 장내 미생물 생태계가 결과에 긍정적인 영향을 미칠 수 있다고 추측했지만, 그 추측을 넘어설 만한 인과적 목표를 겨냥하여 설계된 연구는 아니었다. 그러므로 근본적인 질문은 여전히 남아 있다. 지중해식 식단을 섭취하면 장 미생물 구성과 기능이 기분에 긍정적인 영향을 미치는 방향으로 돌아설까? 다시 말해, 미생물 기능과 관련된 특정 분자 메커니즘을 찾을 수 있을까? 아니면 지중해식 식단은 그저 낮은 수준으로 활성화된 면역계를 진정시켜 서구식 식단과 결부된 전신 또는 뇌 염증을 줄이는 데 불과한 것일까?

이런 질문에 답하고자 나폴리 대학 다닐로 에르콜리니(Danilo Ercolini)와 파올라 비타글리오네(Paola Vitaglione) 박사는 과체중이거나 비만이지만 건강한 사람을 대상으로 지중해식 식단이 장 미생물과 미생물 대사산물의 상대적 양에 어떤 영향을 미치는지 조사했다.[13] 우울증을 기준으로 참가자를 고르진 않았어도 연구 결과, 식단에 개입함으로써 피험자들의 장 미생물 집단은 빠르고 극적으로 변했다. 이 결과는 지중해식 식물성 위주의 식단이 우울증에 미치는 영향을 더 잘 이해하기 위해 외삽될 수도 있었다.

이 연구는 82명의 피험자를 대상으로 8주 동안 진행되었다. 참가자를 두 집단으로 나누고 한 집단에는 과일, 채소, 통곡물 시리얼 제품, 콩류, 생선, 견과류가 풍부한 맞춤형 식단이 제공되었다. 대조군은 표준 서양식을 먹었다. 다량 영양소(탄수화물, 단백질 및 지방)의 비율과 이들이 섭취한 총열량은 같았다. 표준 혈액 검사 외에도 연구자들은 피험자의 혈액, 대변 및 소변 시료에서 미생물 대사산물을 자세히 분석했다. 이들은 또한 최근 '오믹스 혁명'이라는 불리는 새로운 방식인 식품 대사체(foodomics) 분석을 시도했다. 다양한 음식물에서 비롯한 대사산물의 유형을 분석하는 일이다. 이 방법을 사용하면 참가자들의 구술에 의존하는 믿기 어려운 데이터보다 훨씬 정확한 결과를 얻을 수 있다.

연구자들은 지중해식 식단을 섭취한 집단에서 장 미생물의 유전적 다양성이 늘어나는 현상을 확인했다. 장 미생물 다양성이 늘었다는 소리다. 반면 전신 염증 수치는 줄어들었다. 이런 결과에 상응하여, 섬유질을 짧은 사슬 지방산과 다른 대사체로 분해하는 유익균인 피칼리박테리움 프로스니치(*Faecalibacterium prausnitzii*)는 늘고 점액을 분해하는 루미노코커스(Ruminococcus) 개체수는 줄었다. 4장에서 논의한 바와 같이, 감마 아미노부티르산 또는 트립토판 대사산물이 우울증 증세를 줄이도록 뇌를 조절했겠지만 최근 연구에 근거하여 나는 개인적으로 지중해식 식단이 만성적인 전신 면역 활성(대사 내독소혈증, endotoxemia)을 완화하고 그에 따라 뇌 안의 면역세포 활성도 덩달아 줄어드는 바람에 자연히 항우울증 효과가 나타났으리라고 생각한다. 영양 정신의학이 조만간 항우울제 또는 인지행동 치료를 대체하리라 여기지는 않지만 식단 조절이 만성 우울증 치료와 예방에 필수적인 요소라는 설득력 높은 사례임은 확실하다.

프로바이오틱스로 우울증 치료하기

52세의 변호사인 메리가 우울증뿐 아니라 심한 만성 복통과 변비를 호소하며 내 사무실을 찾아왔다. 분명히 상당한 고통을 겪고 있는 듯 그녀는 두 손으로 배를 꽉 누른 채 앉아 문제를 논의했다.

"한 6개월 전부터 심각한 위장 통증을 느끼기 시작했습니다"라고 그녀는 걱정스럽게 눈살을 찌푸렸다. "우울증을 정말 오래 앓았습니다. 의사도 자주 찾아보았지만 별 도움이 되지 않았어요. 최근 사이코바이오틱스(psychobiotics)가 기분에 도움이 된다는 책을 읽었는데, 우울증에 어떤 게 도움이 될지 선생님께 의향을 여쭤보려고 왔습니다."

나는 메리에게 그녀가 최근에 읽었을 사이코바이오틱스(장 미생물에 영향을 주어 정신 건강에 도움이 될 수 있는 생균)[14] 기사의 과학적 증거가 충분하지 않다고 설명했다. 그러나 잘못된 정보는 미디어, 베스트셀러 책과 인터넷을 매개로 지속적으로 확산된다. 특정 세균 보충제가 기분을 개선하고 인지 기능을 높여 기억력 감퇴를 막아주리라는 허황된 약속을 남발함은 물론 더 나아가 뇌전증과 주의력 결핍 과잉 행동 장애 그리고 자폐증을 완화해준다고 사람들을 현혹한다.

사이코바이오틱스 논의를 더 이어가기보다 우선 메리의 증상을 자세히 살펴보는 게 순서였다. 내게 오기 전에 그녀는 이미 상부·하부 위장관 내시경 검사, 복부 CT 스캔, 여러 번의 혈액 검사를 포함하여 통증을 판정할 갖은 종류의 검사를 마친 상태였다. 이들 검사 중 어느 것에도 메리는 이상징후를 드러내지 않았다. 비슷한 증상으로 나를 찾는 사람들이 이런 종류의 검사에서 뭔가 이상한 낌

새를 발견한 적은 거의 없었다. 메리를 진찰한 한 의사는 일시적으로 변비를 개선하는 완하제를 처방했다. 메리의 주치의가 의뢰한 정신과 의사는 그녀에게 세로토닌 재흡수 억제제인 프로작 같은 항우울제를 처방했지만, 그런 약물을 복용한 메리는 집중력이 떨어지고 수면과 배변 운동 모두 나빠지기만 했을 뿐이다. 그런 탓에 투약을 계속하기 어려웠다. 과거에도 메리는 그런 약물에 비슷한 부작용을 경험한 적이 있었다.

검사 결과를 검토한 뒤 나는 메리의 삶 이모저모에 더 일반적인 질문을 던졌다. 그녀의 자잘한 개인사를 듣고 나는 증상을 좀 더 명쾌하게 이해할 수 있었다. 먼저, 전부터 어떤 증세가 있었는지 묻자 그녀는 평생 위장 증상을 달고 살았다고 답했다. 사실, 그녀는 십대 이후로 변비가 있었고 최근 몇 달 동안은 심각한 복부 통증에 시달렸다. 또한 메리는 우울과 불안 증세를 겪은 지 오래되었다고 기억했다. 특히 최근 몇 년은 증상이 더욱 심했다.

뭔가 자극이 될 만한 특별한 일이 최근에 있었는지 조심스레 묻자 메리는 몇 년 전에 이혼했고 홀로 십대 아들을 키운다고 고백했다. 그리고 넉 달 전에는 난소암으로 오랜 투병을 하던 어머니와 이별을 겪었다. 심각한 상실감과 메리의 의학적 증상 사이의 잠재적 연관성이 내게는 뚜렷이 보였지만, 트라우마나 슬픔(심각한 육체적 고통) 한가운데 있는 환자가 그렇듯이, 경황없던 그녀는 한발 뒤로 물러나 그 연관성을 바로보지 못했다. 사실은 낮게 가라앉은 기분이 위장 장애와 관련되어 있는데도 그녀는 단지 최근에 겪은 이별이 우울증으로 이어졌다고 생각했을 뿐이다.

이 둘 사이의 관계를 더 명확하게 볼 수 있도록 나는 마음과 장 사이의 복잡한 연결 방식을 설명하고 메리가 경험한 외상과 같은 특정 환경요인이 이 체계의 균형을 깨뜨려 기분과 소화기관 양쪽 모두에 악영향을 끼칠 수 있다고 말했다. 그녀는 내 의학적 설명을 충분히 수긍하는 듯했지만 여전히 프로바이오틱 보충제를 복용하면 고통이 좀 줄어들지 알고 싶어 했다. 변비를 누그러뜨리려 그녀는 이미 몇 가지 프로바이오틱스를 시도했지만 기분이 그리 나아지지 않았다고 고백했다. 나는 이와 같은 세균 보충제가 일부 환자의 장에 유익한 영향을 미칠 수 있지만 그녀의 우울증을 잠재우기 쉽지는 않을 것이라고 지적했다.

"그래도 뭐든 적극적으로 하고 싶어요"라고 그녀는 대답했다.

모든 것을 고칠 알약이 있다는 믿음은 충분히 유혹적이다. 더 나은 하루를 향해 한 발짝 두 발짝 우울증 환자가 걷는 버거운 오르막길을 떠올리면 더욱 그렇다. 안타깝지만 솔직히 말해 나는 프로바이오틱스가 우울증의 1차 치료제가 될 수는 없다고 생각한다. 그러나 메리에게 말했듯, 그녀가 능히 통제할 수 있는 식단과 생활양식의 변화가 의심할 여지 없이 뇌와 소화기관에 도움이 된다는 점은 희소식이다. 이 두 기관 사이의 의사소통 방식이 바뀌면 정신적으로나 육체적으로 변화를 줄 수 있다. 단순히 프로바이오틱스를 따로 복용하는 일보다 확실히 더 많은 에너지와 시간이 들고 실행하기도 쉽지만은 않다.

메리는 고개를 끄덕였지만 사전에 정보도 많이 찾아본 그녀답게 이렇게 되물었다. "예, 하지만 프로바이오틱스가 환자의 우울증 감소와 관련이 있다는 연구 결과도 많잖아요?"

맞다. 그런 연구가 있다. 이전 우울증 연구에서 장 미생물 집단과 우울증 사이의 인과성을 확인하고자 했던 연구자들이 프리바이오틱스와 프로바이오틱스의 이점을 보고한 적이 있다.

테헤란 의과대학 주도로 진행된 한 연구에서 과학자들은 우울증 환자 110명을 세 집단으로 나누고 8주 동안 이들에게 각각 락토바실러스 헬베티쿠스(*Lactobacillus helveticus*)와 비피도박테리움 롱검(*Bifidobacterium longum*) 프로바이오틱스 혼합물, 갈락토올리고당 프리바이오틱스, 그리고 대조군 피험자들에게는 위약을 투여했다.[15] 기본적으로 이 연구는 두 미생물 종이 우울증 환자에 어떤 영향을 미치는지 비교하려는 목적이 있었다. 연구자들은 프로바이오틱스 보충제를 복용한 집단이 다른 두 집단에 비해 우울증 증세가 크게 줄어들었다고 보고했다.

뉴질랜드 오클랜드 대학 레베카 슬리커먼(Rebecca Slykerman) 박사가 주도한 또 다른 위약 대조 연구에서 임신 중에, 또는 출산 후에 우울증과 불안 징후를 보인 212명의 여성에게 프로바이오틱 락토바실러스 람노서스(*Lactobacillus rhamnosus*)* HN001을 투여한 실험에

* 피부에 사는 이 세균은 습진이나 여드름을 치료하는 데 쓰인다. 피부의 유전적 변화를 유도하여 상처 치료에 도움을 준다고 한다. *Beneficial Microbes* 7 (2016): 625.—역자 주

서도 긍정적인 결과가 나타났다.[16] 프로바이오틱을 투여한 여성은 대조군에 비해 우울증과 불안 점수가 일관되게 낮았다. 그러나 기분에 끼친 프로바이오틱스의 효과는 2차 결과물을 관찰한 것임을 잊지 말아야 한다. 1차 결과물은 습진(eczema)이 있는 아기에서 이 프로바이오틱스의 효과를 확인하는 일이었다.

그러나 우울증 및 기타 기분 장애와 관련된 소화기 증상을 호소하는 수백 명의 환자를 진료한 개인적인 임상 경험과 동료 및 정신과 의사와 나눈 대화를 바탕으로 나는 현재 사용 가능한 프로바이오틱스만으로 의미 있는 임상 효과를 나타냈다는 결과에 무척 회의적이다. 다양한 질병을 두고 건강상의 이점을 주장하는 많은 연구가 수행되었지만 출판 편향(긍정적인 연구만 발표하는 일을 뜻함)과 연구 설계의 한계가 드러나 실제 임상에서 효과가 있을지 의심스럽다. 최근 소화기관 장애를 치료하고자 프로바이오틱스 사용 지침서를 작성하는 과정에서 미국 소화기 학회(American Gastroenterological Association, AGA) 임상 의사들도 이와 비슷한 결론에 도달했다. 발표된 문헌을 심층적으로 검토한 결과, 과민성 대장 증후군이나 염증성 장 질환과 같은 소화기 질환 치료에 프로바이오틱스가 유의성 있는 효과가 있다고 볼 단서가 희박하다고 여겼기 때문이었다.

내 경험에 따르면 환자가 설탕, 지방 및 붉은 고기가 듬뿍 든 음식을 먹고 운동도 하지 않은 채 프로바이오틱스 보충제만을 섭취하면 본질적으로 값비싼 위약을 복용하는 일이나 다름없다. 건강한 식단과 생활양식을 프로바이오틱스로 대체할 수는 없다. 프리바이오틱스 또는 프로바이오틱스 알약으로는 결코 대체할 수 없는 식물 위주 식단의 다양한 이점을 잊지 않은 일이 실상 가장 중요하다. 식물에는 수천, 수만 종의 분자가 있고 서로 도와가며 건강을 증진하는 효과가 있다. 장기간에 걸쳐 전반적으로 건강을 보증하는 지름길이 바로 여기에 있다.

따라서 메리에게 특정 사이코바이오틱스를 권하는 대신 뇌-장 네트워크의 양쪽을 모두 다루는 치료 계획을 세웠다. 먼저 나는 미생물의 다양성과 풍부함을 촉진하도록 섬유가 풍부한 식물성 식단에 자연 발효 식품을 첨가한 식단에서 시작하도록 권했다. 장 미생물 생태계를 개선하고 동시에 전신에 걸친 면역 활성을 줄이는 게 목표다. 또 나는 정기적으로 녹차를 마시길 제안했다. 여러 연구자가 차의 항우울증 효과를 보고했기 때문이다. 아마 녹차의 폴리페놀이 그런 효과와 관련되었을 것이다. 7장에서 자세히 다루겠지만 폴리페놀은 뇌의 스트레스 반응을 줄인다. 마지막으로, 나는 우리 병원에 근무하는 통합 건강 치료사를 소개하고 메리에게 복식 호흡과 스트레스를 줄이는 명상 요법을 매일매일 수행하도록 강권했다. 수행하기 쉽고 일상 활동에 통합할 수 있는 그러한 마음 지향적 요법과 전통적인 지중해식 식단을 조합하고 여기에 자연 발효 식품을 첨가하면 우울증 증세를 개선하는 데 매우 뛰어나다는 점이 밝혀졌다. 몇 달 후 후속 조사차 병원을 들른 메리는 뇌-장-미생물 불균형을 개선할 통합적인 치료를 안내해주어서 고맙다는 말을 잊지 않았다. 마지막 만난 다음부터 메리는 인지 행동 치료 과정을 수강하고 지중해식 식단을 시작했다. 그녀는 감정의 어려움을 처리하는 일이 훨씬 쉬워졌다고 느꼈지만 여전히 가끔 불쾌감이 찾아온다고 털어놓았다. 굳이 숫자로 표현하면 약 75퍼센트쯤 나아졌노라고 덧붙였다.

자폐 스펙트럼 장애

사람들은 음식물이 자폐 스펙트럼 장애에 중요한 역할을 하리라 생각해왔다. 자폐 아동들이 특별히 선호하는 음식이 있다는 점 그리고 그 부모들이 자폐아의 행동과 위장 장애를 완화할 요법을 찾으려 고군분투한다는 점 모두 그런 추정을 뒷받침한다. 몇 가지 예외를 제외하곤 불행히도 마법의 식단을 찾는 노력에는 거의 진척이 없었다. 그러나 임산부와 세대를 건너 전해지는 임산부의 건강 및 영양 효과를 연구한 최근 연구는 귀중한 통찰력을 제시한다. 생쥐를 모델로 한 연구에서 연구자들은 임신 기간에 전체적으로 면역계가 활성화되면 새끼들이 자폐증 비슷한 증세를 일으킨다는 점을 확인했다.[17] 공교롭게도 이런 현상은 인간에게서도 나타났다. 이후 산모의 식단과 낮은 등급의 전신 면역 활성화가 어떻게 자폐증 위험을 높일 수 있는지 연구가 이어졌다.[18]

비만이 아니더라도 임신 중 산모가 고지방 식단을 섭취하면 아기의 자폐증이나 기타 정신 장애 위험이 매우 증가한다는 두 연구 결과에 사람들은 깜짝 놀랐다. 베일러 의과대학 산부인과 켈스티 아가드(Kjersti Aagaard) 교수 연구원들이 시행한 한 동물 연구에 따르면 고지방 식단(비만 자체는 아님)이 암컷 어미의 장 미생물 생태계에 영향을 미치는 것으로 나타났다.[19] 젖을 뗀 후 새끼들에게 저지방 식단을 주어도 변화된 미생물 생태계는 부분적으로만 교정될 뿐이었다. 고지방 식단에 일찍 노출되면 예기치 않게 태아의 장에 있는 비병원성 캄필로박터속(Campylobacter) 세균의 개체수가 줄어든다. 이런 결과는 암컷의 식단이 새끼의 장 상주 세균의 구성을 결정한다는 개념을 뒷받침한다.

2016년에도 박사후연구원인 셸리 버핑턴(Shelly Buffington), 베일러 의과대학 신경과학 부교수이자 같은 대학 기억 및 뇌 연구 센터 소장인 마우로 코스타-마티올리(Mauro Costa-Mattioli) 교수가 비슷한 연구 결과를 발표했다. 그들은 하루에 여러 번 패스트푸드를 먹는 것처럼 고지방 식단을 취하면 임신한 암컷이 비만에 이르고 새끼들의 장 미생물 집단의 구성이 바뀜은 물론 한배의 새끼들이 서로 어울리거나 상호작용하려 들지 않았다. 사회적 행동이 현저히 줄어든 것이다.[20] 이러한 사회성 결핍은 차례로 뇌의 보상 체계 내 신호전달 변경으로 이어졌다. 이후에 진행된 대변 이식 실험은 고지방 식이를 한 생쥐 어미에서 태어난 새끼 소화관 미생물의 불균형한 조합이 사회성 결핍의 원인이 된다는 점을 보여주었다. 이들 생쥐의 미생물 유전체 서열 분석을 마친 연구자들은 한 종류의 세균인 락토바실러스 루테리(*Lactobacillus reuteri*)가 새끼들 장에서 9배 이상 줄었음을 발견했다. 이 상황을 뒤집으면 원래 상태로 복원이 가능할까?

"사람의 모유에서 분리하고 배양한 락토바실러스 루테리를 고지방 식이 중인 새끼가 먹는 물에 타 먹였습니다." 버핑턴이 설명했다. "이렇게 한 종류의 세균종만을 사용해도 새끼들의 사회적 행동을 바꿀 수 있다는 사실을 발견했습니다." 불안과 같은 자폐증 관련 행동은 이런 조처로도 나아지지 않았지만 연구자들은 이 특정한 세균이 사회적 행동을 강화하는 결속 호르몬인 옥시토신의 생산을 증가시킨다는 사실도 밝혔다. 옥시토신은 인간의 자폐증과도 관련이 있다. 이렇게 극적인 전임상 결과 대부분이 그렇듯, 이 실험은 생쥐의 사회적 행동을 조절하는 장 미생물군 유전체의 영향을 극명하게 보여주지만 여기서 얻은 결과가 자폐 스펙트럼 장애가 있는 어린이를 치료하는 방식으로 이어질지는 두고 봐야 한다.

하지만 생쥐 모델의 놀라운 결과에 고무된 연구자들은 항생제, 프로바이오틱스, 프리바이오틱스를 투여하거나 분변 미생물을 이식하여 자폐 스펙트럼 장애를 치료할 수 있을지 타진하고 있다. 자폐증이 있는 어린이를 대상으로 한 공개 연구에서는 흡수되지 않고 대장에 도달해 거기서만 작용하는, 경구용 항생제 반코마이신을 8주 동안 투여한 결과 위장 장애와 자폐 스펙트럼 장애 모두 크게 나아졌음을 발견했다. 하지만 투약을 중지하고 몇 주 지나지 않아 투약 이전 상태로 돌아갔다.[21] 장기 실험은 아니었지만 프로바이오틱스를 투여했을 때도 비슷한 임상 결과를 보였다.

절실한 부모가 마법의 사이코바이오틱스라는 헛된 희망을 갖기 전에 더 많은 연구가 진행되어 이러한 발견이 자폐 스펙트럼 장애에도 적용할 수 있다는 증거가 나와야 한다. 그러나 이 분야가 신경 발달 장애의 궁극적 치료를 향한 한 방편임은 분명한 사실이다.

인지 기능 저하

고혈압, 심장병, 제2형 당뇨병, 비만, 고콜레스테롤 및 고지혈증 같은 대사 질환은 서로 복잡하게 얽힌 특성을 고려할 때 확실히 조기 인지 기능 저하 증세를 유발하는 위험 요소로 활발히 연구되어왔다. 다시 말해 개별 대사 질환은 다른 대사 질환의 발병 소지를 높일 뿐만 아니라 인지 저하 및 알츠하이머병이 가속화될 위험도 증가시킨다. 그에 따라 최근 관찰 연구가 진행되었고 식단이 개인의 알츠하이머 위험에 영향을 미칠 수 있는 중요한 요소임을 확인했다.

2015년 스마일스 실험을 주도한 디킨 대학, 펠리스 자카 교수는 영양이 풍부한 식품(연어, 케일, 조개류, 블루베리 등) 대신 서구식 가공식품("구운 고기, 소시지, 햄버거, 스테이크, 칩, 바삭한 과자, 청량음료"로 특징지어짐)의 섭취가 많은 사람의 왼쪽 해마가 줄어든다고 했다. 왼쪽 해마는 평소 기억 기능을 담당하지만 알츠하이머병 환자에서 반복적으로 줄어드는 것으로 알려진 뇌 부위이다.[22] 연구진들은 알츠하이머 진단을 받지 않은 60대 초반 225명의 모집단을 대상으로 연구를 진행했다. 피험자들은 4년 간격으로 뇌 스캔을 두 번 했다. 연구진은 설문지를 작성하여 피험자의 식이 유형을 평가했다. 식물성 식품을 규칙적으로 소비하는 건강한 식단 섭취자들은 왼쪽 해마가 더 큰 반면 서양 식단을 선호하는 사람들은 그쪽 뇌 부위가 더 작았다. 이런 결과는 이전에 동물 연구에서도 관찰된 적이 있었다. 불행히도 4년 동안 인지 기능 테스트가 이루어지지 않은 데다 관찰 연구였기 때문에 연구원들은 식단의 차이가 인지 저하의 진행뿐만 아니라 뇌의 변화에 실제로 중요한 역할을 했다고 추론하는 데 그쳤다.

특정한 질환을 목표로 지중해식 식단을 채택하는 일도 잦다. 고혈압 예방 식단(Dietary Approaches to Stop Hypertension, DASH)[23]과 퇴행성 질환 예방 지중해식 식단(Mediterranean-DASH Intervention for Neurodegenerative Delay, MIND)이 그런 것들이다. 둘 다 식물성 위주 식단이다. DASH 식단은 심장에 좋은 지방을 더 많이 포함한다. MIND 식단은 지중해식과 DASH 식단을 결합하고 폴리페놀이 풍부한 베리류와 녹색 잎채소 섭취를 늘려 뇌 기능을 개선하고자 한다. 그러나 지중해 식단이나 DASH 식단처럼 과일, 유제품, 감자 섭취를 늘리고 생선을 일주일에 한 끼 이상 섭취하라고 권장하지는 않는다. 무작위 중재 시험에서 비만, 고혈압, 당뇨병, 콜레스테롤 및 혈중 지질 상승, 인슐린 감수성, 대사성 내독소혈증, 우울증 및 인지 저하와 같은 대사 증후군의 다양한 징후를 누그러뜨리는 지중해식 및 DASH 식단의 유익한 효과가 입증되었다. 이 모든 것은 서로 연결되어 있을 뿐만 아니라 알츠하이머병과도 관련이 있었다.

MIND 식단은 2015년 지역 연구 전문대학 조교수이자 내과 교수, 러시 건강 노화 연구소 소장인 고(故) 마사 모리스(Martha Morris) 박사가 고안했다. 이 식단은 음식으로 알츠하이머병을 예방하고자 했던 그녀의 선구적인 연구에 바탕을 둔 것이다.[24] 마사는 시카고 지역의 은퇴자 커뮤니티와 노인 공공 주택에 거주하는 자원봉사자로 구성된, 러시 기억 노화 프로젝트 참가자 970명을 대상으로 MIND 식단을 시험했다. 9년 동안 참가자들은 매년 신경학적 평가와 식이 평가를 받았다. 이 연구의 주요 목표는 MIND 식단 순응도가 인지 능력 및 알츠하이머 발병과 관련이 있는지 확인하는 일이었다. 연구자들은 'MIND 식단 점수'를 고안하고 참가자들이 식단을 얼마나 잘 따랐는지, 그것이 인지 기능의 변화를 불러왔는지 추적했다. 실제로, 참여도가 좋았던 참가자는 연구 기간 내내 노쇠 현상이 상당히 더디게 진행되었고(인지 테스트 점수로 평가) 알츠하이머 발병률도 더 낮았다. MIND 식단 점수가 높은 상위 삼분위 집단에 속한 사람들의 알츠하이머 발병률이 53퍼센트 줄었으며, 중간 삼분위 집단에서는 하위 삼분위 집단보다 35퍼센트 줄어든 것으로 나타났다. 데이터를 통계적으로 자세히 분석한 연구자들은 MIND 식단 점수와 알츠하이머 발병률 간의 연관성이 참가자의 비만, 대사 또는 심혈관 질환의 있고 없음과 무관하다고 결론을 내렸다. MIND 식단을 고수하는 행위가 뇌에 직접 영향을 미쳤다고 보아야 한다는 것이다.

소장에서 흡수되는 영양소와 장 미생물 대사체, 이 둘 모두가 식물성 식단에서 비롯되었다는 점이 건강 개선의 중요한 원인으로 추정된다. 이러저런 동물 연구에 따르면 장 미생물 집단은 식단에 동물성 지방이 많을수록 부정적인 영향을 받아 신경 염증, 기억력 감소, 불안 증세를 일으킨다.[25] 게다가 중추 신경계에서 장기 기억 및 학습에 필수적 신경 성장 단백질인, 뇌 유래 신경 영양 인자(brain-derived neurotrophic factor, BDNF)의 양도 줄어든다. 반면 지중해식 식단은 유익균인 유산균, 비피도박테리움 및 프레보텔라의 개체수를 늘림과 동시에 병원성 클로스트리디움을 감소시키는 것으로 나타났다. 그렇게 지중해식 식단은 전반적으로 나쁜 콜레스테롤 및 혈중 지질 수치 감소, 전신 면역 활성 감소와 같은 여러 대사 건강상의 이점을 부여하는 미생물군으로 구성이 바뀐다.[26]

앞서 언급한 나폴리 대학 연구와 유사하게 아일랜드 코크 대학의 미생물군 유전체학 교수 폴 오툴(Paul W. O'Toole)은 유럽 5개국의 연구원들로 구성된 컨소시엄을 조직하고 인지 저하 및 기타 노쇠(frailty) 현상과 관련이 있는 장 미생물군에 미치는 지중해식 식단의 효과를 살펴보고자 노력했다.[27] 여기서 노쇠는 만성 저급 염증의 발병, 근육 및 골량 감소, 인지 기능 저하, 제2형 당뇨병, 알츠하이머병 또는 파킨슨병과 같은 만성질환 발병 위험 증가 등 선진국의 노인인구에서 일반적으로 발견되는 모든 문제를 가리킨다.

연구원들은 65~79세의 612명을 대상으로 진행된 1년간의 식이요법이 장 미생물 생태계 및 노쇠 현상에 미치는 영향을 평가했다. 323명의 참가자는 지중해식 식단을 섭취했고 나머지 대조군 289명은 일상적인 식단을 유지했다. 이 연구에서도 지중해식 식단을 섭취한 사람들의 장에 인지 기능을 좋게 하는 장 세균의 수가 늘고 기능도 향상되었다. 혈액 내 염증 지표는 물론 노쇠 현상도 줄어들었다.

지중해식 식단을 섭취하는 사람들 장에서 늘어난 특정 미생물에는 피칼리박테리움 프로스니치(*Faecalibacterium prausnitzii*), 로즈부리아(Roseburia), 박테로이데스, 프레보텔라가 거론된다. 흔히 '식이-양성(diet-positive)' 분류군으로 알려진 이 특정 미생물 대부분은 짧은 사슬 지방산과 항염증 분자의 합성을 촉진하고 제2형 당뇨병이나 결장 직장암 같은 질병에 내성을 키우는 것으로 나타났다.

건강을 증진하는 미생물 몇 가지는 3장에서 소개한 전통 수렵채집 집단에서 일관되게 발견되는 것들로, 이는 섬유질이 듬뿍 든 가공하지 않은 식품, 가공식품에 들어가는 화학 첨가물이 없는 식단을 반영한다. 이 세균들은 지중해식 식단이라면 마땅히 들었을, 복합 탄수화물과 섬유 분자를 선호하고 소비한다. 흥미롭게도, 훨씬 더 젊은 사람들을 대상으로 한 나폴리 대학 연구에서도 유사한 분류군의 증가가 관찰되었다. 지중해식 식단의 유익한 효과가 노인에게만 국한되지 않고 모든 연령대에 두루 적용될 수 있다는 뜻이다. 사실 두 연구팀은 그 이후로 협력하여 염증성 질환, 당뇨병 및 심혈관 질환의 위험을 줄이는 특정한 짧은 사슬 지방산의 생성을 지중해식 식단과 연결하는 방식으로 연구를 확장했다. 지중해식 식단을 오직 1년이라는 비교적 짧은 기간 유지했더라도 노쇠 현상 감소, 인지 기능 향상, 혈중 염증 지표의 감소 등, 그 효과가 지속된다는 점이 아마 이 연구의 가장 중요한 결과일 것이다.

지중해식 식단을 섭취한 사람들 장에서 개체수가 줄어든 균주도 없지는 않다. 여기에는 루미노코커스(Ruminococcus), 코프로코커스

(Coprococcus), 베일로넬라(Veillonella)가 들어간다. 단순당과 설탕이 많아, 건강에 해로운 서구식 식단을 섭취하는 사람들의 장에 이들 속의 세균이 더 풍부한 것으로 알려졌다.

좋은 미생물, 나쁜 미생물의 상대적인 풍부함을 넘어 기능적 대사 양상의 변화를 기준으로 식단을 평가했을 때 과학자들은 미생물 집단의 반응 '경관'에서 극적인 차이를 확인했다. 대다수의 식단 양성 분류군 미생물은 주로 식물성 지중해식 식단의 주된 성분이자 미생물 전용인, 비전분(non-starch) 복합 탄수화물의 소비 증가와 관련이 있었다. 이와 달리 줄어든 미생물들은 정제당과 단순당으로 대표되는 서구식 식단과 더 밀접하게 관련되었다. 공교롭게도 부정적인 미생물 집단 반응은 담즙산을 변형하는 활발한 미생물 대사 반응으로 이어졌다. 앞장에서 살펴보았듯, 미생물이 만든 2차 담즙산은 뇌를 나쁜 방향으로 변화시키고 인지 저하를 초래한다. 듀크 대학 리마 카두라-다우크 박사가 연구한 결과다.[28]

그러나 이 연구의 가장 흥미로운 발견 중 하나는 두 그룹의 미생물이 지중해식 식단 개입에 다르게 반응할 뿐만 아니라 복잡한 장 미생물 네트워크 내에서 매우 다른 역할을 한다는 점이다. 2장에서 설명했듯, 뇌처럼 복잡한 시스템을 특성화하는 수학적 접근 방식을 여기에 적용하자, 지중해식 식단에서 증가한 미생물이 이 네트워크에서 중심적이고 영향력 있는 위치를 차지했음을 알게 되었다. 네트워크 과학 용어로 이것은 이러한 '허브' 미생물이 네트워크 내의 다른 미생물과 그들의 기능을 잘 제어할 수 있음을 뜻한다. 반면에 식이요법으로 개체수가 줄어든 미생물은 네트워크에서 영향력이 덜한 주변부에 위치했다. 식물을 위주로 한 식단의 이점을 새로운 방식으로 이해한다는 점에서 이 결과는 신비롭기까지 하다. 식단 양성 분류군은 전체 미생물 생태계의 안정성을 지키는 '핵심' 종의 지위와 역할을 차지한다. 옐로스톤의 늑대나 아메리카 대초원의 들소와 같은 생태계 핵심종이 사라지면 전체 생태계의 건강이 커다란 타격을 입는다.

특정 미생물 기능과 장 건강에 대한 식물성 식단의 유익한 효과는 우리가 알고 있던 것 이상으로 훨씬 더 큰 이점을 가진 것처럼 보인다. 그것은 바로 건강한 식단이 뇌-장-미생물 집단 생태계의 회복력을 증진한다는 점이다. 그렇게 건강한 식단은 스트레스와 몸 전체의 건강을 지키는 보루가 된다.

점점 더 많은 수의 미생물 생태학자들이 네트워크 과학과 그래프 이론을 장 미생물 네트워크에 적용하기 시작했다. 이를테면 우리 연구진도 장 미생물 집단 네트워크 특성(가령, 중심성, 허브, 탄력성)을 뇌의 네트워크 특성과 연결하여 뇌-장-미생물의 이른바 '다중체학' 접근 방식을 만들었다. 2장에서 설명했듯이 네트워크가 뇌에 있는 수십억 개의 신경 세포로 구성되어 있는지, 장에 있는 수십조 개의 미생물로 구성되어 있는지는 중요하지 않다. 모든 시스템의 기능을 관리하는 규칙은 서로 비슷하다. 이러한 생물학적 상호 연결성을 특성화하는 일은 실제로 우리 자신의 건강, 우리가 먹는 음식, 세상과 상호작용하는 방식을 이해하는 데 중요하다.

다음 장에서 나는 다른 종류의 상호 연결성, 즉 운동, 정신 건강 및 건강한 식단 사이의 중요한 관계를 계속 살펴볼 것이다. 사실, 식물성 식단만이 길고 보람찬 삶의 유일한 구성 요소는 아니다. 최근 연구에 따르면 식단과 운동의 상호작용이 건강에 훨씬 더 유익한 영향을 미친다.

6

운동과 잠은 우리의 장 미생물에 어떤 영향을 미치는가?

인체는 뇌, 소화기관 및 장 미생물 집단이 주요 허브로 기능하는 밀접하게 상호 연결된 네트워크이다. 그리고 이 뇌-신체 네트워크 내에서 불일치가 발생하면 만성 저급 염증으로 이어지고 만성질환의 위험성이 커진다. 식이요법은 이러한 위험을 줄이는 가장 중요한 전략 중 하나이지만, 우리가 일상에서 얼마나 움직이고 어떻게 쉬는지 등과 같은 생활 방식에 따라서도 육체적, 정신적 건강이 상당한 영향을 받는다는 증거는 차고 넘친다. 우리 장 미생물의 구성과 기능, 행복감(well-being)도 마찬가지다. 유전적 취약성이나 사회경제적 환경처럼 통제 불가능한 일부 변수는 어쩔 수 없다 해도 건강에 영향을 미치는 몇 가지 변수는 개인이 개입함으로써 그 운명을 바꿀 수 있다.

운동

우리는 신체 운동이 전반적인 건강과 장수의 핵심축 중 하나라는 사실을 수십 년 전부터 알고 있었다. 규칙적인 운동은 대사와 심장 혈관의 적합성을 높인다. 심장마비 및 뇌졸중 위험 감소, 뇌 건강 개선, 우울증과 불안 감소, 인지 저하 감소, 모두 문헌에 잘 정리되어 있다. 반면, 몸을 많이 움직이지 않는 생활 방식은 현재의 건강 위기를 보여주듯, 높은 질병 이환율의 주된 원인으로 간주된다. 최신 연구에 따르면 일정량의 운동은 건강하면서도 오래 살게 하는 효과를 가져온다. 이를테면 2020년 하버드 T. H. 챈 공중보건 대학의 프랭크 후(Frank P. Hu)와 프레더릭 스테어(Frederick J. Stare) 박사가 주도한 연구에서는 하루 최소 30분씩 중등도로 활발한 신체 활동을 하면 질병 없이 수명을 늘릴 수 있다고 보았다. 건강한 식단, 정상 체중, 금연, 적당한 알코올 섭취와 함께 주기적 운동을 다섯 가지 건강한 생활양식 중 하나로 본 연구 결과였다. 저자들은 50세부터 이 다섯 가지 간단한 생활 방식 지침을 준수하면 7~10년의 무병 기간을 추가할 수 있음을 보여주었다.[1] 이에 따르면 중년 후반부터 건강한 습관을 잘 유지하면 약물과 의료 체계의 도움 없이도 장수하는 일이 가능해진다.

핀란드 헬싱키 대학 솔자 니베르크(Solja Nyberg)의 연구에서도 유사한 결과가 보고되었다. 여러 유럽 국가 출신 11만 6,043명의 참가자를 대상으로 한 전향적 다중 코호트 연구에서, 건강한 생활 방식을 선택한 행동과 질병 없는 기간의 증가 사이에 통계적으로 유의미한 연관성이 발견되었다.[2] 특히, 연구자들은 병이 없는 기간과 가장 상관성이 큰 분석 요소에 육체적 운동, 건강한 체질량 지수, 금연 이력 및 적당한 알코올 소비를 포함했다. 이러한 요소 중 일부는 제2형 당뇨병, 심혈관 및 호흡기 질환 또는 암이 없는 기간이 연장되는 결과와도 관련되었다. 하버드와 헬싱키 대학의 연구 둘 다, 운동(또는 다른 요인들)의 인과성을 보이지는 못했지만, 길고 건강한 삶을 위해서라면 운동이 중요하다는 점을 부각시켰다.

운동은 건강한 식단을 섭취하는 행위와 거의 같은 방식으로 유익하다. 하버드 연구진은 여기에 덧붙여, 운동과 식단 사이에 긍정적인 상호작용이 있으리라 제안했다. 다시 말하면, 건강한 식단과 운동을 매일 수행한다면 둘 중 하나만 하는 것보다 건강한 수명 연장에 훨씬 더 효과적이라는 점이다. 나는 운동과 식이요법이 우리 건강에 큰 영향을 미치는 한 가지 공통 요인이 뇌-장-미생물 네트워크에 집중될 것으로 생각한다. 이 두 가지 활동이 상승효과를 나타내는 까닭은 면역계가 비적응적으로 활성화되는 일을 미리 방지하기 때문이라고 믿는다. 반대로, 운동 부족과 부실한 식단은 장 미생물 집단과 장 기반 면역 체계 사이의 의사소통을 방해하고 그 결과 낮은 등급의 전신 면역 활성화를 일으키는 것으로 알려졌다. 이 네트워크 내에서 이루어지는 양방향 의사소통과 궤를 맞춰, 운동은 장내 미생물에 유익한 영향을 미치고 이는 차례로 운동 수행 능력을 개선하는 데 도움을 준다.

여러 미생물 집단 연구처럼 첫 증거는 실험용 쥐를 대상으로 한 연구에서 나왔다. 자유롭게 생활하는 쥐를 움직임이 제한된 쥐와 비교했을 때 장 미생물이 달랐으며 자유로운 쥐에서 짧은 사슬 지방산인 부티르산의 수치가 높았다.[3] 짧은 사슬 지방산은 대장에 사는 특정 미생물이 식이섬유를 발효하여 만들며, 부티르산, 초산, 프로피온산이 가장 흔하고 이들은 소화기관, 면역계 및 뇌에 유익한 효과를 준다. 소화기 내벽을 강화하고 면역계를 정상으로 되돌리는 동시에 포만감을 불러오기 때문이다.

활발한 쥐의 장 미생물 변화를 관찰한 초기 연구에 이어, 퍼거스 샤나한(Fergus Shanahan)이 이끄는 아일랜드 코크 대학, 소화기 치료용 미생물 연구 센터(alimentary pharmabiotic center, APC) 연구진은 아일랜드 럭비 선수를 대상으로 흥미로운 연구를 이어갔다.[4] 연구원들은 럭비 선수 집단, 체질량 지수가 정상이거나 약간 높고 앉아서 생활하는 건강한 대조군을 모집하여 근육 활동 및 혈액 내 낮은 등급의 면역 활성화 지표와 함께 여러 장내 미생물 집단의 유전체 특성을 비교했다. 연구자들은 장 미생물 다양성과 유기체의 상대적 풍부함, 대사 경로 및 대변 대사산물 측면에서 두 집단 사이에 상당한 차이가 있음을 발견했다. 다른 집단과 비교하여 운동선수들은 장 미생물의 다양성과 풍부함에서 유의한 차이를 보였다. 특히 장 건강에 유익한 것으로 알려진 아커만시아와 짧은 사슬 지방산을 생산하는 세균 분류군이 특히 많았다. 이러한 미생물 양상의 변화는 전신 면역 활성화 지표가 낮고 근육 활동 지표인 크레아틴 인산화

효소 활성이 높은 현상과 관련 있었다. 게다가 운동 선수에게는 짧은 사슬 지방산인 초산, 프로피온산 및 부티르산을 만들거나 아미노산과 탄수화물 대사에 필요한 장 미생물 유전자 활성이 더 높았다. 체력이 더 낫고 전반적으로 건강할수록 그랬다. 그러나 이 연구자들은 럭비 선수들이 단백질과 총열량이 훨씬 높은 식단을 섭취하고 있다는 사실을 통제하지 않았기 때문에 그들이 관찰한 차이가 선수들이 먹는 음식에도 영향을 받았는지 명확히 구분할 수 없었다.

건강한 사람을 대상으로 수행된 종단연구는 식단 변화와 상관없이 지구력 운동이 실제로 장 미생물 집단의 구성과 기능에 영향을 미친다는 사실을 입증했다. 제프리 우즈(Jeffrey Woods) 박사가 이끄는, 어바나 샴페인 일리노이 대학 운동학 및 지역 사회 건강학과 연구진은, 식단을 조절하는 마르거나 살찐 성인을 대상으로 6주간의 지구력 운동을 수행한 다음 그것이 신체 구성과 신체 활동에 미치는 영향을 조사했다.[5] 연구원들은 18명의 마른 피험자와 14명의 비만 피험자를 모았다. 이들은 모두 주로 앉아서 생활하는 사람들이었다. 감독이 지켜보는 가운데 참가자들은 하루 30분에서 60분, 중간 강도에서 격렬한 강도로 진행되는 지구력 기반 운동 훈련을 매주 3일씩, 꼬박 6주 동안 진행했다. 그 후, 피험자들은 신체 활동이 적은 원래의 생활 방식으로 돌아가 6주를 보냈다. 운동 6주 전과 후에, 그리고 비활동적 생활로 돌아가고 나서 6주가 지나 대변 시료를 수집했다. 예상대로 운동 프로그램은 신체 구성에 상당한 변화를 가져와 피험자의 제지방 체중(lean body mass)은 늘고 지방의 상대적 비율은 줄었다. 이들 변화는 운동으로 인한 장 건강 촉진, 짧은 사슬 지방산 생성량의 증가와도 관련이 있었다. 연구자들은 지방산 생성 지표를 분석하였다. 조사의 여러 수준에서 유익한 효과가 입증되었다. 예를 들어, 짧은 사슬 지방산을 만드는 미생물의 증가(클로스트리디움강, 로즈부리아속, 라크노스피라, 피칼리박테리움), 짧은 사슬 지방산 생성 미생물 유전자 증가, 대변 대사체학 연구 수단으로 확인한 대변 내 짧은 사슬 지방산 농도 증가 등이 그런 것들이었다. 흥미롭게도 연구자들은 장 미생물 다양성의 이러한 변화가 모든 참가자에서 관찰되는 것이 아니라 참가자의 체질량 지수에 따라 달라진다는 점을 확인했다. 운동으로 대변에 짧은 사슬 지방산 농도가 늘어난 현상은 주로 마른 참가자에서 관찰되었고 비만한 사람들에서는 극히 일부만 나타났다. 따라서 마를수록 장 건강 측면에서 규칙적인 운동의 효과가 더 커졌다고 볼 수 있다.

운동을 중단하면 이런 변화는 당연히 원상으로 돌아간다. 연구 결과를 바탕으로 연구자들은 운동의 효과가 비만 상태에 따라 다르지만, 식이요법과는 무관하며 규칙적인 운동의 지속 여부에 따라서도 인간의 장 미생물 구성 및 기능에 변화가 찾아올 수 있다는 결론에 도달했다. 간단히 말해서, 누군가가 장 미생물 집단에 유익한 영향을 미치려면 규칙적으로 운동을 해야 한다. 이 연구에서 직접 다루지는 않았지만, 격렬한 운동으로 장 미생물 대사체가 변하고 그에 따라 전체적으로 행복한 느낌이 찾아오는 '러너스 하이(runner's high)' 현상 역시 지속성이 중요할 것이다.

규칙적인 중간 강도의 운동이 건강에 도움이 된다는 점은 논란의 여지가 없지만 극단적인 운동은 장 건강과 전반적인 행복감에 문제를 일으키는 것으로 밝혀졌다. 몇 년 전 37세의 마라톤 선수, 데이비드가 내 사무실을 찾아와 불평을 토로하던 기억이 생생하다. 지난 2년 동안 약 32킬로미터 지점에 이르면 어김없이 설사가 반복되더란 것이 얘기의 핵심이었다. 어찌어찌 결승선을 통과하긴 했지만 데이비드는 그러한 불안한 문제의 원인은 무엇이고 또 문제를 해결하려면 무엇을 해야 하는지 알고 싶어 했다. 그는 최근 스포츠 잡지에서 설사가 재발하는 현상과 장 미생물의 조절 장애 사이에 어떤 연관이 있을지도 모른다는 기사도 찾아서 읽었다.

마침 당시 나는 덴버에서 열린 미국 스포츠 의과대학 연례회의 강연자로 초대받았다. 거기에서 극단적인 운동이 장 미생물 집단과 연결체학(connectome)에 해로운 효과를 나타낼 수 있는지 깊이 생각할 기회를 가졌다. 나는 데이비드에게 매사추세츠주 네이틱에 있는 미 육군 환경 의학 연구소의 군사 영양분과에서 필립(J. Philip Karl)이 주도한 최신 연구 결과를 말해주었다.[6] 필립 연구진은 고강도 지구력 운동이 장 미생물 구성과 대사 활동에 부정적인 영향을 미칠 수 있는지, 그런 효과가 장 투과성의 변화, 이른바 '장 누수'와 관련이 있는지 조사하였다. 선발된 73명의 군인은 하루 3번의 식량을 보급받았고 4일간의 크로스컨트리 스키 행군이 펼쳐지는 동안 단백질 또는 탄수화물 보충제를 추가로 선택할 수 있었다. 필립은 격렬한 행군 전후로 장 투과성을 측정하였고 혈액 및 대변 시료를 모아 분석했다. 변화는 천차만별이었다. 관찰된 변화는 군인마다 달랐지만 장의 평균 투과성은 60퍼센트 증가했으며 그 현상은 전신 면역 염증성 지표의 증가와도 상관성이 높았다. 평소 염증을 줄이는 역할을 한다고 알려진 박테로이데스, 피칼리박테리움, 로즈부리아 분류군은 줄어든 반면 해로운 몇 종류의 분류군은 개체수가 늘었다. 아르기닌, 시스테인 두 가지 아미노산을 포함하여 대변 대사체의 양도 줄었다. 이런 변화도 마찬가지로 장 투과성의 증가와 상관성이 높은 것으로 밝혀졌다.

"하지만 운동은 대개 장에 좋다고 하지 않나요?" 데이비드가 물었다. 나는 원칙적으로는 그렇긴 하지만 극한의 운동과 매일 조깅이나 헬스장을 가는 적당한 운동 사이에는 차이가 있다고 설명했다.[7] 팽만감, 경련, 설사, 역류성 식도염, 메스꺼움, 구토 및 혈변을 포함한 위장 증상은 극한 운동선수 약 20~50퍼센트에서 나타나고[8] 여성에게 더 흔하다.

"일반적으로 운동선수 대부분은 그런 부작용을 경험하지 않습니다." 나는 데이비드에게 설명했다. "다른 마라톤 선수는 괜찮은데 왜 당신만 아프냐고요? 그건 아마도 장거리를 뛰는 동안 생긴 물리적 스트레스에 대응하는 장의 복원력 때문일 겁니다. 그리고 그런 차이는 결국 장 미생물의 차이와 관련될 수밖에 없습니다."

"그런데, 세균은 제가 마라톤 뛰는 걸 어떻게 알죠?" 데이비드가 물었다.

좋은 질문이다. 나도 그게 정말 궁금했다. 소파에 앉아 감자칩을 먹는지 아니면 죽기 살기로 운동하는지 그 신호를 장에 있는 수십 조 미생물에게 알리는 특수한 신호 전달 체계가 우리 몸에 있는 것일까?

현재 우리가 알고 있는 사실은 이렇다. 신체 운동은 자율 신경계를 활성화한다. 그러면 장의 연동운동, 장내 소화물 이동, 체액과 점액 분비, 장 혈류 흐름 및 장 투과성이 변한다. 모든 변화는 미생물의 서식 환경을 바꾸는 일이며 세균들은 어떤 식으로든 적응하려 애쓴다. 극한의 강도로 운동하면 그에 따라 흥분과 성취감이 있겠지만 우리가 일상적으로 겪는 일과 과거의 스트레스-반응 체계 사이에 불일치를 경험할 수 있다. 울트라마라톤, 철인 3종 경기 또는 군대식 신병 훈련처럼 고강도 지구력 운동이 우리 몸에 부과하는 비상 체계가 뇌에 경보를 울려 과도한 스트레스 반응을 유도할 수 있기 때문이다. 일부 취약한 사람들이라면, 이런 스트레스 신호가 장 누수를 일으키고 면역계를 활성화시키기 쉽다. 이런 일은 신체와 뇌에 악영향을 끼칠 뿐 아니라 장 미생물의 개체수와 기능을 변화시킨다.

나는 데이비드에게 장 미생물을 돕는 식단으로 바꿀 것을 권했다. 마라톤을 하면서 줄어든 짧은 사슬 지방산 생성 세균을 부양할, 미생물 전용 탄수화물이 듬뿍 든 식이섬유를 충분히 섭취하라고 강조했다. 특히 붉은 고기를 줄이는 대신 단백질, 섬유질, 폴리페놀이 풍부한 렌틸콩, 콩류, 곡물, 과일, 채소 등 식물성 식품을 섭취하도록 권했다.

규칙적이고 적당한 운동은 장 건강에 좋은 영향을 미칠 뿐만 아니라 장 면역계가 항염증 활성을 갖게 한다. 데이비드에게도 했던 말이다. 여기서 핵심은 **규칙적**, 그리고 **중간 강도**이다. 가끔 운동하다 말다 하면 별다른 효과가 없겠지만, 너무 과도하게 운동하는데 데이비드처럼 장이 그 스트레스에 취약하다면 건강에 나쁜 결과를 초래할 수도 있다. 규칙적이고 중간 강도의 운동은 식물성 식단과 마찬가지로 짧은 사슬 지방산의 생성량을 늘리고 장벽의 통합성을 강화할 뿐 아니라 쓸데없는 장 면역 활성도 줄여준다.

데이비드를 만난 뒤 나는 무엇을 먹는지, 어떻게 운동하는지 그리고 두 가지가 어떻게 서로를 보강하는지 연구하게 되었다. 식단과 운동 둘 다 장 미생물 집단의 긍정적인 적응과 그것이 신체 및 뇌와 소통하는 결과를 낳는다는 점을 감안할 때, 나는 운동 관계자들의 흔한 믿음과 달리 식물 위주의 식단이 고단백, 동물성 식단보다 운동 능력을 더 고양할지도 모른다는 생각이 들었다.

2018년에 방영된 다큐멘터리 〈게임 체인저스The Game Changers〉* 에서는 엘리트 특수부대 트레이너이자 이종격투기 리얼리티 쇼 〈얼티밋 파이터The Ultimate Fighter〉 우승자인 제임스 윌크스(James Wilks)가 운동 능력을 최고조로 북돋을 수 있는 최적의 식단을 찾아 전 세계를 헤맨다. 최고의 운동선수, 특수부대원, 선견지명이 있는

* 식물 식단을 소개할 목적으로 2018년에 제작된 다큐멘터리 영화다. 과학자들을 인터뷰하고 새로운 식단에 성공적으로 적응한 사람을 소개했다. 늘 그렇듯 이런 시각에 찬성하는 사람과 반대하는 사람들이 있다. 위키 참고.—역자 주

과학자들과 상담한 뒤 윌크스는 궁극적인 결론에 도달했다. 동물성 단백질을 섭취하는 행위가 운동 성취에 필수적이라는 뿌리 깊은 믿음과 달리 식물성 식단은 같은 양의 단백질을 제공할 뿐만 아니라 최적의 성과를 위해 더 나을 수도 있다는 것이었다. 검투사와 군인들에게 식물성 식단을 제공했던 고대 로마인들은 그 사실을 이미 알고 있었던 것이 틀림없다. 이 흥미롭고 화제성 높았던 영상에서 제공한 몇 가지 일화가 기존 과학에 반하는 정보를 포함하고 있기는 했지만, 내가 아는 상당수 운동선수는 권고에 따라 식습관을 바꿨는데도 누구 하나 운동 능력이 떨어졌다고 불평하지 않았다.

캘리포니아 대학 샌디에이고 미국 장 (미생물) 프로젝트(American Gut Project)의 전 관리자이자 과학 작가 겸 운동선수인 엠브리엣 하이드(Embriette Hyde)도 이 이론을 과학적으로 확인하고자 통제되지 않은 소규모 연구를 진행했다.[9] 그녀는 몇몇 엘리트 운동선수의 식이 습관과 장 미생물 집단을 파악하고 장 미생물 생태계가 운동선수의 경기력에 어떤 기여를 할 수 있는지 알아보기로 한 것이었다.

먼저 그녀는 극단적 운동선수 집단에 속하는, 등반가와 산악인인 알렉스 호널드(Alex Honnold), 에밀리 해링턴(Emily Harrington), 애드리언 밸린저(Adrian Ballinger), 마라톤 선수인 롭 카를(Rob Carr)과 아멜리아 분(Amelia Boone), 스키 선수 코디 타운센드(Cody Townsend), 서퍼 퍼갈 스미스(Fergal Smith)의 대변 시료를 분석했다. 그다음 그녀는 미국 장 프로젝트 데이터베이스에 수재된 1만 5,000가지 장 미생물 분류군을 속 단위에서 극단 운동선수들의 그것과 비교했다. 몇몇 선수들은 주로 식물성 위주의 음식을 먹었고, 다른 선수들은 다양한 양의 고기를 먹었다. 대부분의 선수 장에는 식이섬유를 짧은 사슬 지방산으로 분해하는 미생물 속이 상대적으로 풍부했다. 그중에서도 알렉스 호널드가 두드러졌다. 그의 장에는 프레보텔라속 개체가 압도적으로 많았다. 그는 식물성 식단을 선호하는 사람이었다. 알렉스의 장 미생물들이 짧은 사슬 지방산을 대규모로 만들어냈고, 이러한 미생물의 활동이 그의 초인적인 등반에 힘을 실어주지는 않았을까? 다큐멘터리 〈프리 솔로Free Solo〉에서 깎아지른 엘 캐피탄 바위를 타고 오르는 그의 영웅적 모습이 포착된 것처럼! 알렉스가 장 미생물의 실제적 도움을 받은 것일까? 이러한 주장을 뒷받침하는 과학적 연구 결과도 있다.

하버드 의과대학 유전학과 조너선 샤이먼(Jonathan Scheiman)이 수행한 최근 연구에서 이 질문에 부분적이나마 답이 나왔다.[10] 보스턴 마라톤에 참가하기 전과 후, 선수의 장 미생물 집단을 조사하고 신체 활동이 적은 대조군과 비교하자, 모든 운동선수는 아니었지만 일부 운동선수에게서 미생물 분류군 베일로넬라속(Veillonella)의 개체수가 특히 많았다. 게다가 경기가 끝난 뒤 이들 세균의 수는 더욱 늘었다. 데이비드와 달리 이 선수들은 극한의 지구력 운동이 장에 미치는 해로운 영향이 전혀 드러나지 않았다. 모든 사람이 똑같이 민감하지도 않을뿐더러 운동에 따라 신체에 미치는 영향도 다른 것이다. 다음으로 선수의 대변 시료에서 베일로넬라속 균주를 분리하여 마우스에 이식하자, 쳇바퀴를 돌리는 마우스의 운동 능력이 향상됐다. 격렬히 운동하는 동안 베일로넬라가 만들어낸 어떤 대사체가 그런 역할을 했으리라는 추론이 가능해진다.

강도 높은 운동을 할 때 근육 조직은 탄수화물을 분해해서 젖산을 에너지로 사용한다. 장 미생물인 베일로넬라는 에너지원으로써 오직 젖산만을 사용한다는 사실이 밝혀졌다. 전문 운동선수의 (미생물) 유전체를 분석한 연구자들은 운동 후에 젖산을 짧은 사슬 지방산인 프로피온산으로 분해하는 주요 대사 경로에 편입된 모든 유전자의 발현이 증가했음을 발견했다. 이렇게 장에서 만들어진 프로피온산은 흡수되어 혈중으로 들어간다.

한편 과학자들은 운동할 때 만들어진 젖산이 혈관에서 장 내강으로 빠져나가 그곳에 상주하는 특정한 미생물군, 특히 베일로넬라와 접촉할 수 있다는 점도 확인했다. 다시 한번 연구자들은 짧은 사슬 지방산의 비율이 높아진 운동선수의 대변 추출물을 생쥐에 이식했다. 이때도 생쥐가 쳇바퀴를 돌리는 시간이 늘어났다. 짧은 사슬 지방산 분자들이 어떻게 운동 능력을 개선하는지 기전 연구가 필요하겠지만 아마도 우리 근육 세포들에게 부가적인 에너지원을 공급할 가능성이 가장 크다. 특정한 장 미생물 균주가 운동 결과 생성된 여분의 젖산을 새로운 에너지원으로 전환함으로써 생쥐가 쳇바퀴를 돌리는 시간을 연장할 수 있음을 보여준 참으로 흥미로운 연구였다. 장 안에 사는 미생물이 화학적 변환을 일으키는 자연적 과정을 밝힌 과학자들은 그 과정이 운동 능력을 향상시키는 효과를 나타내리라 결론을 내렸다. 운동을 마친 선수들의 장에는 베일로넬라속 균주가 풍부할 뿐만 아니라 이 미생물이 젖산을 변환하는 대사 경로도 풍부하다.

그러나 닭이 먼저냐 달걀이 먼저냐 하는 문제는 여전히 남았다. 마라톤 선수의 고유 미생물 집단이 그들을 더 나은 운동선수로 만들까, 아니면 마라톤 훈련이 장 미생물 구성을 유익한 방식으로 바꾸는 것일까? 샤이먼 연구진들은 운동을 마친 뒤 농도가 높아지는 젖산 환경에서 베일로넬라처럼 젖산을 대사하는 미생물이 증식하거나 또는 그들의 대사 능력을 증가시키거나 혹은 두 가지 사건이 동시에 벌어질 것이라고 말했다. 어떤 식이든 선수의 운동 능력은 좋아질 수밖에 없다. 또한 운동선수의 식단이 장 미생물을 위와 비슷한 방식으로 조정할 수도 있을 것이다. 쉽사리 흡수되는 탄수화물이 아주 적게 든 식물성 위주의 장 미생물 전용 식단을 분해하여 짧은 사슬 지방산을 생성하면, 이는 장 미생물의 건강은 물론이거니와 베일로넬라 개체수가 많은 운동선수라면 격한 운동을 할 때 추가적인 에너지가 제공될 수도 있다. 따라서 이런 식단은 조깅을 하든 뭘 하든 모든 수준의 운동 능력을 한껏 고양할 수 있다.

음식과 기분이 미생물 집단에 미치는 영향

우리 주변에는 뇌 스트레스 반응을 촉발할 요소가 넘쳐난다. 스트레스는 소화기관과 장 미생물 집단에 영향을 미친다. 자질구레한 것들은 대부분 별다른 경보를 울리지 않겠지만 '스트레스에 과도하게 민감한' 일부 사람들은 걸핏하면 투쟁 또는 도피 반응을 일으키며 지레 사건을 키운다. 예컨대 건강에 과도하게 신경 쓰는 사람들의 생각과 감정이 그들의 행동과 결과 모두에 영향을 미친다는 연구 결과도 일관되게 나왔다. 우리의 사고방식은 매우 강력한 것이어서 운동에서 스트레스, 식단 및 수명에 이르기까지 모든 영역에 광범위한 영향을 미칠 수 있다.

그렇기에 노화가 필연적으로 신체 또는 정신의 쇠약으로 이어진다고 생각하는 사람들은 긍정적인 태도를 보인 사람들보다 실제로 더 빨리 사망한다는 연구 결과도 제법 나와 있다. 한 연구에 따르면 스트레스를 해롭지 않게 생각하는 사람들은 실제 스트레스를 거의 경험하지 않은 사람을 포함한 몇 피험자 집단보다 사망할 가능성이 줄어들었다.[11] 유사하게, 스탠퍼드 대학 심리학 조교수이자 정신과 육체 연구실 소장인 알리아 크럼(Alia Crum) 박사는 2008년 금융 위기가 절정에 달했을 때 금융 관계자들의 행동을 분석했다. 스트레스가 자신의 능력을 고양한다고 믿는 사람들은 그것이 몸을 쇠약하게 만든다고 여기는 사람들보다 어려움을 잘 이겨내고 훨씬 더 건강한 생리 반응을 보였다.[12] 같은 연구진들은 자신이 하는 일이 건강에 도움을 준다고 생각하는 호텔 종업원들이 그렇지 않은 사람들보다 체중과 혈압이 줄어들었다는 결과도 보고했다. 어떤 상황이든 뇌가 상황을 인식하는 방식, 일을 대하는 태도가 업무 그 자체보다 그들의 행복에 더 큰 영향을 미칠 수도 있다.

마찬가지로, 특정 음식을 먹은 뒤 긍정 혹은 부정적 효과가 나타날지 예측하는 사람들의 소신에 따라서 음식에 대한 반응이 달라지기도 한다. 가짜 '다이어트 과학'이 범람하고 소셜 미디어를 통해 잘못된 정보가 판을 치는 상황에서 특정 식품이 위험하다는 소식은 그야말로 삽시간에 멀리 퍼져나간다. 마이클 폴란은 거의 20년 전에 이 못마땅한 사태를 "미국의 섭식 장애"라고 표현했다.[13] 음식 선택에 개입된 감정은 행동으로도 거리낌 없이 표출된다. 어떤 것들은 정신 장애 범주에 들어간다. 완전한 음식을 갈구하는 비현실적인 건강음식집착증(orthorexia), 거식증(anorexia), 폭식증(bulimia) 및 음식 관련 공포증이 그런 것들이다. 폴란의 기사에 언급된 "지극히 미국적"이라는 지방 공포증(lipophobia), 탄수화물 공포증(carbophobia), 거기에 과학적으로 입증되지 않았지만 개인 스스로 진단한 식품 과민증도 여기에 포함된다.

정신적인 것을 포함하여 이런 모든 문제는 공통적으로 '특성불안'*의 두드러진 위험 요소다. 환경이 위협적이라는 일관된 인식을 드러내는 특성불안은 어린 시절에 형성되며 커서까지도 다양한 형태의 정신 장애로 이어질 가능성이 크다. 음식에 신경증(neurose)이 있어서 불안하고 민감하게 반응하는 사람들은 스트레스에 시달리

* "상태불안(state anxiety)이란 유발상황에 대한 반응으로써, 바로 이 시각, 즉 지금 불안한 성질을 말하는 것이다. 또한 특성불안(trait anxiety)은 개인이 지닌 고유의 불안 성향이며 비교적 변화가 없는 것을 말한다." 이건석 등, 불안장애 환자를 대상으로 한 한국판 상태불안척도의 요인분석, 《대한불안의학회지》 4 (2008): 104.—역자 주

는 한편 곧이어 장과 장 미생물 집단에서도 문제가 불거진다. 폴란은 각 문화권별로 음식을 대하는 태도가 다르다는 프랑스 사회학자 클로드 피슐러(Claude Fischler)와 펜실베이니아 대학 심리학자 폴 로진(Paul Rozin)의 연구 결과를 소개한 적이 있다. 로진과 피슐러는 왜곡된 사고방식과 반사적으로 불안한 식습관이 특히 사회경제적 스펙트럼의 상류층에 속하는 사람들 사이에서 특징적으로 나타나는 미국적 문제라고 진단했다. 다른 많은 문화권에서 사람들이 편하고 사회적인 방식으로 식사를 대하는 태도는 폭식과 다이어트처럼 양극단을 오가는 건강의 해로운 습관을 타파하는 데 도움이 될 수 있다.[14] 실제 로진과 피슐러가 조사한 4개 집단(미국, 프랑스, 북벨기에, 일본) 중 미국인이 먹는 일에서 가장 행복감이 적었다. 차 안이나 텔레비전 앞이 아니라 흥겹고 사교적인 축제 같은 상황에서 친척 또는 친구들과 함께 식사하는 일이 긍정적 감정으로 이어지기 때문이다. 걱정이나 죄책감 없이, 친구들과 맛있는 음식을 기쁘게 즐길 수 있다면 행복감이 더 커지는 뇌 기제가 저절로 작동하는 것이다.

다문화 섭식 치료법

나는 진료실에서 다양한 만성 소화기 증상 환자를 만났다. 그중 20대 초반의 유쾌한 크리스틴은 특히 기억에 생생하다. 그녀는 복부 팽만감과 변비 증상을 치료하고자 아버지와 함께 진료실을 방문했다. 크리스틴은 아이비리그 대학에서 경영학과 이탈리아어를 복수 전공하는 학생이었으며 가을에는 로스쿨에 지원할 계획이었다. 학습량이 적지 않았음에도 그녀는 대학 수영팀 대표 선수로 활동했다. 고등학교 3학년 시절, 극심한 불안에 시달렸지만 대학에 들어온 첫해 중반, 수영팀에서 격렬한 운동을 시작하기 전까지 크리스틴은 소화기 증상에 시달리지는 않았다. 크리스틴은 주로 배가 눈에 띄게 부풀고 때때로 메스꺼움을 유발하는 팽만감 증상을 크게 걱정했다. 수영 연습을 할 때나 친구를 만날 때 이런 일이 벌어지면 자의식 강한 크리스틴은 무척 당혹스러워했다.

나를 찾기 전에 크리스틴은 여러 의사와 영양사를 만났고 다양한 식단을 처방받았다. 글루텐 없는 식단과 저포드맵(low-FODMAP) 식단 같은 것이었다. 콩과 콩류에 든 유익한 발효 섬유를 줄인 저포드맵 식단은 가스를 줄이고 복부 팽만감과 과민성 대장 증후군을 줄인다는 이유로 의사들이 선호하는 처방이었다. 하지만 그 어떤 식단도 크리스틴의 증상을 누그러뜨리지 못했다.

상담을 하던 중 나는 크리스틴이 최근 이탈리아 피렌체에서 한 학기 동안 교환학생으로 있다 돌아온 사실을 알게 되었다. "저는 피렌체가 정말 좋았어요. 지금까지 대학 생활 중 단연 최고였죠. 놀라운 사실은 거기 있는 동안 소화기 문제가 전혀 없었다는 거예요. 처음에는 글루텐이 든 음식을 먹는 게 두려웠어요. 그런데 이탈리아에서 파스타 없이 어떻게 살아요? 다 포기하고 파스타는 물론 빵, 피자에다 거기 따라 나온 채소까지 몽땅 다 먹었어요. 배에 가스가 차거나 더부룩한 일은 없었습니다. 야생 그대로였죠. 몇 주 지나지 않아 저는 글루텐을 전혀 무서워하지 않게 되었습니다."

나는 여행하는 동안 소화기 증상이 놀랍게 달라지는 사람이 제법 많다고 크리스틴에게 말했다. "그래서 미국으로 다시 돌아와서는 어찌되었나요?" 나는 물었다.

"로스앤젤레스로 가는 비행기 안에서부터 걱정이 들기 시작했어요." 그녀는 고백했다. "도로 증상이 도질까 무서웠습니다. 어떻게 그런 일이 벌어졌는지는 몰라도 꼭 이탈리아에서만 마법이 벌어진 것은 아닌가 별의별 생각이 다 들었습니다." 기내식으로 그녀는 롤과 약간의 후식, 그리고 채식주의자용 라자냐를 먹었다. 라자냐는 분명 그녀가 피렌체에서 거의 매일 먹었던 맛에 근접하지도 않았다. 그 때문에 오히려 너무 꿈같이 좋았던 일이 이탈리아에서만 일어난 것은 아닐까 하는 불안감이 크리스틴에게 엄습했다.

아니나 다를까, 그녀가 돌아온 지 몇 주가 지나지 않아 모든 증상이 되돌아왔고 식사를 할 때마다 무슨 일이 벌어질지 몰라, 매번 강박적인 불안이 찾아왔다. 뭘 먹어도 배가 불러오는 것 같았고 거북했다. "이탈리아 체질인가 보네!" 어느 날엔 연습하다 말고 수영팀의 누군가가 농담을 던지기도 했다. 굴욕적인 말이었다. 또 튀어나온 배가 자신 말고 남들 눈에도 보인다는 사실을 확인한 사건이었다.

크리스틴에게 나는 인간의 뇌가 장과 미생물에 강력한 영향을 미칠 수 있다고 찬찬히 설명했다. 잠시 대화를 나누는 동안 나는 그녀가 공부 부담이 큰 데다 운동하느라 신체적 한계에 다다르는 등, 엄청난 스트레스에 시달린다는 느낌을 받았다. 반면 이탈리아에서는 훨씬 느슨한 생활을 즐겼던 것처럼 보였다. 미국 집으로 돌아온 뒤로는 책을 읽거나 카페에서 친구들과 카푸치노나 젤라토를 먹는 일 같은 여유가 주어지지 않았다. 고품질 이탈리아 음식 덕에 소화기 건강이 좋아졌을 수도 있겠지만 크리스틴의 만성 증상이 특정 음식에 의존하지 않는다는 사실은 소화기 증상의 주범은 음식이 아니라는 설득력 있는 추정으로 연결된다.

크리스틴에게 나는 만성 스트레스와 두려움을 가지고 음식을 대하는 태도가 뇌-장-미생물 네트워크 내의 상호작용을 변화시킨 것 같다는 견해를 얘기했다. 또한 극단적 신체 운동이 장에 부정적 영향을 끼치며 스트레스까지 겹치면 더욱 좋지 않다는 연구 결과도 부연 설명했다. 그리고 병원 웰빙 코치를 만나 단기 인지 행동 치료를 해보는 게 어떻겠냐고 넌지시 권했다. 그 방법이 크리스틴에게 음식과 관련된 불안을 줄이고 자신을 압박하는 상황으로 너무 내몰지 않게 하리라 믿었다. 마지막으로 운동을 줄이라는 말도 덧붙였다. 따로 개인 훈련하지 말고 학교에서만 수영을 즐기라는 조언이었다.

음식과 결부된 개인적 경험은 전혀 객관적이지 않다. 특정 음식이 건강에 미치는 영향을 끊임없이 집착하는 일이 어떤 결과를 불러오는지 크리스틴은 명확하게 보여주었다. 먹는 일이 즐겁기는커녕 오히려 고역인 상황이 되는 것이다. 크리스틴이 경험한 것처럼 심리적 영향의 중요성을 간파한 연구는 꽤 많다. 정확히 같은 음식을 두고도 먹기 전에 어떤 설명을 들었는지에 따라 맛있거나 배부르다거나 보상을 받은 듯하다거나 밋밋하고 혹은 실망스럽거나 거부감이 들기도 하는 것이다. 느낌이 사람들에게 건강한 음식을 찾아 먹도록 유도할 수 있다는 연구 결과도 나왔다. 예를 들어, 2016년에 시카고 대학 부스 경영대학원 연구원인 케이틀린 울리(Kaitlin Woolley)와 아옐릿 피시배크(Ayelet Fishbach)는 흥미로운 연구 결과를 발표했다. 그들은 참가자들에게 "가장 맛있는 당근을 선택한다면 그것을 많이 먹어도 좋습니다"라고 말했다. 그들은 "가장 건강에 좋다고 생각되는 당근을 골라 먹으면 몸에 좋을 겁니다"라는 말을 들은 참가자들보다 당근을 훨씬 많이 먹었다고 한다.[15] 같은 참가자를 대상으로 한 또 다른 실험에서도, 당근을 먹어서 특정 목표를 달성했다는 말보다 누가 정말 맛있게 먹더라는 얘기를 들은 아이들이 당근을 더 많이 먹었다는 결과를 확인했다.

스트레스를 대하는 태도가 스트레스 반응을 결정한다는 연구를 해온 스탠퍼드의 알리아 크럼 박사는 먹는 일을 긍정적으로 생각하는 태도가 건강한 음식의 선택과 소비에 미치는 효과를 분석한 가장 크고 포괄적인 연구를 이끌었다. 식단 변화 대학 공동연구단(Menus of Change University Research Collaborative, MCURC)과 협력하여 크럼 박사는 미국의 5개 대학 식당에서 무작위 통제 중재 연구를 진행했다. 맛있다는 느낌이 건강한 식생활을 돕는다는 디시(Delicious Impressions Support Healthy eating, DISH) 연구였다. 연구원들은 건강에 중점을 둔 표지(저탄수화물 간편식 완두콩)와 비교하여 더 친근하고 맛에 중점을 둔 표지(달콤하게 갓 볶은 완두와 바삭한 샬

릇)가 음식 섭취량에 영향을 주는지 분석했다.[16] 24종류의 채소를 두고 185일간에 걸쳐 이루어진 13만 7,842건의 결정을 분석한 결과, 맛에 중점을 둔 표지를 선택한 사람들이 건강에 좋다는 표지를 선택한 사람들보다 30퍼센트, 그저 단순히 완두라고 표식을 단 것보다 14퍼센트 더 선택을 받았다.

맛있는 음식에 대한 기대감 때문에 미각에 중점을 둔 표지에 더 끌린다고 연구원들은 결론을 내렸다. 맛에 중점을 둔 표식은 단순히 긍정적이거나 멋진 단어, 심지어 성분 목록을 적은 표지보다 더 효과가 좋았다. 논문의 저자들은 음식에 대한 태도를 조작하는 것, 특히 맛과 향미 및 질감을 강조함으로써 사람들이 먹는 채소의 소비량을 늘릴 수 있다고 결론지었다. 덜 건강하지만 훨씬 매력적인 가공식품과의 경쟁에서 채소가 수세에 몰린 상황에서도 그렇다.[17]

우리는 이미 불안, 우울증 및 스트레스가 뇌-장-미생물 네트워크를 망가뜨리고 장 투과성을 증가시키며 다양한 메커니즘으로 미생물 구성과 기능을 조절할 수 있음을 알고 있다. 아직까지 마음가짐이 장 미생물 구성과 기능에 직접적인 영향을 미친다는 연구는 없지만, 음식에 대한 우리의 태도와 그에 따른 스트레스와 불안이 장에 큰 영향을 미칠 수 있다는 점에는 의심할 여지가 없다. 장과 장 미생물 안에 태도의 거울상이 만들어지는 셈이다.

궁극적으로, 우리가 느끼는 방식은 우리가 먹는 것에 영향을 준다. 반대로 먹는 것이 우리의 느낌에 영향을 미친다. 우리의 식단과 사고방식 모두 장 미생물 집단에 핵심적인 영향을 준다. 먹는 음식에 따라 이익을 보는 세균들도 제각기 다르다. 뇌-장-미생물 네트워크를 통해 진행되는 신체와 뇌 사이의 의사소통에 따라 대사 선택이 이루어진다. 음식물 공포감, 올바른 식품을 선택해야 한다는 스트레스 혹은 불안감은 자율 신경계를 거쳐 장 미생물 집단에 신호를 보내, 미생물의 구성과 기능에 변화를 초래할 수 있다. 유산균 개체수가 줄어들 뿐 아니라 전반적으로 미생물 다양성이 감소하는 것 말고도 아직 알려지지 않은 많은 생체 과정들이 변할 것이다.

잠

잠을 충분히 자야 신체와 정신 모두가 건강하다는 연구 결과는 잘 알려져 있지만 우리는 수면 부족을 현대인의 삶의 대가로 기꺼이 받아들인다. 잠이 충분치 못한 73퍼센트의 고등학생부터 업무 특성상 깨어 있어야 하는 교대 근무자, 밤에 몇 시간만 자면 된다고 자랑스럽게 주장하며 청중에게 깊은 인상을 남기는 성공한 인물에 이르기까지, 우리는 수면의 중요성을 되새겨야 하는 문화권에 속해 있다. 2017년 미국인의 35퍼센트가 수면의 질이 좋지 않다는 결과가 보고되었다. 건강에 나쁜 음식이나 운동 부족과 마찬가지로 질이 떨어지는 수면도 스트레스와 과민성(화를 잘 냄)을 유발한다. 그뿐만 아니라 대사 증후군, 심혈관 질환, 암 및 감염에도 취약해진다. 수면은 면역 체계를 조절하여 전신 항염 효과를 발휘하는 데도 중요한 역할을 한다. 소화기관에는 신체 면역 세포의 약 70퍼센트가 모여 있으며 신경과 화학 경로를 매개로 뇌와 밀접하게 연결되어 있으므로 우리는 뇌-장-미생물 네트워크가 수면 조절에도 중요한 역할을 하리라 추측할 수 있다.

사실, 수면은 건강한 장 기능에 꼭 필요하다. 음식물이 들어오지 않아 소화 과정이 멈출 때 장 미생물은 잠시 다른 것으로, 특히 장 점액층을 구성하는 복잡한 당 분자 또는 글리칸(glycan)으로 에너지원을 바꾼다. 건강에 좋지 않은 식단을 섭취한 탓에 점액층의 두께가 만성적으로 줄어들면 장 누수가 생기겠지만 낮과 밤 주기로 이 장벽의 두께가 줄었다 늘어나는 현상은 건강한 장의 정상적 생리 과정이다. 이때 장 미생물 집단과 장 그리고 다른 기관 사이의 주기적 소통이 이루어지기 때문이다.

쉬고 있을 때, 우리 장은 앞뒤로 수축하는 규칙적인 연동운동 유형에서 이동성 운동 복합체라 불리는 주기적인 고압 추진 유형으로 전환한다. 이때 식도에서 시작된 높은 진폭의 수축 띠(band)가 소장 끝까지 천천히 밀려 내려가면서 소화되지 않은 음식 입자와 장액, 그리고 수조 개에 달하는 장 미생물을 남김없이 대장으로 몰아낸다. 90분마다 반복되는 이 운동 주기의 여러 기능 중 하나는 위와 가까운 쪽 소장의 미생물 밀도를 낮게 유지하고(대장의 밀도는 그대로 유지하면서) 세균의 소장 과증식(small-intestine bacterial overgrowth, SIBO)을 방지하는 일이다.

기원전 350년으로 거슬러 올라가면, 아리스토텔레스가 저서 『수면과 불면에 대하여』에서 수면은 소화하는 동안 위에서 혹은 체온

이 올라갈 때 유도될 수 있다고 얘기했다. 아리스토텔레스는 면역 체계, 염증 및 수면의 기저에 깔린 뇌 메커니즘 사이의 복잡한 상호작용에 대한 과학적 지식이 없었지만, 열이 나는 환자의 수면 유도 반응을 기술했다. 수면-면역 상호작용은 일상생활에서 심지어 민간 속설에서도 잘 알려진 현상이다. 우리는 모두 잠을 깊이 잔 뒤 병이 씻은 듯이 낫는 경험을 한다. 잠은 곧 '최고의 명약'이기도 한 것이다.

20세기 초 연구자들은 수면독소(hypnotoxin)라는 분자가 깨어 있는 동안 증가하여 수면을 유도한 다음 잠자는 동안 제거된다고 가정했다. 나중에 사람들은 이 가상의 수면 유도 분자가 박테리아 세포벽의 구성 요소(지질다당류lipopolysaccharide, LPS)*이며 위장관에서 기원할 것이라고 추론했다. 그렇게 아리스토텔레스는 뇌-장-미생물 네트워크를 믿었던 최초의 인물이 되었다. 면역 체계를 활성화하고 사이토카인으로 알려진 "면역계 군인"을 포함한 수면 조절 물질을 방출함으로써 미생물 세포벽 성분은 동물 모델에서 가장 깊은 수면 형태인 서파 수면**의 항상성 조절에 기여하는 것으로 나타났

* 이 물질은 인간과 동물의 체온을 올린다.—역자 주

** 잠자는 동안 뇌는 5단계를 밟는다. 이 단계 중 하나는 **급속 안구 운동**(rapid eye movement, REM) 수면이다. 따라서 나머지 네 단계는 비렘(non-REM) 수면이다. 렘수면은 눈의 빠른 움직임, 빠르고 불규칙한 호흡, 심박수와 혈압의 증가, 뇌 산소 소비량 증가, 깨어 있는 상태와 유사한 뇌 활동 증가, 남녀 모두에서 성적 흥분을 특징으로 한다. 렘수면 변화는 파킨슨병의 초기 증상 중 하나일 수 있다.
서파(slow-wave) 수면은 특정 종류의 뇌파 활동(**델타파**)이 특징인 비렘 수면의 가장 깊은 단계다. 꿈을 꾸고 몽유병이 발현되기도 하지만 이 단계는 기억 강화에 중요한 역할을 한다고 알려져 있다.—저자 주

다.[18]

1장에서 설명했듯이 혈중 사이토카인과 지질다당류 농도가 증가하는 일은 감염되었을 때만 일어나는 일이 아니어서 대사 내독소혈증, 건강하지 않은 식품에 반응하여 발생하는 낮은 등급의 비감염성 면역 활성화 현상에서도 뚜렷이 관찰되며 장의 장벽 기능을 허물어뜨리는 결과를 초래한다. 장 미생물 집단과 장 면역계 사이의 상호작용과 이들 시스템의 양방향 상호작용에 대한 이해가 깊어짐에 따라 수면 부족, 장 미생물 집단 및 만성질환 간의 관계를 연결하는 보다 포괄적인 관점이 등장했다.

펜실베이니아 대학 페렐만 의과대학, 펜 면역학 연구의 미생물학 조교수인 크리스토프 타이스는 텔아비브 바이츠만 연구소에서 에란 엘리나브와 함께 박사후연구원 시절 수행한 결과를 보고했다. 그들은 사람(또는 생쥐)이 24시간 주기(낮과 밤) 리듬에 맞춰 언제 식사를 했는지에 따라 장 미생물과 장 건강의 상태가 달라질 수 있음을 보였다.[19] 연구자들은 음식 섭취가 규칙적일 때, 다시 말해 피험자의 생체리듬에 맞춰 식사했을 때(인간은 낮에 먹고 생쥐는 밤에 먹는다) 장에 사는 모든 미생물의 약 15퍼센트가 24시간을 주기로 개체수가 출렁이듯 변한다는 사실을 발견했다. 나머지 85퍼센트의 세균은 그 숫자가 비교적 일정하게 유지되었다. 간이나 소화기관에서처럼 진동하는 생물학적 기제와 비슷하게, 낮과 밤 사이 미생물 집단의 개체수가 오르락내리락하는 현상도 뇌 시교차상핵의 일주기 시계 리듬에 따라 조정된다. 이미 3장에서 살펴본 것이다. 이러한 변이는 장 미생물이 장 세포의 유전자 발현 양상과 상호작용하는 방식을 바꾸기 때문에 신체 전체의 대사 과정을 낮/밤 주기로 조율하는 데 중요할 수밖에 없다.

또한 연구자들은 생쥐의 정상적인 일주기 리듬이 깨지면 장 세균 불균형 상태 또는 비정상적인 미생물군 구성으로 이어진다는 사실을 확인했다. 수면-각성 주기가 인간의 장 미생물에게도 비슷한 영향을 미치는지 확인하기 위해 이 연구자들은 8~10시간의 시차가 있는 국가를 비행하는 사람을 대상으로 실험에 착수했다. 그들은 비행기를 타고 시간 이동을 기꺼이 감수한 두 명의 건강한 인간 기증자로부터 여행 시작 하루 전, 도착하고 하루 뒤 그리고 여행 후 2주가 지나 일상을 완전히 회복한 날, 세 번에 걸쳐 대변 시료를 수집하여 장 미생물 개체수를 조사했다.

연구자들이 예상했듯, 두 여행자의 미생물 집단은 시차에 따른 구성 변화를 보였으며 특히 퍼미큐테스문의 세균 수가 늘어났다. 여러 인간 실험에서 비만 및 대사 질환과 관련이 컸던 세균 집단이다. 하지만 이런 변화는 참가자들이 시차로 인한 피로에서 회복되면서 바로 원상태로 되돌아갔다. 미생물 구성의 변화가 대사 질환의 감수성을 증가시킬 수 있는지 확인하고자 연구자들은 사람의 대변 시료를 무균 생쥐에 이식하였다. 생쥐의 체중이 늘었고 포도당 부하 검사 결과, 혈당 수치도 올라갔다. 이 검사는 제2형 당뇨병을 진단할 때 사용하며 포도당을 섭취했을 때 우리 몸이 반응을 확인하는 방법이다. 놀랍게도, 시차 증상에서 벗어난 참가자의 대변 시료를 이식하자 이런 대사 장애가 사라졌다.

질병의 위험성이 커지고 면역 체계가 곤란을 겪는 등, 부적절한 수면의 악영향을 파악한 여러 연구 결과를 고려하면 잠을 깊이 자는 일이 뇌-장-미생물 네트워크의 건강을 지키고 오랜 기간의 건강에 중요함을 알 수 있다. 그밖에도 규칙적인 운동, 올바른 식습관, 음식을 긍정적으로 바라보는 태도 모두 중요하다. 다음 장에서 나는 장과 내부 시계 사이의 밀접한 관계를 연구한 최신 논문을 바탕으로 무엇을 먹어야 하는지만큼 언제 먹는지도 중요하다는 점을 역설할 것이다.

7

장 미생물 회복하기

제2차 세계대전 후 농업이 급격히 산업화하고 동물성 지방과 정제된 설탕에, 영양가라곤 없는 첨가물이 듬뿍 든 값싼 초가공식품을 24시간 내내 이용할 수 있게 되자 서구 식단은 극적으로 변했다. 여기에 앉아 생활하는 시간이 늘어나면서 다양한 만성질환이 그야말로 범람하게 되었다. 설득력 있는 연구 결과를 토대로 과학자들은 소화기관의 장애가 만성질환의 핵심에 있다고 주장한다. 하지만 무엇을 언제 먹는지 조절함으로써 이러한 건강의 파국적인 상황을 타개할 수 있다는 결과도 제법 많다.

건강에 무척 민감한 사람들조차 현재 유행하는 다이어트 경향만으로는 먹는 방식을 둘러싼 완전한 시각을 얻지 못한다. 사람들은 여전히 탄수화물, 단백질, 지방, 비타민과 미네랄과 같은 다량 영양소와 미량 영양소의 양과 비율에 초점을 맞춘다. 환자를 대하는 병원에서 전문적인 일을 할 때나 개인으로 돌아와 일상적인 삶을 영위할 때도 나는 이런 견해를 무수히 접한다. 나는 달리기 파트너인 리치와 함께 영양을 주제로 한 대화를 오래전부터 이어오고 있다. 리치는 20대에 미국 올림픽 남자 체조 대표 선수였으며 젊은 시절부터 암벽 등반을 즐겼다. 이제 70대 초반에 접어들었지만 그는 40대가 시샘할 정도로 건강하고 활동적이다. 얼마 전 그는 채식주의자가 되었다. 〈게임 체인저스The Game Changers〉를 보고 이런 결정을 내렸다고 한다. 채식으로 식단을 바꾸었지만 체력도 떨어지지 않았고 운동 능력에도 차이가 없었노라고 그는 내게 말했다. 그러나 늦은 나이에 식물성 위주의 식단으로 확 바꾼 게 염려스러운 탓에 단백질 섭취량이 줄어들지 않도록 최선을 다하고 있다고 강조했다.

나는 가끔 리치에게, 또 그와 비슷한 걱정을 하는 사람들에게 일관되게 말한다. 채식주의자뿐만 아니라 대부분의 사람들에게 적절한 양의 단백질을 섭취하는 일은 큰 문제가 되지 않는다고. 이 세상 모든 곳에서 사람들은 공식 일일 권장량인 1킬로그램당 0.8그램보다 평균 30퍼센트 많은 단백질을 섭취한다. 체중이 70킬로그램이라면 하루 56그램의 순수 단백질을 섭취하면 된다. 하지만 단백질 섭취량은 천차만별이고 그 어떤 자연 식단도 순수한 단백질이 아니라는 점을 잊지 말아야 한다. 실제로 북미와 유럽 사람은 그 양의 약 두 배를 소비한다.[1]

단백질 일일 권장량은 '제로 질소 균형' 개념에 바탕을 둔다. 섭취한 단백질의 양과 소변이나 피부 또는 모발을 통해 자연적으로 잃는 질소의 양이 같아야 한다는 뜻이다. 내 친구 리치를 포함하여 선진국에 사는 사람들은 고단백 에너지 바나 단백질 셰이크 또는 단백질 보충제를 사려고 돈 쓸 필요가 없다. 영양 부족, 특히 충분한 양의 단백질을 섭취하는 데 어려움을 겪고 그것이 심각한 건강 문제로 이어질 수 있는 개발도상국의 상황과는 크게 다르다.

사실 중요한 것은 단백질 총량이 아니라 공급원이다. 최근 미국 국립 암 연구소(National Cancer Institute)의 지아치 황(Jiaqi Huang)과 데미트리우스 알바네스(Demetrius Albanes)는 참가자들을 16년간 추적 조사한 결과에서 동물성이 아니라 식물성 단백질을 하루 15그램 더 섭취한 사람들의 사망률이 감소했다고 보고했다.[2] 이 연구에 참여한 피험자는 남성 23만 7,036명, 여성 17만 9,068명이었다(나이의 중간값은 62세). 식물성 단백질을 많이 섭취한 사람일수록 전체 사망률이 감소했으며, 10그램/1,000킬로칼로리 섭취 증가분당 사망률이 평균 12~14퍼센트 줄었다. 남녀 모두에서 심혈관 질환 및 뇌졸중으로 사망할 확률이 위험 요인과 무관하게 줄어들었다. 동물성 단백질 공급원에서 충당하는 3퍼센트의 에너지를 식물성 단백질로 대체하면 남녀 모두에서 전체 사망률이 10퍼센트 감소했다. 여러 단백질 공급원 중 계란과 붉은 살코기를 식물성 단백질로 대체하자 사망률이 남성 24퍼센트, 여성 21퍼센트 줄었다.

그러나 사망률이 줄어든다는 점이 내가 리치에게, 단백질을 적게 섭취할까봐 걱정할 필요가 없고 지금까지의 식단에 대해 다시 한번 잘 생각해보라고 말했던 유일한 이유는 아니다. 바야흐로 우리가 뭔가 먹을 때 정확히 누구를 먹이는지를 설명하는 혁명적이고 새로운 관점이 등장하고 있다.

미생물을 생각하자. 지방, 단백질, 탄수화물 및 비타민, 미네랄 다량 영양소와 미량 영양소는 건강한 사람들 대부분에게 필수적이다. 이 영양소들은 소장에서 효과적이고 빠르게 흡수된다. 그것들은 더 아래, 어둡고, 산소가 거의 없는, 대장에 사는 장 미생물에게 도달하지 않는다. 소장에서 아래로 내려갈수록 장 미생물의 수는 늘어난다. 십이지장에서 공장, 회장을 지나 대장에 이르면 미생물의 수는 그야말로 어마어마하게 늘어난다.

최근까지 대다수 영양 연구는 소장에서 일어나는 영양소 흡수에 초점을 맞춘 반면 대장에 서식하는 장내 미생물은 아예 쳐다도 보지 않았다. 그렇기에 우리는 최근까지도 과일이나 채소에 풍부한 섬유질 같은 칼로리 밀도가 낮은 음식물을 충분히 섭취하라는 조언을 받지 못했다. 인간 효소가 섬유질을 분해하지 못하는 탓에, 이들 섬유질은 소장에서 흡수되지 않은 채 숫자가 많고 다양한 미생물 집단이 기거하는 우리의 대장 안으로 들어간다. 미생물을 우선하는 이런 새로운 섭식 전략은 장과 미생물군 전체의 건강에 도움이 될 뿐만 아니라 흔히 네트워크 과학자들이 말하듯, 뇌를 포함한 모든 기관이 건강하도록 돕는다.

인간 식단 중 흡수되지 않는 부분은 우리가 세상에 태어나는 그 순간부터 우리 건강에 핵심적인 역할을 담당한다. 전문가들은 모유에 있는 유익한 지방과 높은 칼로리 때문에 모유 수유가 이롭다고 말하지만 발생하는 신생아의 뇌-장-미생물 네트워크에 지대한 이점을 제공하는 것은 정작 모유에서 흡수되지 않는 부분이다.[3] 특히, 인간 모유 올리고당(HMOs)이라 불리는 특정 복합 탄수화물은 크기가 너무 커서 소장에서 흡수되지 않는다. 심지어 아기는 올리고당을 소화하는 데 필요한 효소조차 가지고 있지 않다. 이 올리고당은 오롯이 신생아 대장에서 발달하는 미생물 생태계만을 위해 따로 마련된 특식이다.[4] 그곳에서 이 영양소는 건강한 장내 미생물 군집을 조정하는 데 핵심적 역할을 한다. 캘리포니아 대학 데이비스의 식품과학자인 브루스 저먼(Bruce J. German)은 마이클 폴란에게 이렇게 말한 적이 있다. "모유는… 자연 선택이 음식을 만들 때 아이 것뿐만 아니라 그 아이의 장내 세균 것도 미리 점지해둔 셈이지요."[5]

우리 장내 세균이 먹을 최적의 식단은 무엇일까? 영양학은 끊임없이 진화하고 있지만 최근 《영국 의학 저널*British Medical Journal*》에 게재된 메타 분석 논문에서 특히 유용한 통찰력을 얻을 수 있다. 이 논문의 저자들은 체중 감소와 심혈관 위험 감소를 목표로 한 14가지 인기 있는 다이어트 프로그램의 결과를 비교하였다. 저지방(오니시 다이어트), 저탄수화물(앳킨스 다이어트, 사우스 비치 다이어트, 존 다이어트) 및 보통의 다량 영양소 식단(비기스트 루저 다이어트, 제니 크레이그 다이어트, 웨이트워처스 다이어트, 지중해식 식단) 세 가지 범주로 나눈 다음 6개월과 12개월 단위로 결과를 분석했다.[6] 대부분의 식이요법은 6개월 시점에 심혈관 위험 요인, 특히 혈압을 상당히 떨어뜨렸으며 체중도 조금 줄이는 효과가 있었다. 하지만 12개월에 이르자 지중해식 식단을 제외하고는 순응도가 줄면서 다이어트의 긍정적 효과가 대부분 사라져버렸다. 인간에게 만족을 주는 한편 우리 내부 미생물도 먹이는, 주로 식물 위주의 식단만이 12개월 동안 체중이 줄고 이른바 '나쁜' 콜레스테롤인 LDL의 양을 감소시키는 등 심혈관 위험 요인도 개선하는, 통계적으로 유의미한 효과를 나타냈다.

단백질, 탄수화물 및 지방을 걱정하는 대신, 오랫동안 무관심의 대상이었던 우리의 보이지 않는 미생물 개체군에 초점을 맞추면 더 나은 보답을 받을 수 있다는 점은 분명하다. 성인이라면 이는 비흡수성 식이섬유, 폴리페놀, 식물 유래 항염증 식품 성분 또는 식물성 식단 구성 요소인 여러 고분자를 섭취하는 것을 의미한다. 이들 모두는 소장 끝, 특히 대장에 거주하는 다양한 장내 미생물 군집의 생화학적 도움을 받아서만 대사되거나 더 작은 분자로 분해될 수 있다. 이렇게 음식물을 분해하여 미생물은 수십만 개의 작은 분자 또는 대사산물을 만든다. 이들은 장의 신경, 면역 및 내분비 세포뿐만 아니라 장에서 뇌로 이어지는 미주 신경 경로에 직접 작용하여 뇌-장-미생물 네트워크 모든 측면에 도움을 준다. 이들 분자는 장에서 국소적으로 작용하거나 혈류를 따라 흡수되어 뇌와 다른 기관에 도달한다. 이러한 대사산물 여럿이 확인되었지만 비만, 우울증, 알츠하이머 및 파킨슨병과 같은 질병의 새로운 기전을 밝히고 치료법을 개발하려는 일념으로 연구자들은 이들 분자가 결부된 생화학적 정보 그득한 데이터베이스를 확립하는 노력을 기울이고 있다.

인간 식단과 뇌-장-미생물 네트워크의 이중 진화

지난 75년 동안 스트레스 유형과 수준이 인간의 탄생만큼이나 오래된 투쟁-도피 반응과 서로 불일치하듯 뇌-장-미생물 네트워크의 진화에서도 비슷한 문제가 생겼다. 인간의 식습관과 뇌-장-미생물 네트워크는 공진화했다. 최근까지도 식생활의 변화는, 인간의 소화관과 뇌가 충분한 시간을 두고 적응하여 구조와 기능에 문제가 거의 불거지지 않도록 서서히 진행되었다. 여기서 유전적으로 적응하기에 '충분한 시간'은 약 1만 년에서 3만 년 정도를 의미한다. 인간 진화 과정에서 식단 변화는 확실히, 하지만 느리게 발생했다. 수백만 년 전 최초의 수렵채집인 식단에서부터 수십만 년 전 불을 사용해 요리한 사건, 1만 2,000년 전 신석기 시대를 연 농업 혁명을 거쳐 인류는 채집에서 농업으로, 영양소를 얻는 방식의 거대한 전환을 이뤄냈다. 19세기 가공식품의 첫 번째 물결이 도입된 산업화 시기에 도달하기 전까지 우리 신체와 세균은 오랫동안 조화롭게 동기화된 상태였다.[7]

최소한 200만 년 전, 수렵채집 문화는 아프리카의 초기 호미닌들 사이에서 발전했다. 인간이 아닌 영장류 사촌들처럼 이 초기 조상은 작은 뇌(더 적은 에너지가 필요함)와 수십조 개의 미생물로 가득 찬 대장이 있어 소화되지 않는 많은 양의 음식 성분을 분해하고 흡수할 수 있었다. 그들의 소화기계는 환경에 최적으로 적응하여 식물의 여러 부위와 고기뿐만 아니라 식물의 섬유 분자에서 에너지를 추출했다. 이 잡식성 수렵채집인들은 많은 양의 동물성 단백질을 섭취했다. 그들은 다른 포식자가 남긴 고기를 청소하는 한편 동물 사냥에 나서 적극적으로 음식을 구하러 다녔다. 또한 그들은 다양한 풀, 덩이줄기, 과일, 씨앗 및 견과류를 먹었다. 사실, 거의 80만 년 전 이스라엘의 선사시대 인간 정착지를 조사한 결과 55가지 각기 다른 식용 식물의 유적과 함께 물고기도 식단 일부였다는 증거가 밝혀졌다.[8]

30만~80만 년 전 언젠가부터 인간은 음식을 요리하기 시작했다. 요리는 인류가 먹는 방식을 혁명적으로 바꾸었다. 장 신경계와 장 연결체 연구의 선구자 멜버른 대학 존 퍼니스(John B. Furness) 교수는 그 이전의 잡식성 유형과 구분되는 새로운 인류를 '요리동물(cucinivores)'이라는 용어를 만들어 설명했다.[9] 소수이지만 지금도 신석기 이전 수렵채집 사회를 유지하는 종족들이 세계 여기저기 존재한다. 이전에 부시맨이라고 불렸던 남아프리카 산족, 벵골만 안다만 제도의 센티널족, 동아프리카의 하드자족과 오리노코강 상류의 야노마미족이 그들이다.

요리는 우리의 식사 형태와 양식을 현저히 바꾸었고 마법의 난로 주위로 사람을 끌어모으는 등, 사회적 행동을 변화시켰을 뿐만 아니라 뇌-장-미생물 축의 구조와 기능에도 극적인 변화를 가져왔다. 지금은 비록 유화제, 과당, 인공 감미료 및 글루텐을 첨가한 '가공식품'을 현대의 악당으로 여기지만, 가공이란 용어의 실제 의미는 인간이 음식을 요리하고 저장하기 시작한 문화적 현상을 뜻한다. 본디 가공식품은 인류의 가장 혁명적인 발명품 중 하나였다. 이 발명이 등장하기 전까지 수렵채집 부족은 살아가는 데 충분한 칼로리를 얻기 위해 거의 종일 풀을 뜯어야 했다. 그러나 요리의 출현으로 인간은 더 많은 칼로리를 더 빨리 섭취할 수 있게 되었다. 소장에서 음식을 소화하고 흡수하기 쉬워진 덕분이었다. 에너지 섭취가 늘자 뇌는 빠르게 진화했지만 더 가공되지 않은 음식을 발효하고 흡수할 필요가 없어진 대장은 그 크기를 줄여나갔다.

인간이 식품을 보존하고 가공할 수 있게 되자 많은 주요 영양소 공급원도 보다 쉽게 이용할 수 있게 되었다. 가장 뚜렷한 사례가 곡물이다. 곡물은 최소한 약 1만 년 전에 경작 및 재배를 시작하자마자 바로 가장 중요한 식량으로 자리 잡았다.

인류는 약 4만 5,000년 전부터 자연적으로 자라던 고대 곡물의 전신을 찾아 헤매었지만, 당시 모든 포유동물에는 가공되지 않은 곡물 전분을 분해하는 효소가 없었던 탓에 초기 인류의 증가하는 칼로리 요구량을 충족할 만한 식량 공급원은 될 수 없었다. 현대 미국인 대부분은 외알밀(einkorn), 스펠트밀(dinkel 또는 spelt), 불구르밀(bulgur), 파로(farro)*, 메밀(buckwheat) 및 호라산밀(khorasan)이란 곡물 이름을 들어본 적조차 없으며 기장(millet)이나 수수(sorghum)

* 한국농촌경제연구원 자료에서는 파로를 통보리라고 한다. 불구르밀은 반쯤 삶아 빻은 밀을 이른다.—역자 주

로 만든 요리도 거의 먹지 않는다. 현대 곡물과 비교했을 때 이들 고대 곡물의 공통점은 소장에서 쉽게 흡수되는 단순당은 적게 함유되어 있는 대신, 크고 복잡한 탄수화물 분자 비율이 더 높다는 데 있다.[10] 달리 말하면, 장내 미생물이 처리하기에 적당한 탄수화물(microbiota-accessible carbohydrate, MAC)의 함량이 무척 높은 것이다. 음식을 더 오래 저장하고자 인간은 발효를 조절하는 법도 배웠다. 산소 의존도가 낮은 혐기성 과정을 거친 발효 식품에는 이로운 미생물이 눌러앉아 부패 세균이 자라나지 못하게 막는다. 인류 초기 단계에 등장한 발효는 예상치 못한 건강상의 이점도 지니고 있었다. 발효 식품을 장기적으로 섭취하면 자연에서 발견되는 유익균이 음식과 함께 들어와 인간의 장내 미생물의 풍부함과 다양성을 높이기도 했다. 자연 발효 식품에 장내 미생물군 유전체가 적응한 덕분에 우리는 오늘날에도 자연 발효 식품을 거뜬히 소화할 수 있다.

대부분의 동물은 유전자가 지시하는 생리학에 따라 좁은 범위에 국한된 음식물에 만족한다. 소는 저단백 섬유질 식물을 먹어야 한다. 고양이는 장을 청소하거나 엽산을 섭취하려고 간혹 풀을 씹긴 하지만 비타협적인 절대 육식동물이다. 코알라는 유칼립투스 잎만 먹는다. 인간은 다양한 에너지원을 먹을 수 있다. 보존과 조리 과정을 거쳐 음식 레퍼토리를 늘림으로써 먹는 음식을 다양화했을 뿐만 아니라 소화 기능의 유연성을 크게 늘렸다. 또한 불 주위에 모여 함께 요리하고, 먹고 대화함으로써 사회적 상호작용이 촉진되고 집단 내 협동이 일상화되었을 뿐만 아니라 뇌의 크기도 커졌다. 지중해식 식단의 장점으로 크리스틴이 강조하듯 장을 편안하게 하는 즐거운 식사 분위기가 바로 이런 것이다. (166쪽 참조)

그러나 지난 75여 년 남짓한 시간 동안, 우리는 전례 없는 양의 설탕(고과당 옥수수 시럽도 포함된다), 방부제, 인공 향료, 유화제 및 글루텐이 듬뿍 든 초가공식품으로 식단을 송두리째 바꿔버렸다. 완전히 새로운 식품 가공 방법을 개발한 것이었다. 가열 살균, 마이크로파 전자레인지, 냉장 및 방사선 조사와 같은 새로운 조리법과 보존 방법 덕분에 이런 극적인 변화가 가능했다. 하지만 놀랍게도 이 모든 것이 식품과 관련된 미생물군에 영향을 미쳤다.

예컨대 고대 곡물이 든 초기 인류 식단에서 장내 미생물들에게 성찬이었던, 미생물 전용 탄수화물을 생각해보자. 지금은 어떤가? 진화 시간으로 바로 어제, 인류는 유전적 선택을 거쳐 이들 곡물을 가공하기 시작했다. 상업적 효용성은 극대화한 반면 소화되지 않는 섬유질 성분과 미량 영양소를 몽땅 없애 도무지 다양성이라곤 없는 곡물이 탄생한 것이다. 우리 조상이 먹었던 것과는 사뭇 다른 이런 극도로 가공된 곡물은 현대 사회가 소비하는 음식의 약 70퍼센트를 차지한다. 오늘날 평균 미국 식단에서 모든 식품 에너지 섭취량의 78퍼센트(하루 약 1,000칼로리)가 손으로 꼽을 몇 안 되는 식물 종을 중간 정도 또는 극도로 가공한 식품에서 나온다.

우리 식단이 급격히 변하고 그에 따라 뇌-장-미생물 네트워크가 점진적이고 구조적으로 달라지면서 우리가 먹는 것과 우리 몸이 그것을 대하는 방식 사이에 불일치가 도드라지기 시작했다. 소화기관, 특히 대장이 짧아진 것이다. 오늘날 체중 대비 인간 위장관의 크기(무게)는 다른 포유동물의 약 절반에 불과하다.[11] 더 중요한 것은 대장이 전체 소화관 부피의 20퍼센트에 불과하다는 사실이다. 우리의 영장류 사촌들은 그 비율이 약 50퍼센트로 대장에서 열량 밀도가 낮은 식물 섬유를 발효하고 흡수 가능한 짧은 사슬 지방산 형태로 바꾸면서 상당한 양의 에너지를 추출한다.[12] 사실, 오늘날 소장 말단에서 대장 전체를 아우르는 인간 '후장'은[13] 전체 에너지의 약 6~9퍼센트를 추출하지만 그 양이 말과 같은 포유동물에서는 50퍼센트에 육박한다.

궁극적으로 이런 변화는 음식물에서 에너지를 추출하는 필수적인 장소로서 수십조의 미생물이 거주하는 대장을 배제하는 놀라운 현실로 이어졌다. 위 바로 아래 소장에서 우리 몸을 영위할 대부분의 에너지를 얻는 이 극적인 변화는 장내 미생물 생태계의 구성과 풍부함에 커다란 영향을 미쳤으며 장내 미생물은 어쩔 수 없이 빈곤한 식단에 빠르게 적응을 해나가야만 했다. 분명 우리의 장 세균과 미생물군 유전체는 요리의 발명에 조응하는 진화적 적응을 마친 상태였다. 초가공식품 도입으로 우리는 이런 적응의 한계에까지 몰리며 오늘날 그 대가를 톡톡히 치르고 있다. 상대적으로 최근 식생활 양식이 변하면서 한때 우리 조상에게 좋았던 것이 더이상 우리에게 좋지 않은 요소가 되어가고 있다.

이 특정 네트워크 역학의 변화는 커다란 댐이 강과 연결된 생태계에 미치는 영향과 크게 다를 바 없다. 후버 댐이 건설되기 전까지는, 로키산맥에서 멕시코 북서부 삼각주에 이르는 다양한 사람과 기업들이 콜로라도강의 물과 물고기 그리고 에너지를 공유했다. 미국 정부는 수력 발전소를 세워 서부 몇 개 주에 전기를 공급할 의도로 댐의 수위를 높였다. 하류로 흐르는 물의 양이 줄어듦에 따라 애리조나, 캘리포니아와 멕시코에 걸친 콜로라도 계곡 농장의 생산성이 크게 줄었다. 이에 의존해 살아가는 마을이 황폐해진 것은 말할 나위가 없다. 우리 소화기관에서도 이런 일이 벌어졌다. 초가공식품 대부분은 소장에서 흡수된 탓에 대장이라는 '삼각주'로 들어가는 소화되지 않은 눈곱만큼의 식품만으로는 장내 미생물을 먹여 살리기에 턱없이 부족한 상황이 펼쳐졌다. 그러면 생태계 전체가 어려움을 겪는다. 장내 미생물은 분명 다른 에너지원 고분자 물질을 찾아 여기저기 눈독을 들일 것이다. 우리 장 점막을 구성하는 탄수화물 분자가 적격이다. 이제 미생물은 장 점막층을 무너뜨리면서 뇌-장-미생물 네트워크 전체에 혼란을 불러일으킬 태세를 갖추었다.

초기 인류가 다양한 식품 가공법을 발견하고 그것을 확장하는 동안 우리가 선택할 폭은 넓어졌다. 식품 가공이 인류의 생물학적, 문화적 진화에 남긴 영향은 무척 크다. 산업농이 출현하면서 인류의 음식물 공급 방식은 급격히 달라졌다. 오늘날 우리가 목격하듯 바로 그것이 인류의 건강관리 위기를 불러왔다. 내가 자주 묻는 질문이다. 우리의 건강을 되돌릴 지도를 그릴 수 있을까?

무엇을 먹을까

어떤 먹거리를 선택해야 할까? 나는 풍부한 과학적, 임상적 증거를 바탕으로 장 균형을 회복할 뿐만 아니라 전반적으로 더 나은 건강을 목표로 하는 쉽고 직접적인 식품 계획을 수립했다. 이 장과 10장에서 내가 추천하는 식단은 '건강한 식품 지수'로 표현될 것이며 그것은 전체 식단 중에서 미생물 전용 식단이 차지하는 비율을 의미한다. 폴리페놀, 식물성 섬유질, 식물 영양소 및 복잡한 식물성 항염증 분자가 많을수록 해당 식품의 칼로리 밀도는 낮아지고 건강한 식품 지수는 높아질 것이다. 짐작하겠지만 높은 지수 식품은 식물을 기반으로 한 단백질과 오일 및 지방 외에도 충분한 양의 비타민, 여러 미량 영양소를 자동으로 제공한다.

예를 들어, 뜨거운 초콜릿 퍼지 선디를 세 큰술 정도 먹으면 즉시 흡수되는 750칼로리의 열량이 설탕(45퍼센트)과 지방(49퍼센트) 형태로 소장으로 들어와 혈당 수치를 높이고 혈액의 인슐린 농도를 극댓값까지 올린다. 하지만 그게 다다. 장내 미생물군에게는 국물도 없다. 반면에 콩, 견과류, 아보카도를 섞은 샐러드(치즈나 고칼로리 드레싱 없이)는 비타민과 같은 흡수 가능한 영양소를 소장에 제공하지만 샐러드의 나머지 대부분은 대장으로 전달된다. 대장 미생물은 이를 잘게 부숴 건강을 촉진하는 흡수 가능한 분자들로 대사시킨다. 따라서 초콜릿 아이스크림 선디의 건강한 식품 지수는 거의 0인 반면 혼합 샐러드의 점수는 높은 편이다. 우리가 미생물을 위한 최선의 식단에 집중하는 한, 우리의 건강도 최선의 상태로 살필 수 있다. 우리가 장내 미생물을 귀히 여기면 의당 그들도 그렇게 할 것이다.

섬유소

내가 의과대학을 다니던 1970년대에는 소화불량을 줄이는 식이섬유의 이점이 주로 장에 수분을 공급하고 그 결과 음식물 찌꺼기가 더 빨리 움직이고 배변 활동이 좋아지게 하는 데 있다고 배웠다. 1960년대와 1970년대, 데니스 버킷(Denis Burkitt)과 휴 트로웰(Hugh Trowell) 박사는 아프리카인이 서양인보다 식이섬유를 훨씬 더 많이 섭취한다고 기록했으며(60~140그램 대 20그램), 변비를 완화하는 편리한 방법으로 섬유소를 쓸 수 있다고 제안했다.[14] 또한 이들은 시골에 사는 아프리카인들이 서구인보다(키-체중 지수가 높지 않았다) 최대 5배 더 많은 양의 대변을 누고 장통과 시간이 2배 이상 빠르며 3~7배 더 많은 식이섬유를 섭취했다고 보고했다. 오늘날 우리는 식이섬유의 이점이 단순히 장 연동운동을 촉진하는 것 이상임을 잘 안다. 이전에 알려졌던 사실과 달리 '식이섬유'는 단일한 식물 물질이나 분자도 아니고 세균이 그 전부를 발효시키지도 않는다.* 그

* **식이섬유**라는 용어는 수백 가지 유형의 복잡한 탄수화물-유사 화합물을 가리키며 가용성, 불용성 식이섬유로 나뉜다. 마늘, 양파, 치커리 뿌리, 돼지감자 또는 아스파라거스에 함유된 프럭토올리고당(FOS)과 같은 가용성 섬유소는 물에 용해되고 소장 끝에서 대장 초입부에 상주하는

보다 식이섬유는 장 미생물을 목표로 하는 혼합물이며 미생물 전용 탄수화물(microbiota-accessible carbohydrates, MAC)이란 표현이 정확할 것이다. 이는 고대 곡물이 풍부하게 함유하고 있던 물질이었다는 점도 독자들은 기억할 것이다. (빅맥에는 맥, MAC이 없다!) 미생물 전용 탄수화물은 과일이나 채소가 풍부한 식단에 든 복합 탄수화물이지만 장벽 점막층에도 들어 있다. 이 탄수화물은 소장의 첫 번째 부위에서 효소 작용으로 분해되거나 흡수되지 않지만, 우리 미생물의 필수 영양소가 된다.

어떤 사람의 미생물 전용 탄수화물이 다른 사람에게도 똑같은 역할을 할 수 없다는 점은 무척 흥미롭다. 개인마다 다른 장 미생물 생태계 또는 **장 미생물 유형**이 다르기 때문이다. 어떤 사람의 미생물에는 특정 섬유 분자를 분해하는 데 필요한 일련의 효소가 있지만 다른 사람에게는 그런 기능을 하는 특정 미생물 균주가 없기도 한 것이다.[15]

마찬가지로 우리 선사시대 조상에게 미생물 전용 탄수화물이었던 것이 그것을 대사할 미생물이 없는 선진국 사람들에게는 더이상 미생물 전용 탄수화물이 아니다. 이를테면 젖당(lactose)은 전 세계 유아의 소장에서 보편적으로 대사되어 흡수되지만 대사 효소 활성이 없는 성인 대부분의 소화기관에서 이들은 자연스럽게 미생물 전

미생물의 도움으로 빠르게 대사되는 짧은 설탕 유사 분자이다. 셀룰로스와 같은 불용성 섬유질(케일, 방울양배추, 완두콩과 같은 잎이 많은 녹색 채소, 또는 귀리 섬유에 포함됨)은 통과 시간이 더 느리고 장내 미생물 밀도도 높은 대장 뒤쪽에서 부분적으로 발효된다.—저자 주

용 탄수화물로 변한다. 팽만감, 소화불량 등의 비특이적 장 증상을 동반하는 흔한 의학적 장애인 '젖당 불내증'은 사실 자연스러운 생리학적 변화로 간주된다. 일부 북유럽 사람들은 이 규칙에서 예외다. 이들은 항상 많은 양의 우유를 소비하며 식이 유당을 분해하고 흡수하는 데 필요한 젖당 분해효소를 계속 생산해왔기 때문이다. 일본인은 특정한 종류의 장내 미생물을 보유하고 홍조류와 해조류의 특정 섬유소를 분해할 수 있으며 해조류를 미생물 전용 탄수화물로 제공할 수 있는 유일한 사람들이다.[16]

이러한 예측 불가능성을 생각할 때, 특정 유형의 섬유질이 유익할지 또는 불편함을 유발할지 확실하지 않은 상황에서 내가 환자에게 할 수 있는 조언은 가능하면 다양한 종류의 과일과 채소를 섭취하라는 것이다. 개별 미생물군이 대사할 수 있는 섬유소는 제한적이겠지만 다양한 섬유소가 대장으로 들어오면 그에 맞는 미생물 집단의 수도 늘어날 수 있을 것이기 때문이다. 게다가 다양한 식이 섬유를 다량 섭취하면 시간이 지남에 따라 장내 생태계를 구성하는 미생물 균주의 종류가 늘고 수도 증가하는 현상이 벌어진다. 미래에는 장내 미생물군 유전체를 분석하여 개인에 맞는 미생물 전용 탄수화물을 추천하는 일도 가능해질 것이다. 개인별 장내 미생물 대사 경로에 적합한 맞춤형 섬유소를 결정할 수 있다는 뜻이다.

소화되지 못한 탄수화물로부터 에너지와 칼로리를 얻는 장내 미생물의 역할이 줄어들고 있음에도 불구하고, 여전히 그들은 우리 신체의 전반적인 건강에 필수적이다. 현대인의 식이 습관에 빠르게 적응을 마친 장 미생물은 우리 몸의 각 기관에 신호를 전달해 면역 활성화, 신진대사 및 뇌 기능에 변화를 꾀한다. 장내 미생물이 기능하는 데 충당할 에너지는 대개 서로 연결된 다양한 단순당 분자 또는 단당류로 구성된 식물 유래 복합 분자에서 비롯된다. 복잡한 장내 미생물 생태계 내, 여러 공생 미생물 상호작용에 따라 에너지가 추출되는 방식이 달라진다. 집합적으로 배당체(glycoside) 가수분해효소 및 다당류 분해효소 등, 특수 기능의 효소 집단으로 무장한 다양한 미생물은 당 분자 사이의 화학적 결합을 소모성 올리고당 또는 단당류로 분해할 수 있다. 주변 미생물은 이들 소모성 탄수화물을 흡수하고 마저 분해한 다음 짧은 사슬 지방산으로 바꾼다. 부티르산, 초산 및 프로피온산이 그들이다. 다른 생태계와 마찬가지로 이들 분자에 함유된 에너지와 탄소를 두고 미생물끼리 경쟁이 치열하다. 이런 에너지원에 대사적으로 접근하는 일이 만성적으로 막히거나 아예 사라지면 특정 균주가 점차 줄거나 멸종의 길로 접어들기도 한다. 이것이 바로 우리가 처한 현실이다.

2014년 《세포 대사*Cell Metabolism*》에 실린 논문에서 에리카와 저스틴 소넨버그는 미생물 먹이 사슬의 복잡성과 기능을 설명했다. 수천 종의 미생물군은 대장에 도달하는 모든 음식 조각을 처리하고 활용하기 위해 협력적으로 상호작용한다.[17] 인간의 건강을 지킬 온전한 장내 미생물군 유전체의 결정적인 중요성은 이 인상적인 숫자를 우리 장 세포가 생산하는 소수의 섬유 분해효소와 비교할 때 뚜렷해진다. 수백만 개의 미생물 유전자가 암호화한 효소들이 수천 개의 대사산물을 만들어 자칫 폐기물로 버려질 수 있었던 것을 유용한 물질로 바꾼다. 이러한 내부 생태계가 우리에게 알려진 지는 불과 수십 년 전이지만 이 생태계는 아마도 우리 식단에서 가장 중요한 지위를 차지할 것이다.

다행스럽게도 식물성 식품에서 얻을 수 있는 미생물 전용 탄수화물 목록은 길다. 이러한 식품에서 건강을 촉진하는 분자를 가능한 한 많이 끌어내려면 매우 다양한 미생물 군집을 갖추는 일이 중요하다.[18] 예컨대, 돼지감자, 빨간 무(beet), 브로콜리, 렌틸콩, 양파를 먹으면 다량의 갈락토올리고당(GOS) 미생물 전용 탄수화물이 대장으로 들어온다. 이들은 비피더스(Bifidobacteria) 균주의 숫자를 늘릴 것이다. 이와 달리 캐슈(cashew), 흰콩, 귀리 및 고구마를 정기적으로 섭취하면 루미노코커스(Ruminococcus)와 박테로이데스(Bacteroides)가 늘어나 (소화) 저항성 전분을 소화하러 달려든다. 식단에 아스파라거스, 대파(leek), 바나나, 마늘, 치커리, 돼지감자가 있다면 프리바이오틱 섬유인 이눌린과 프럭토올리고당으로 대표되는 프럭탄(여러 개의 과당으로 구성된 큰 분자)을 먹는 셈이다. 이때는 박테로이데스와 피칼리박테리움(Faecalibacterium) 균주가 맞춤이다. 사과, 살구, 체리, 오렌지 또는 당근을 즐겨 먹는다면 펙틴(pectin)을 장내 미생물에 전달한 것이다. 프럭탄에 특화된 미생물과 유박테리움(Eubacterium) 균주가 펙틴을 처리한다.

앞에서 언급한 미생물 균주를 포함해서 가능한 한 다양한 장내 미생물군에 영양을 공급하고 유지하려면 갖은 종류의 식물 유래 식품을 골고루 섭취해야 한다. 수십억 개의 집락 형성 단위(CFU)를 표시해 광고하는 알약을 먹는 일은 지름길도 아니고 효과도 없다!

폴리페놀(polyphenol)

과일과 채소에 풍부한 미생물 전용 탄수화물이 장 건강을 촉진하는 유일한 성분은 아니다. 비타민, 미네랄, 식이섬유 분자 같은 미량 영양소 외에도 플라보노이드(flavonoid), 안토시아닌(anthocyanin), 엘라기타닌(ellagitannin), 케르세틴(quercetin)처럼 독특한 이름의 화합물을 포괄하는 식물 분자 집단인 폴리페놀도 있다. 구조적 차이에도 불구하고 이러한 화합물은 대체로 소장에서 잘 흡수되지 않으므로 건강 증진 잠재력을 깨우기 위해서는 장내 미생물의 기여가 필요하다.

폴리페놀은 여러 면에서 장에 이롭다. 이들 중 일부는 프리바이오틱스라서 미생물의 먹이가 된다. 일부 화합물은 건강에 해로운 미생물을 억제한다. 폴리페놀 대부분은 대사되어 작은 화합물로 분해된 다음 장 연결체를 구성하는 다양한 세포에 유익한 효과를 발휘하거나 흡수되어 혈관을 따라 흐르다 뇌를 포함한 여러 기관에 활성을 미친다. 폴리페놀의 양과 종류가 많아서 여기서는 몇 가지 핵심적인 화합물만 소개할 것이다.

베리류, 적포도, 붉은 사과, 자두, 적양배추를 먹거나 적당량의 적포도주를 정기적으로 섭취하는 사람들은 플라보노이드 계열의 분자인 안토시아닌을 상당량 섭취한다고 보면 된다. 안토시아닌은 뛰어난 풍미를 줄 뿐만 아니라 음식에 빨강, 파랑 및 자줏빛 색조를 띠게 하는 화합물이다. 이 화합물은 항산화 효과가 있다(그것 이상이다!)고 널리 알려졌지만 올바른 사실이 아니다. 사실, 흡수되어 전신을 순환하는 양은 무척 적지만 안토시아닌과 여러 폴리페놀은 장내 미생물군 유전체 덕택에 활성을 발휘한다.[19] 예를 들어, 회장루(대장을 절제한 후 생긴 소장 끝을 복부 표면으로 노출했을 때 드러난 바깥쪽 구멍) 환자가 라즈베리, 블루베리, 링곤베리, 포도를 먹으면 섭취한 안토시아닌의 상당량이 회장 찌꺼기 유체에 남아 있다. 흡수되지 않은 채 소장을 무사히 통과했다는 뜻이다. 이제 우리는 온전한 안토시아닌이 대장까지 들어와 거기 있는 상주 미생물 효소의 도움을 받아 작은 물질로 분해되어 흡수된다는 사실을 잘 알고 있다.

수천 개 각기 다른 분자로 구성된 큰 **플라보노이드** 계열에는 과일과 열매뿐만 아니라 코코아, 녹차(홍차에는 그 양이 적다) 또는 양파에 더 많이 존재하는 **카테킨**(catechin) 페놀 화합물도 포함된다. 플라보노이드 계열의 **이소플라본**(isoflavones)은 대두와 같은 콩류에 높은 농도로 들어 있지만 오렌지, 레몬 및 기타 감귤류 식물에는 **플라바논**(flavanone)이 풍부하다. 이 분자는 매우 광범위하여 스위트오렌지, 귤, 레몬 및 자몽과 같은 스페인 감귤 주스에도 58가지의 플라보노이드 및 페놀 화합물이 두루 들어 있다.

최근에는 위장관을 통과할 때 안토시아닌과 플라바논 화합물이 매우 복잡한 방식으로 변형을 치른다는 연구 결과가 발표되었다.

이들 화합물은 소장에서 아주 소량 흡수되고 대부분은 대장으로 들어가 장내 미생물의 처분을 기다린다. 수많은 미생물 대사산물 일부는 장에 직접 작용하고 나머지는 흡수되어 혈관을 따라 온몸에 배달된다.[20] 사실, 최신 연구에 따르면 안토시아닌과 플라바논 대사체는 생각했던 것보다 훨씬 많은 양이 순환계에서 발견된다.[21] 이는 대장 유래 페놀 화합물의 중요성을 보여줄 뿐만 아니라 폴리페놀이 주로 소장에서 쉽게 흡수되어 체내 조직에 영향을 미치는 항산화제라는 건강식품 생산자의 주장이 터무니없는 거짓이라는 점을 시사한다.

강연할 때마다 빠짐없이 듣는 말이 있다. "지금 설명하신 폴리페놀, 그거 항산화제 말씀하시는 거죠?" 오늘날 '**항산화제**'라는 용어(이로운 효과가 있는 몇 가지 특정 식물 분자를 잘못 이르는 말)는 영양사, 다이어트 전문가 사이에서 너무 느슨하게 사용되어 일반 대중에게 심각한 혼란을 불러일으키는 말이 되었다. 식이 항산화제를 복용한 사람들은 그 화합물이 어떻게든 산화적 손상으로부터 지질이나 단백질 또는 DNA를 보호할 수 있다고 생각한다.

"그러나 인간의 신체는 산화 환원[산화제와 산화 방지제 사이의 균형]의 균형을 유지할 수 있는 능력이 빼어나다. 실제 우리가 섭취한 항산화제가 신체의 중요한 산화 환원 조절 체계에 기여하는 바는 아주 적다." 이탈리아 파르마 대학의 식품영양 특수학부 학과장이자 부교수이며 영국 케임브리지 영양 교육/혁신 글로벌 센터의 과학 책임자인 다니엘레 델 리오(Daniele Del Rio)는 이렇게 말했다. "따라서 항산화 정제(tablet)에 헛돈을 쓰지 마세요! 폴리페놀은 페놀 구조가 있어서 '화학적'으로 항산화제일 수 있지만 그런 항산화 특성과 전혀 상관없는 메커니즘으로 우리 몸을 이롭게 한다고 보시면 됩니다."

인간 소화기관에서 폴리페놀의 운명이 소상히 밝혀지고 있는 이 순간에도 구태의연한 항산화 개념은 여전히 뿌리가 깊다. 사실 델리오는 "폴리페놀과 달리 체내 흡수되어 진짜 항산화 활성을 갖는 물질이 있습니다. 토코페롤(비타민 E), 카로티노이드(채소와 과일에 노란색, 주황색, 빨간색을 주는 색소. 비타민 A 전구체다)와 아스코르브산(비타민 C)이 그런 것들입니다. 이들은 위장관 앞쪽에서 훨씬 더 효율적으로 흡수되죠"라고 내게 말했다.

그러나 미생물 전용 탄수화물 및 플라보노이드, 페놀산, 타닌과 같은 폴리페놀 화합물이 든 과일과 채소 및 그 파생 제품의 영양가와 건강상의 이점이 매우 중요하다는 사실이 점점 더 분명해지고 있다. 2013년 전 세계적으로 조기 사망한 약 780만 명의 사람들은 하루 800그램 미만의 과일 및 채소를 섭취한 것으로 추산되었다.[22] 식물성 식품의 일일 권장 섭취량은 얼마나 될까? 시금치(50그램), 브로콜리, 콜리플라워(각각 85그램), 버섯(100그램), 고구마(225그램), 블루베리, 딸기(각각 85그램), 오렌지 반 개(85그램)로 가득 찬 큰 접시를 상상해보라.

플라보노이드의 섭취량은 식이 패턴과 접근 방식이 달라 국가 또는 지역별로 큰 차이가 난다. 놀랍게도 미국과 유럽에서 식이 폴리페놀의 주된 공급원은 커피와 차(茶, tea) 그리고 과일이다. 전 세계적으로 플라보노이드의 평균 섭취량은 녹차와 홍차를 포함하여 하루 250~1,500밀리그램 정도다. 그리 놀랄 일은 아니겠지만 미국인의 총 플라보노이드 섭취량은 250~400밀리그램 정도로 서구 세계에서 가장 낮은 편에 속한다. 그것도 차가 대부분을 차지한다. 식단의 구성이 단순하고 채소를 적게 먹는다는 증거가 더 필요한가?

가장 많은 양(1,650밀리그램/일)의 플라보노이드를 먹는 사람들은 이란인이다. 그다음은 영국(하루 1,000밀리그램 이상)이고 브라질과 멕시코가 가장 적다(〈150밀리그램/일). 총 플라보노이드 섭취량은 차, 특히 홍차를 주로 마시는 집단에서 높게 나타난다. 유럽에서는 남에서 북으로 갈수록 플라보노이드 섭취량이 증가한다. 과일, 채소, 올리브유 및 적포도주를 많이 먹는데도 지중해 연안 국가 사람들의 총 플라보노이드 섭취량은 다른 국가들보다 적은 편이다. 비지중해 지역 국가에서 차 소비량이 더 많기 때문이다. 여러 면에서 미국이 목록의 맨 아래에 있는 것은 놀라운 일이 아니다. 미국인의 섬유소 소비량이 최소인 점과도 무관하지 않은 현상이다. 일반적으로 장내 미생물의 자연 치유력을 활용하기보다 의료 제약업계가 제공하는 건강보충제와 정제 등을 선호하는 경향이 하나의 문화로 자리 잡은 탓도 있을 것이다.

이미 언급한 것 말고도 많은 양의 폴리페놀을 함유하는 친숙한 식품이 있다. 녹차, 적포도주 그리고 정향, 계피, 강황, 후추, 오레가노 같은 향신료가 우리의 선택지가 될 수 있다.

녹차

사람들은 수천 년 동안 차를 마셔왔다. 기원전 2세기 중국인들이(한나라 경제(景帝)의 묘에서 찻잎이 나왔다) 차를 마셨다는 증거가 있다. 차를 마시는 일은 긴장을 풀고 활력을 주는 즐거운 사회 활동일 뿐만 아니라 우울증 완화를 비롯한 건강 증진 효과도 있다.[23] 홍차와 녹차는 모두 같은 잎(*Camellia sinensis*)이지만 홍차로 가공하는 동안 잎이 광범위하게 산화되는 반면 녹차는 거의 산화되지 않은 상태로 출시된다. 둘 다 플라보노이드 양은 풍부하지만 폴리페놀의 종류와 양은 각기 다르다. 특히 녹차에는 훨씬 더 많은 양의 에피갈로카테킨-3-갈레이트(EGCG)가 들어 있다. 홍차에는 붉은 색조를 띠는 테아플라빈(theaflavin)과 테아루비긴(thearubigin)이 풍부하다.

다양한 세포 및 동물을 대상으로 실험한 결과에 따르면 녹차는 항염증 및 항산화 효과 외에도 심혈관 질환을 예방하고[24] 신경을 보호하는 효과가 있다.[25] 잘 설계된 임상 시험에서 이런 효과가 입증된 적은 없지만, 2005~2014년에 걸쳐 중국 22개 성에 거주하는 65세 이상 노인의 건강과 삶의 질에 대한 정보를 제공하는, 중국인 건강과 장수 종단연구 조사(Chinese Longitudinal Healthy Longevity Survey)에 참가한 1만 3,000명의 개인으로부터 자료를 수집한 관찰 연구자들은 녹차를 지속해서 자주 마시는 사람, 특히 남성에서 우울 증상이 크게 개선되었다고 보고했다.[26]

건강에 이로운 녹차의 특성을 설명할 수 있는 독특한 성분은 세

가지다. 첫째 폴리페놀 성분, EGCG를 포함한 차 카테킨은 녹차 건조 중량의 최대 42퍼센트를 차지한다. 둘째는 차 건조 중량의 3퍼센트를 차지하는 L-테아닌 아미노산이다. 마지막으로 카페인은 5퍼센트 정도 들어 있다. 이 세 가지 화합물을 단독으로 또는 함께 투여하면 기억력이 향상되고 더 차분해지는 데다 각성 효과도 큰 것으로 나타났다. EGCG와 L-테아닌을 같이 쓰면 뇌의 스트레스 반응이 줄고 스트레스 호르몬인 코르티솔 수치가 떨어졌다. 따라서 녹차는 신경 염증과 노인의 인지 저하 발달을 예방하는 데 중요한 역할을 할 수 있다.[27]

특히 EGCG는 흥미를 끄는 화합물이다. 이 물질도 대부분의 폴리페놀처럼 너무 커서 소장에서 효율적으로 흡수되지 않는다. 흡수되지 않은 EGCG 분자가 소장 말단인 회장과 대장에 도달해 장 유익균의 증식을 촉진한다. 그 결과, 잠재적으로 해로운 미생물을 수적으로 압도할 뿐 아니라 전반적으로 장내 미생물 다양성도 커진다.[28] 게다가 이들 미생물은 EGCG를 작은 분자들로 바꾸어 소장 말단과 대장에서 흡수할 수 있는 형태로 만든다. 이렇게 다양한 대사산물은 신체와 뇌에 영향을 미치는 차 성분이 건강에 가져다준 효과로 여겨진다.

적포도주

만성적으로 술을 마시는 일이 건강에 부정적인 영향을 미친다는 연구 결과는 차고 넘치지만 적당한 양의 와인을 섭취하면 심혈관 질환과 대사 질환 및 퇴행성 신경 질환 등 만성질환 예방 효과가 있다는 역학 연구도 그에 못지않게 많다.

관찰 연구에서는 와인을 마시는 행위에 뒤따르는 사회적 교류가 건강상에 미친 효과와 알코올의 이완 효과를 따로 떼어 생각하기가 어렵다. 엄격히 통제된 중재 연구가 턱없이 부족해도 연구자들은 주로 와인, 특히 적포도주의 건강상의 이점이 폴리페놀에서 비롯된다고 이구동성으로 말한다. 와인마다 천차만별이지만 백포도주에 든 폴리페놀의 양은 리터당 약 150~400밀리그램, 덜 숙성한 적포도주의 경우 900~1,400밀리그램으로 추정된다. 다시 말해, 적포도주 약 반 리터를 섭취하면 일일 폴리페놀 요구량이 거의 충족된다.[29]

적포도주에는 이런저런 폴리페놀이 두루 풍부하다. 카테킨과 에피카테킨, 타닌, 안토시아닌, 플라보놀과 같은 플라보노이드 계열의 분자가 주된 화합물이며 스틸벤(레스베라트롤 포함) 및 엘라기타닌처럼 플라보노이드가 아닌 성분도 들어 있다. 소장에서 완전하고 빠르게 흡수되는 데다 원치 않는 열량까지 제공하는 알코올과 당 분자와 달리 폴리페놀은 소장 말단과 대장에 있는 미생물군을 표적으로 삼는다. 실제로 2006년에서 2018년 사이에 발표된 임상 논문을 분석한 연구자들은 적포도주 폴리페놀과 포도가 장내 미생물에 미치는 영향을 집중적으로 조사했다. 그 결과 연구자들은 대소변과 혈장 그리고 회장 유액에서 미생물 대사산물의 양이 증가했으며 그것이 장 미생물의 적포도주 폴리페놀 대사산물임을 확인했다. 또한, 녹차와 마찬가지로 포도주의 폴리페놀도 유익균의 개체수를 늘려 잠재적으로 병원성인 세균의 증식을 억제하는 효과가 있다는 강력한 증거가 나왔다.[30] 하지만 식이섬유처럼 이들 분자의 대사와 흡수 및 순환은 개인의 미생물 군집 다양성에 따라 달라진다.

런던 킹스 칼리지의 팀 스펙터 교수와 그의 연구진은 이 상관성을 더 깊이 연구했다. 적포도주를 마시는 세 집단의 데이터를 분석하고 최소한 2주에 한 번 적포도주를 마신 사람들도 장내 미생물 다양성이 증가함을 보여주었다.[31] 하지만 백포도주를 마시는 사람들의 장내 미생물 군집에는 별다른 차이를 볼 수 없었다.

포도주를 전혀 마시지 않는 사람들이 따로 할 일은 없을까? 킹스 칼리지 연구진은 적포도주를 마시는 사람들의 장에서 박테로이데스문에 속하는 바르네시엘라(Barnesiella) 균주가 더 많았다고 보고했다. 또 다른 연구에서는 라즈베리 식단을 먹인 쥐 내장에서 바르네시엘라 균주가 두 배 증가했다는 결과도 나왔다. 라즈베리에는 적포도주보다 폴리페놀의 양이 네 배 더 많다.

향신료

향신료는 오랫동안 세계 여러 나라에서 요리에 독특한 풍미와 색감을 더하고자 널리 사용되어왔다. 실제로 인도와 아시아 대부분의 국가에서는 고유한 향신료가 첨가되지 않은 요리를 상상하기 힘들다. 생강, 강황, 회향, 겨자, 쿠민, 소두구(모두 미나리과* 식물이다)와 같은 향신료는 음식 맛을 내는 데 없어서는 안 될 식물이지만 전통 의학에서 오랫동안 생약으로 썼다. 이를테면 강황은 카레의 독특한 색과 맛을 제공할 뿐만 아니라 전통 인도 의학에서 천식, 알레르기, 기침, 거식증 및 간 질환을 포함하여 겉보기에는 관련이 없어 보이는 광범위한 증상과 질병을 치료하는 데 쓰였다. 마찬가지로 2,000년 전부터 인도에서 로마 제국으로 수출된 생강은 감기부터 메스꺼움, 관절염, 편두통, 고혈압에 이르기까지 수많은 질병을 치료하는 데 사용되었다. 인도인과 중국인은 5,000년 넘게 생강 뿌리를 강장제로 생산해왔다고 알려져 있다. 중세에는 생강 1파운드가 양의 가격과 맞먹을 만큼 무척 가치 있는 식물로 거래되었다.

이러한 아시아 약초는 암, 염증성 질환, 우울증 및 만성 메스꺼움 치료에서 '항산화제'로서의 잠재적 유용성이 있다는 연구가 수행되었을 뿐만 아니라 자연의학과 대체의학을 통해서도 인기를 끌고 있다. 흥미롭게도 이러한 질병 대다수는 오늘날의 공중보건 위기를 이루는 질병 네트워크의 일부이며 면역 체계의 만성적 활성화와 깊은 관련이 있다. 아쉽게도 이들 약초 연구 대부분은 시험관이나 배양된 세포에서 이루어졌다. 또한, 여러 폴리페놀과 마찬가지로 이들 화합물도 건강식품이나 정제로 섭취하면 혈액에서 대사체가 쉽

* 겨자는 십자화과(Cruciferae 또는 Brassicaceae) 식물이고, 생강과 강황은 생강과(Zingiberaceae) 식물이다.—역자 주

사리 관찰되지 않는다.[32] 폴리페놀처럼 복잡한 분자가 섭취한 음식물 형태로 장내 미생물 대사 경로에 편입될 때만 우리 몸과 뇌에 유익한 효과를 발휘한다. 다양한 조합의 폴리페놀이 여러 미생물의 도움을 받아야 가능한 일이다. 이러한 향신료의 기원이 되는 식물의 잎과 뿌리, 씨앗 그리고 과일에는 수백 가지의 관련 분자가 포함되어 있다. 보기를 들면, 바질 잎에는 폴리페놀 카테킨, 케르세틴, 캠페롤(kaempferol), 안토시아닌 및 타닌이 포함되어 있다. 정향, 계피, 소두구, 고수, 사프란, 캐러웨이, 후추, 오레가노, 로즈마리에도 폴리페놀의 함량이 높다.

올리브유

엑스트라 버진 올리브유(EVOO)의 건강상의 이점은 전임상 및 임상 연구를 거쳐 확인되었고 광범위한 대사 장애 및 심혈관 질환에 이를 적용할 수 있다. 사실, 과학자들은 EVOO를 지중해 식단의 주요 건강 증진 성분 중 하나로 여긴다. 올리브유의 건강상 이점을 매개하는 성분은 적어도 두 가지이다. 단일불포화 지방산(주로 올레산oleic acid), 폴리페놀(주로 올러유러핀oleuropein*과 하이드록시티로솔 hydroxytyrosol) 모두 고농도로 들어 있다.

장 미생물은 폴리페놀을 대사하여 건강에 도움을 주는 물질로 바

* 올리브 껍질, 과육, 씨앗, 잎에서 쓴맛을 내는 성분으로 보통 제거하려고 노력한다.—역자 주

꾼다.[33] 올레산도 장 미생물의 도움으로 같은 대사 과정을 거친다는 연구 결과가 있다. 올레산은 전체 기름 함량의 73퍼센트를 차지하는 올리브유의 주요 지방산이다. 오메가-6 및 오메가-3 불포화 지방산은 11퍼센트 들어 있다. 단일불포화 지방산은 고열에서도 변성하지 않으므로 요리에 올리브유를 쓰는 것은 나쁘지 않다. 전통적으로 올리브유의 만성질환 예방 효과는 함량이 많은 단일불포화 지방산 덕분이라고 생각해왔지만 현재 연구자들은 지방산 대신 기름에 포함된 폴리페놀과 항산화제인 비타민 A 또는 비타민 E와 더 깊은 관련이 있으리라 보고 있다. 서로 종이 다른 올리브 열매에서 최대 30가지 이상의 폴리페놀 분자가 확인되었다. 킬로그램당 올리브유에 든 페놀 화합물의 농도는 50~800밀리그램이며 그 양은 올리브 재배 지역이나 기후의 차이, 수확시 숙성 정도 또는 오일 추출 과정에 따라 달라진다. 올리브 종에 따라서도 페놀 화합물 성분의 양이 크게 달라진다. 결과적으로 향미와 폴리페놀, 두 마리 토끼를 잡기 위해 어떤 올리브유를 사야 하는지 요령이 필요하다.

몇 년 전 나는 올리브유의 특성 이모저모를 배운 적이 있다. 그림처럼 아름다운 이탈리아의 아드리아해 연안 페르모에서 와인 농장 레 코르티 데 파르펜시(Le Corti Dei Farfensi)를 운영하는 친구 마르코 카발리에리(Marco Cavalieri)를 만나러 갔을 때였다. 마르코는 포도주뿐만 아니라 수령이 800년이나 된 올리브 나무에서 수확한 열매로 올리브유도 만든다. 올리브 수종도 다양해서 사르가노(Sargano), 카르본셀라(Carboncella), 아스콜라나(Ascolana), 코라티나(Coratina), 프란토이오(Frantoio) 및 모라이올로(Moraiolo)가 있다. (800년 된 나무니까 오래 살았음은 분명하지만 올리브 열매를 주렁주렁 매달고 있는 것은 어린 가지이다. 올리브 나무는 6,000년 전 지중해 유역의 남동부 분지에서 자라기 시작했다. 지중해를 가로질러 무역에 종사했던 그리스, 로마, 페니키아인들의 주된 교역품이었다.) 다양한 품종의 올리브 나무에는 올러유러핀, 데메틸올러유러핀(demethyloleuropein), 케르세틴이 풍부하며 전체 폴리페놀의 함량은 킬로그램당 약 800밀리그램이다.

오래된 나무에서 올리브를 수확하는 일 외에도 마르코는 폴리페놀의 함량을 극대화할 수 있는 여러 가지 방법을 터득했다. 우선, 그는 올리브가 완전히 익지 않았을 때, 즉 폴리페놀 생산이 최고 수준에 도달했을 때 열매를 수확한다. 수확한 올리브 열매는 밀폐된 강철 용기에 보관한다. 산소와 빛으로부터 산화되지 않게 방지하는 전략이다. 현지 시설로 빠르게 열매를 옮겨 수확 후 몇 시간 안에 냉압착 방식으로 기름을 짜낸다. 갓 짜낸 기름의 맛은 처음에는 거의 타는 듯한 느낌으로 독특하고 매운맛과 향을 지닌다. 올리브유에 함유된 폴리페놀은 독특한 풍미와 건강상의 이점 외에도 다른 식용유보다 산화적으로 안정하게 돕는다.

지중해 식단의 이점을 찾는 여정에서 나는 올리브유에 포함된 폴리페놀이라는 자연의 생산물, 그것을 발견한 인간의 전문성과 전통이 합쳐져 세련된 의약품으로 탄생하는 과정을 엿볼 수 있었다. 으레 모든 약이 그렇듯 정확한 양의 활성 성분을 추출하고 일정하게 유지하는 품질 관리가 약물의 효과를 지탱하는 데 중요한 역할을 한다. 따라서 값비싼 올리브유의 어두운 외관에 현혹되기보다는 평균 폴리페놀 함량뿐만 아니라 어디에서 어떻게 수확하고 가공되었는지 살펴볼 필요가 있다. 하지만 대부분의 올리브유 용기 상표에 폴리페놀 함량에 대한 정보가 포함되어 있지 않기 때문에 조사에 약간의 시간이 걸릴 수 있다. 폴리페놀 함량을 추적하는 과정이 쉽지는 않겠지만 그렇다고 방법이 전혀 없는 것은 아니다. 이때는 맛을 보면 된다. 매운맛이 강할수록 올리브유에 폴리페놀이 더욱 풍부하다.

오메가-3 지방산

과학자들은 두 가지 주요 오메가-3 다중불포화 지방산인 에이코사펜타엔산(EPA)과 도코사헥사엔산(DHA)이 건강에 이롭다고 밝혔다. 이들 화합물은 심장병과 암을 예방할 뿐만 아니라 류머티즘성 관절염과 우울증 그리고 인지 기능 저하 증상에서 대체요법으로 사용될 수 있다.[34] 이들 지방산 대부분은 소장에서 흡수되지만, 소량이나마 대장에 도달하여 장내 미생물의 수와 다양성을 높인다는 증거가 있다.

다중불포화 지방산이 많이 든 식품 중에는 야생 연어와 고등어, 청어, 정어리, 멸치처럼 작고 지방이 많은 생선이 있다. 아마씨(flaxseed), 치아씨(chiaseed), 호두에도 들었고 콩, 굴, 대구 간에도 풍부하다. 사슴이나 들소 등, 가축이 아닌 동물, 축사에서 사료를 먹인 소보다 들에서 풀을 먹고 자란 소에 다중불포화 지방산의 함량이 더 높다. 앞에서 거론한 것처럼 불포화 지방산 함량이 높은 식품이 즐비하지만 생선 기름 또는 생리적 활성을 보장한다는 농축된 '기능식품(nutraceuticals)' 영양 보충제도 널려 있다. 그러나 다른 보충제와 마찬가지로 오메가-3 알약은 통제된 임상 시험에서 확실한 건강상의 이점을 보이지 못했다.

언제 먹을까

우리는 오래전 사람들이 먹었던 방식을 살펴보는 데서 유용한 가르침을 얻을 수 있다. 이를테면 초기 인류는 규칙적으로 정해진 시간에 하루 세 번씩 먹지 않았고, 과량의 식사를 하지도 않았다. 낮이고 밤이고 식사 시간 사이에 간식을 먹은 조상들도 없었다. 의자에 앉아 생활하지도 동굴로 음식을 배달시켜 먹은 적도 없다. 포장하거나 배달 온 음식을 먹으면 물론 편하고 안전하다. (특히나 유행병 또는 팬데믹 시대에는 더욱 그렇다.) 하지만 이런 방식은 음식물을 입에 넣으려는 최소한의 물리적 노력도 앗아가버렸다.

신석기 시대 인간은 하루 대부분을 사냥하거나 물고기를 잡고 먹을 수 있는 식물을 찾아 헤맸다. 식사 시간은 불규칙했고 끼니를 거르는 때도 잦은 데다 (물리적) 활동량도 무척 많았다. 1970년대 초 다큐멘터리 영화를 찍느라 몇 주간 아마존 열대 우림의 야노마미 마을에 머무는 동안 나는 그 리듬을 직접 느꼈다. 마을 원주민들의 하루는 이러저런 활동으로 빼곡히 차 있었다. 음식을 찾느라 너무 바빠서 그들에겐 먹을 시간조차 별로 없었다! 여성들은 대개 아기를 안고 이른 아침에 마을을 나서 덩이줄기, 과일, 베리류 열매를 따서 늦은 오후에서야 돌아왔다. 남자들도 야생 사냥감을 쫓아 숲을 달리거나 오리노코강 상류 급류에서 속 빈 통나무 카누를 능숙하게 조종하면서 종일 먹을 것을 구하러 다녔다. 이른 저녁이 되자 이들은 식사하러 모두 다시 모였다. 저물녘에 잠을 자고 해가 뜨면 일어나는 일상이 되풀이되었다. 본질적으로 그들은 어떤 식이든 제한된 시간에만 밥을 먹었다. 먹이를 구하러 나가 있거나 자는 동안인 10시간 혹은 12시간 음식 없이 살아왔던 것이었다.

폭넓은 전임상 시험 연구 덕에 우리는 규칙적인 시간 동안 위장관을 비우면 여러 만성질환이나 조기 사망에 대한 저항성을 높이는, 뇌-신체 네트워크의 지속적 적응 반응을 유도할 수 있음을 알게 되었다. 사실, '간헐적 단식'은 최근 인기몰이를 하는 식사법이다. 포괄적 용어인 간헐적 단식은 열량 섭취를 줄이고 (또는) 단식 기간을 권장하는 다양한 식단을 어우른다. 이론적으로 이러한 식단은 우리 조상들이 어쩔 수 없이 수행했던 단식 행위를 흉내 내는 일이다.[35]

단식(꼭 위장을 텅텅 비울 필요는 없다. 그날그날 섭취할 음식량을 줄이는 것도 좋다)은 장기 내부 혹은 장기 사이에서 통합된 적응성 세포 반응을 유도하여, 잘못되면 노화나 대사 질환으로 연결될 수도 있는 신호전달 경로를 바로잡는다. 혈중 포도당의 양을 낮추는 인슐린 민감성을 보존함으로써, 또는 전신 면역 활성을 억제함으로로써 단식은 포도당 사용을 관장하는 대사 경로를 멀쩡하게 유지한다. 케톤체도 만든다. 신체 지방 조직에서 갹출한 지방산을 대사하여 간에서 만들어진 케톤은 전신에 배달된다. 이때는 뇌도 별수 없이 대체 에너지원으로 케톤을 사용한다. 각 조직에 도달한 케톤은 세포 안 미토콘드리아에서 산화되어 에너지를 방출한다. 그와 동시에 세포는 손상된 분자를 제거하거나 복구하는 일 외에도 산화 및 대사 스트레스에 맞서 신체의 방어 기전을 증가시키는 경로를 활성화한다. 하지만 단식할 때 케톤체는 연료로만 사용되지는 않는다. 이들 화합물은 세포 및 기관 기능에 영향을 미치는 강력한 신호 분자이기도 하다. 단식 중 정교하게 짜인 전신 및 세포 반응이 활성화되면 이는 식사를 재개한 뒤에도 계속될 수 있으며, 결과적으로 질병 저항성뿐만 아니라 정신적, 육체적 기능도 강화할 수 있다고 우리는 생각한다.

그러나 케톤 생성을 기대하는 오늘날의 많은 '간헐적 단식' 다이어트를 기꺼이 일상생활에 적용하기에는 주의할 점도 많은 데다 엄청난 끈기도 필요하다. 인기를 끄는 요법에는 5:2 다이어트가 있다. 일주일에 이틀은 음식물 섭취를 필요 열량의 25퍼센트 내로 제한하는 방식이다. 또 다른 하나는 금식모방 다이어트(fasting-mimicking diet, FMD)로 굶지는 않지만 고지방, 저칼로리 식단으로 생리적 금식 상태를 유도하는 방식이다.[36] 여기에 5장에서 언급한 케토제닉 식단도 있다. 탄수화물 섭취량을 극적으로 떨어뜨려 케톤증을 유도하는 이 방식에서는 부족한 열량을 대개 동물 지방과 적색육으로 채운다. 앞서 언급했듯이 나는 치료가 잘되지 않는 발작 증세를 다룰 때를 제외하곤 일반적인 케토제닉 식단을 지지하지 않는다. 이유는 단순하다.* 우리 장 미생물의 건강과 요구에 상반되는 접근법이기 때문이다.

나는 많은 환자와 지인들이 금식 다이어트를 포기하는 사례를 여러 차례 목격했다. 일정을 준수하거나 내적 갈등을 극복하는 일이 어렵다는 연구 결과도 나왔다. 이러한 식단을 대상으로 한 소수의 임상 시험에서 중도 탈락한 25~40퍼센트의 피험자는 금식을 계속할 동기를 찾지 못했다고 말했다. 금식 다이어트는 '요요 현상'을 불러올 수도 있다. 정상으로 돌아간 체중과 개선된 대사 건강이 역전되거나 실제로 다이어트를 시작하기 전보다 더 나빠질 수도 있는 것이다.

생쥐를 대상으로 수행된 전임상 연구에서도 비만, 당뇨병, 심혈관 질환, 암, 퇴행성 신경 질환을 비롯한 여러 질환을 개선하거나 수명을 연장하는 데 간헐적 단식이 효과가 있음을 증명했다. 동물 실험에서 드러난 인상적 결과가 사람을 대상으로 한 연구에서도 똑같이 재현되지는 않는다. 어쨌든 이런 식단이 표준 저칼로리 식단과 마찬가지로 체중 감소를 유도한다는 사실은 대사 체계의 놀라운 회

* 『당뇨특강』의 저자 이기업 박사도 이 식단을 지지하지 않는다. 체내 탄수화물이 들어올 때 생성되는 인슐린의 주된 기능 중 하나는 지방을 저장하는 일이다. 탄수화물을 적게 먹으면 저장되지 않은 중성지방이 혈액을 부질없이 떠돌아다니다 심장 혈관에 해로울 수 있다고 지적했다.—역자 주

복력을 보여주는 좋은 사례이다. 예를 들어, 글래스고 의과대학 린 해리스(Leanne Harris) 박사가 주도한 2018년 메타 분석에서, 간헐적 칼로리 제한 식단과 지속적으로 저칼로리를 섭취하는 기존의 식단을 비교했을 때 체중과 지방량의 유의미한 차이를 발견하지 못했다.[37] 하지만 이따금 칼로리 섭취를 제한하는 집단을 비교한 또 다른 연구에서는 이러한 간헐적 단식이 인간 환자의 대사 및 심혈관 위험 프로필에 장기적으로 유익한 영향을 미치지 않는다는 것을 보여주었다.

시간제한 식사 : 장내 미생물군 유전체를 중심으로

가끔 '간헐적 단식'으로 잘못 불리는, 시간제한 식사는 오래전 인류의 더 건강한 일상을 흉내 낼 뿐 아니라 하루에 소비되는 전체 열량을 따로 줄일 필요가 없어서 상대적으로 실천하기 쉽다. 다행한 일이다. 이 방법은 단순히 먹는 시간을 짧게 압축했다고 보면 틀림없다. 이는 또한 장 미생물에 대한 일주기 리듬의 영향을 고려하는 일이기도 하다.

불과 몇 년 전만 해도 장 미생물 집단은 생애 초기에 한 번 설계되면 죽을 때까지 거의 변함없이 유지되는 정적인 집단으로 여겨졌다. 하지만 틀렸다. 최근 연구에 따르면 우리의 미생물 군집은 매우 역동적이어서 하루 주기 혹은 계절적으로 뚜렷하게 리듬을 탄다.[38] 생쥐를 대상으로 한 실험 결과를 보면, 장내 미생물군과 면역계 그리고 간 사이의 상호작용은 24시간을 주기로 뚜렷한 차이를 보인다. 미생물과 장 사이의 이러한 소통은 식사 중에 훨씬 더 자주 발생하여 면역 체계의 유전자 발현과 장, 간 및 뇌의 세포에 중대한 영향을 미친다. 이는 식사 시간이 장내 미생물 군집과 전반적인 인간의 건강에 지대한 영향을 미칠 수 있음을 강력하게 시사하는 발견이다.

캘리포니아 라호야에 있는 소크 생물학 연구소 소화기학 분야의 사친 판다(Satchidananda Panda) 박사 실험실에서 수행한 두 건의 생쥐 연구 결과를 살펴보자. 이들은 시간제한 식사가 신진대사, 전신 염증 및 장내 미생물군에 미치는 놀라운 효과를 보고했다.[39] 연구자들은 하루 9~15시간 동안 생쥐가 어떤 음식도 먹지 못하게 막았다. 대신 나머지 시간에는 어느 때라도 제약 없이 음식물을 섭취할 수 있었다. 소크의 연구원, 아만딘 쉐(Amandine Chaix)가 이끈 이 연구에서 연구원들은 시간제한 섭식의 이점이 먹지 않는 시간에 비례한다는 점을 발견했다. 음식을 먹지 않았던 시간이 12시간 이하였을 때는 시간제한의 이로운 효과를 거의 볼 수 없었던 것이다. 하지만 12시간 넘게 아무것도 먹지 않은 개체들은 지방과 탄수화물 양이 많은 서구식 식단을 준 경우에도, 또 하루 필요 열량을 전혀 변화시키지 않은 경우일지라도 과도하게 체중이 늘지 않았다. 다시 말해 하루 12시간 미만의 범위에서 식사하는 한, 생쥐는 고지방, 고탄수화물 식단을 맘껏 즐길 수 있었다. 또한 연구자들은 전신 지방 축적과 관련된 염증, 인슐린 저항성이 줄어 혈당 조절 능력이 개선됨을 확인했다.

현재 캘리포니아 대학 샌디에이고로 옮겨간 아미르 자린파(Amir Zarrinpar) 박사가 주도한 두 번째 연구에서 식이 제한*, 생쥐 집단이 고지방, 고탄수화물 식품을 섭취하면 장내 미생물군 유전체의 정상적인 주간 리듬이 사라지는 것으로 나타났다. 그러나 똑같은 음식물을 시간제한 방식으로 먹게 하자 24시간 주기적인 리듬이 회복되었다.[40] 장 미생물 군집의 다양성은 늘어난 반면 비만을 유도하던 미생물 규모는 줄어들었다. 이 모든 실험에서 아마도 가장 주목할 만한 점은 간헐적 단식처럼 칼로리 섭취량을 줄이지 않은 채 단순히 먹는 전체 시간을 단축함으로써 바람직한 결과를 얻을 수 있다는 사실이다.

이러한 선구적 연구에 힘입어 우리에게는 대사적으로 건강한 신체 상태를 회복할 새롭고 혁신적인 선택지가 생겼다. 칼로리 섭취를 제한하지 않고 단순히 시간제한 식사 전략을 채택하는 것만으로 우리는, 과장을 보태자면, 케이크를 먹고 살 수 있다. 고작 하루 8시간을 덜어 주로 식물성 식단으로 장내 미생물 건강을 돌보고, 나머지 16시간 동안 신진대사를 케톤 연소 방식으로 전환할 수 있다. 16시간의 절반은 그냥 자면 된다.

그러나 제한적인 섭식 개입과 마찬가지로 핵심 질문은 아직 해

* 칼로리 제한(calorie restriction), 식사 제한이라고도 한다. 일반적으로 하루 섭취하는 열량의 약 15~30퍼센트를 줄인다.—역자 주

결되지 않았다. 일상생활에서 이 식단을 유지하는 일이 현실적으로 가능할까? 세계 곳곳마다 사람들의 식사 유형은 크게 다르다. 아르헨티나와 스페인에서는 늦은 밤 11시에 저녁을 먹는다. 적도 지역에 사는 사람들은 해가 지는 6시 또는 7시경에 저녁을 먹는다. 상당수의 사람은 노동 시간의 제약을 받는다. 어떤 이들은 일찍 잠자리에 들고 매일 오전 5시에 일어나 새벽 기차를 탄다. 이른 저녁 식사 시간에 맞춰 퇴근할 수 있는 사람이 얼마나 될까? 어린아이들은 문을 나서기 전에 든든한 아침 식사가 꼭 필요하며, 오후에 집에 돌아오면 간식을 찾는다. 일을 끝낸 저녁 TV 앞에서 치즈 한 쪽과 한두 잔의 포도주를 사람들이 쉽사리 포기할 수 있을까? 어찌해서 굶는 시간을 맞춘다 해도 대부분의 사람들이 한결같이 8시간 이내로 엄격한 식사 시간을 유지하는 일은 무척 어렵다. 이런 식사 유형을 삶의 리듬에 맞추는 일은 겉보기에도 쉽지 않다.

그래서 그동안 조사한 내용을 바탕으로 직접 시간제한 식단을 시도해봤다. 코로나19 상황이 빚은 어쩔 수 없는 자가 격리 기간에 우리 가족은 하루 세끼, 전통적인 지중해식 식단과 스낵(과일과 견과류)을 먹던 습관을 바꿔 점차 먹는 '시간의 폭'을 12시간에서 8시간까지 줄여나갔다.

인정한다. 이것은 결코 만만한 변화가 아니었다. 우리는《뉴욕 타임스》를 읽으며 영양가 있는 아침 식사로 하루를 시작하는 일상에 오래 집착했다. 끼니 사이사이에 간식을 즐겼고 잠들기 전 적포도주 한 잔을 꾸준히 마셨다. 주말에는 보통 친구들과 외식을 했고 포도주가 한 잔, 두 잔 쌓이는 여유로운 저녁 시간이 얼추 밤 11시까지 이어졌던 것이다.

우리는 서두르지 않았다. 주로 식물성인 식단을 변경하지 않은 채 2주 동안 매일 먹지 않는 시간을 12시간에서 목표인 16시간까지 늘리는 일에 착수했다. 일단 이 지점에 도달하자 우리는 다음 한 달 꼬박 이 8/16 리듬을 엄격하게 지켰다. 이렇게 최면을 걸었다. 잠이 들면 이미 굶고 들어가는 거야!

늦어도 저녁 8시에 시작해 소중한 아침 식사를 건너뛰고 12시에서 1시 사이에 첫 식사를 하도록 우리는 16시간 제한 식사 시간을 조정했다. 우리는 또한 인근 토팡가 주립공원의 명소인 이글 록까지 1시간 동안(속이 빈 상태로) 규칙적으로 아침 하이킹을 계속하여 유일한 에너지원으로 저장된 체지방의 신진대사를 더욱 증가시켰다. 놀랍게도, 또 믿음과 달리 우리 운동 능력은 줄지 않았고 저혈당에 이르지도 않았다. 게다가 불과 2주 뒤에 나는 체중이 일주일에 약 1~1.5킬로그램 감소한 것을 알았다. 이 현상은 내가 스스로 언도한 수형 기간 내내 계속되었다. 처음에는 소중한 일상을 포기하는 일이 큰 도전이었지만 곧 우리는 익숙해졌다. 특히 예기치 못한 좋은 습관이 생기기도 했다. 예를 들어, 종일 간식을 달고 살다 저녁이면 포도주를 홀짝이던 습관이 저절로 사라졌다. 부가적으로 들어오던 '쾌락' 칼로리가 감쪽같이 사라졌다. 전통적인 지중해 요리를 계속 즐기면서도 우리는 하루 500칼로리의 열량을 줄였다.

얼마 지나지 않아 우리는 좀 더 합리적인 일상에 정착할 수 있었다. 엄격한 8/16 일정이 사람들 일상에 끼칠 수 있는 간섭을 최소화하기 위해 한두 달 후에는 이런 습관을 5일 동안만 철저히 유지하고 나머지 이틀은 예전처럼 먹도록 했다. 시간제한 식사에서 자유로운 주말이면 친구를 만나 늦도록 저녁을 먹고 다음 날 아침도 충분히 먹을 수 있다는 말이다.

나는 이제 바뀐 일정의 두 번째 달에 접어들었지만 체중이 반등하는 일은 벌어지지 않았다. 아내도 마찬가지였다. 엄격하게 시간을 지켰던 당시 체중이 줄어들던 현상은 더이상 나타나지 않았지만 실험을 처음 시작했을 때보다 약 9킬로그램 줄었던 체중은 안정된 상태로 꾸준히 유지되었다. 원래 체중 문제가 없었던 아내는 처음 체중보다 4.5킬로그램가량 감량한 상태를 유지하고 있다. 매일 꾸준히 운동을 지속한 덕에 우리는 최근 임상 시험에서 일부 피험자들이 겪었던 제지방 근육량(lean muscle mass) 손실을 예방할 수 있었다.[41] 게다가 걱정과 달리 배고픔을 느낀다거나 하이킹하는 동안 체력이 떨어지는 일도 생기지 않았다. 결국, 우리는 시간제한 식사 프로그램이 실현 가능하고 효과적이라는 사실을 경험적으로 확인했다. 물론 우리의 실험은 통제된 연구의 일부가 아니었고 생물학적 매개변수도 측정하지 않았다. 간식이나 포도주에서 유래한 칼로리를 제한함으로써 부분적으로 체중 감소와 같은 변수가 생길 수 있지만 나는 이런 접근 방식이 체중 증가를 억제하는 동시에 신진대사 건강을 개선할 수 있는 실용적이고 효과적인 수단이라고 믿는다.

그러나 아마도 가장 중요한 점은, 장 미생물에 필수 성분인 식물

기반 식이섬유와 폴리페놀을 빼앗는 케토 식단과 달리, 시간제한 접근 방식을 통해 우리가 주기 리듬에 맞춰 장내 미생물을 이상적인 상태로 먹이고 유지할 수 있다는 사실이다. 주로 식물성 식단을 제한된 시간 동안 섭취하는 일이 빠르게 체중을 줄이는 수단은 아니라는 점도 이해해야 한다. 이점을 극대화하려면 규칙적인 유산소 운동이나 명상과 같은 스트레스 관리 행동과 함께 이런 식습관이 평생의 일과가 되어야 할 것이다. 이 책에서 제시한 몇 가지 이용 가능한 과학적 지식을 바탕으로, 나는 이러한 변화가 정상 체중을 유지하고 다양한 미생물 집단과 더불어 건강한 신진대사를 보장할 뿐만 아니라 오랜 기간 낮은 수준의 면역 기능이 준동하는 해로운 상황으로부터 우리 뇌를 보호할 것이라고 믿어 의심치 않는다.

8

장 건강의 열쇠는 흙 속에 있다

1962년 7월, 나의 부모님은 당시 열두 살이던 내가 뮌헨에서 북쪽으로 40분 정도 떨어진 마을에 자리한, 요한 삼촌의 농장에서 여름휴가를 보내도록 허락했다. 이 지역은 오랫동안 남부 독일의 곡창지대라고 여겨져왔으며, 좁고 구불구불한 도로로 연결된 작은 마을과 마을이 수 마일에 걸쳐 펼쳐져 있다. 당시 이 가족 소유 농장은 밀과 보리, 사탕무, 감자, 우유와 고기에 이르기까지 다양한 농산물을 생산했다.

거기 있는 동안 나는 그곳의 풍속과 일과 시간에 맞춰 힘든 일상을 함께했다. 매일 아침 5시 30분에 일어나 젖소에게 신선한 풀과 클로버를 먹인 후 간단한 아침 식사를 하고 다시 사탕무와 밀을 수확하기 위해 들판으로 나갔다. 점심때가 되자 숙모가 갓 찐 감자, 수제 버터와 빵을 가져와서 보리밭 옆 풀밭에 앉아 먹었다. (고탄수화물 식단에도 불구하고 가족 중 아무도 과체중이나 비만이 아니었다. 글루텐 민감성이라는 말은 모두에게 생소했다.) 점심을 먹고 우리는 곧바로 들판에서 열심히 일했다. 마침내 8시간 만에 집에 돌아와 간단히 저녁을 먹고 침대에 눕자마자 바로 잠이 들었다.

삼촌의 농장에서 보낸 그 여름을 어린 시절의 잊을 수 없는 추억으로 간직하긴 했지만 농업을 직업으로 삼아 시골에서 농사를 짓는 일은 상상조차 해본 적이 없다. 대신 나는 의사가 되기로 선택했고 농장에서 여름을 보낸 지 약 10년 후 뮌헨의 루트비히 막시밀리안 대학에서 의학 공부를 시작했다. 공부하면서 질병을 진단하고 다양한 약물로 병을 치료하는 전문가가 되었지만 단백질, 탄수화물, 지방을 적절하게 섭취하라거나 만성 콩팥 질환과 간 질환 혹은 셀리악병처럼 특정 질병에서 이러한 다량 영양소 중 일부를 제한하라는 것 이상의 식이 조언을 하도록 훈련받은 적이 없었다. 질병의 근본 원인을 찾고 예방하는 일보다는 최근에 개발된 강력한 약물 또는 제약업계에서 활발히 홍보하는 약물로 질병을 성공적으로 퇴치하는 일이 서구 의료 체계의 주요 목표라고 배웠다. 더욱이 의사로서 나는 가장 효과적이고 성공적인 최후의 수단으로 인류가 항생제를 손에 쥐고 있다고 믿고 있었다. 항생제는 생명을 위협하는 전염성 질환으로부터 수백만 명의 생명을 구하고 우리를 보호했던 것이었다.

그렇긴 했지만 점차 인간 장 속의 베일이 벗겨지면서 우리는 이러한 승전보의 이면을 보기 시작했다. 필요하지 않은 곳에 항생제를 과도하게 사용하는 한편 극도로 가공된 식품이 범람하는 상황이 겹치면서 우리 장 건강은 심각하게 훼손되었고 설상가상으로 이런 상황은 현재의 전 지구적 의료 위기에서 중심적인 역할을 했다.

그게 다가 아니다. 우리 몸 밖 환경에서도 소름 끼치도록 비슷한 시나리오가 전개되고 있다. 지난 75년 동안 세계 인구가 두 배 이상 증가했다. 농업 혁명이 빠르게 성장하는 세계와 보조를 맞추어 진행된 덕분에 기아와 영양실조가 발생하는 비율은 세계 여러 곳에서 실제로 줄어들었다.

그러나 우리는 자연 환경을 조용히 파괴하고 있다. 지속적으로 화학비료를 공급받는 식물의 건강과 회복력이 급격히 악화되어 해충과 감염에 한층 취약해졌다. 우리는 거기에 독한 농약을 뿌려댄다. 과밀하고 비인도적인 환경에서 살아가는 동물의 성장을 촉진하고자 항생제를 과도하게 사용함으로써 전체 농업 생태계 회복력이 크게 떨어졌다. 우리는 진퇴양난의 파괴적 정황에 빠져 허우적거린다. 식물과 동물이 바이러스 감염과 질병에 더욱 취약해짐에 따라 인간은 각각 살충제와 항생제 사용량을 늘려 모든 것을 살리고자 애를 쓴다.

화려하고 다양한 품종에 매끈한 표면을 자랑하는 미국의 대형 슈퍼마켓의 과일과 채소가 그 어느 때보다 매력적으로 보이긴 했지만 뿌리에는 미네랄과 천연화합물(phytochemical)의 양이 크게 줄었다. 어둡고 산소 없는 소화관 내에서 어려움을 겪는 미생물이 맞닥뜨린 상황과 섬뜩할 정도로 닮았다. 장 미생물 생태계가 우리 건강에 중

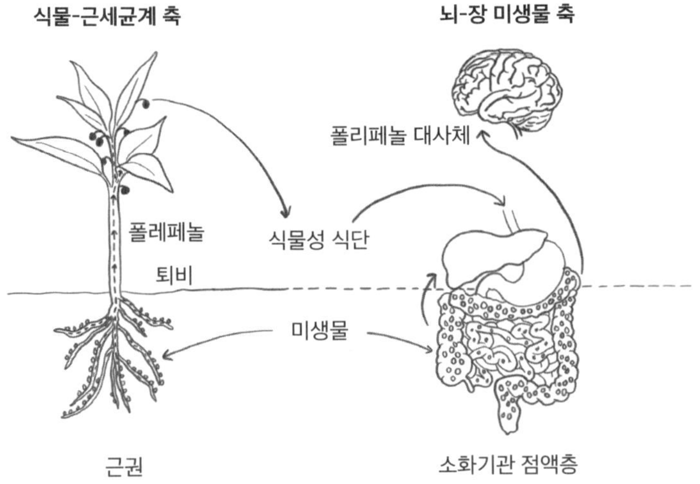

요한 역할을 하는 것처럼, 식물의 뿌리계와 밀접하게 상호작용하는 토양 미생물 생태계는 식물의 건강에 중요한 역할을 한다. 훨씬 더 놀라운 사실은 식물성 식품과 장 사이의 상호작용에 필수적인 일부 화합물이 근권(rhizosphere)의 보편적 의사소통 체계에서도 중요한 역할을 하는 것 같다는 점이다. 짐작하다시피 근권은 미생물 집단이 서식지로 선택한 곳으로, 식물의 뿌리를 덮고 있는 토양의 특정한 공간을 의미한다.[1]

실제, 희미한 잔털이 달무리처럼 보이는 근권 구역은 장 점막층의 바깥쪽과 흡사하다. 장 내벽을 탄수화물 고분자로 코팅한 것 같은 장 점막에는 장 미생물이 떼 지어 거주한다. 그와 비슷하게 식물은 고분자 탄수화물 용액으로 미생물을 유인하고 뿌리 미생물군을 먹여 살린다. 우리 식단에 든 미생물 전용 탄수화물이 장내 미생물의 개체수와 다양성을 결정하듯 식물 뿌리가 분비하는 탄수화물도 토양 세균이 살아가는 생태계를 비옥하게 유지하는 데 필수적이다. 우리의 소화기관과 근권에서 미생물 상호작용의 유사성을 반영하듯, 두 곳의 미생물은 여러 가지 동일 유전자 및 대사 경로를 공유하고 끊임없이 당 분자를 에너지로 바꾼다.[2] 이 뿌리 미생물 집단은 토양의 다른 어느 곳보다 단위 면적당 미생물 개체수가 더 많다. 그것도 우리 대장 미생물군과 비슷한 점이다.

두 체계 모두 상황 대처 능력이 비슷하다. 항생제, 환경오염 물질, 건강에 해로운 식단, 그리고 화학비료와 살충제의 맹공격에 허위허위 노출되면서 우리 소화기관과 토양 미생물 집단의 건강 상태가 급격히 나빠졌다. 우리 땅은 다양한 방식으로 황폐해졌지만 특히 기가 막히는 한 가지 사례는 키 큰 풀이 그득한 대초원 생태계에서 찾아볼 수 있다. 대초원은 한때 미국에서 가장 융성했던 자급자족 생태계였다.[3] 동쪽의 오하이오와 미시간에서 서쪽의 다코타, 네브래스카, 캔자스까지 뻗어 있는 이 지역은 한때 3미터 높이까지 자라는 풀과 다년생 식물, 다양한 야생화로 이루어져 있었다. 다 합해 약 97만 제곱킬로미터에 이르는 초원이 그야말로 끝 간 데 없이 펼쳐져 있었다.[4] 1800년에서 1930년 사이에 정착민들은 자신들이 '미국 대사막'(지구에서 가장 비옥한 토양을 완전히 잃어버렸다)이라 불렀던 그곳을 농지로 전환하여 초원의 상당 부분을 초토화하고 그 안에 서식하던 아메리카들소와 프레리도그*, 핵심 종을 포함하여 이 생태계가 지원하던 동물 거의 대부분을 멸종시켰다. 유럽과 미국 정착민들이 세력을 확대하면서 토착 아메리카 인디언을 사지로 몰아 대부분을 학살한 사실은 역사에서 거의 잊힌 채로 남아 있다. 놀라운 일이다.

농경은 또한 정착민들이 경작하기를 희망했던 바로 그 땅을 파괴했다. 키가 큰 다년생 풀뿐만 아니라 무척 많은 식물 종이 번득이는 쟁기 날에 멸종의 길로 접어들었다. 광범위하게 설치된 관개 수로는 토양의 수분 함량과 유체 역학을 변화시켜 토양을 침식시켰다. 한때 아메리카 원주민과 약 1억 5000만 마리의 포효하던 야생 들소에게 풍부한 식량을 제공했던 이 생태계는 오늘날 원래 크기의 4퍼센트 미만으로 축소되었다. 게다가 화학적 지원을 받는 옥수수, 밀 및 대두의 단일 경작 재배지로 생태계 성격이 거의 완전히 바뀌었다.

캘리포니아 대학 산타바바라 환경학과 조교수이자 『렌틸콩의 지하세계』, 『곡물에서 곡물로』의 저자인 유기농 교육자 리즈 칼라일(Liz Carlisle)과 토양의 건강에 관해 얘기를 나누다 문득 나는 그녀가 토양의 건강에 특별한 관심과 열정을 갖게 된 계기가 있는지 물어보았다. 리즈가 말했다. "할머니께서 서부 네브래스카 대초원의 아름다움과 그곳에서 벌어졌던 처참한 비극을 자주 얘기했습니다. [우리 할머니는] 대초원의 딸이었거든요. 자연 세계와 아주 깊이 연결되어 있었지요. 할머니는 제게 자연에 대한 사랑을 심어주셨습니다. 바로 그 연결이었죠. (…) 할머니는 순진한 원주민을 대량 학살

* 이름처럼 개는 아니고 설치류다. 개 짖는 소리를 내서 개쥐라는 별명도 있다고 한다.—역자 주

한 일을 시작으로 흙을 홀대한 일, 그 모든 것이 인간의 비극이었다고 말씀하셨어요. 두루뭉술하게 말하면 현대 농업은 자연과 토양에 바탕을 둔 생태계를 엉망으로 만들었습니다. 경작하느라 겉흙(표토)층이 소실되고 화학비료를 쓰면서 토양 미생물 다양성의 40퍼센트가 감소되었다면 말 다 했죠."

몇 년 전 '토양, 물 그리고 소화기관, 각기 다른 서식처에 거주하는 미생물'이라는 주제로 네브래스카주 링컨에서 열린 회의에 참석했을 때 이 상황을 몸소 실감했다. 토양에서 미생물 다양성이 줄고 있다는 얘기 외에도 노스다코타에서 온 젊은 아메리카 원주민 여성들과 무척 진솔한 대화를 나눴다. 나는 그들이 옥수수, 호박, 콩, 베리류, 야생쌀뿐만 아니라 가끔 사슴과 들소 고기로 구성된 전통적인 토착 식단을 여전히 따르는지 아니면 서구식 값싼 가공식품이 지역 사회에 뿌리를 내렸는지 궁금했다.

그들 중 한 명은 "부족 행사를 치를 때 여전히 전통 음식을 먹어요. 하지만 더는 그런 음식을 자주 먹지는 않습니다. 우리 부족은 들소 고기나 전통 토종 음식을 기반으로 사업을 하는 것보다 소를 방목하는 사람들에게 땅을 빌려주는 일이 더 수지에 맞는다고 생각하거든요"라고 말했다.

이 젊은 여성들은 한때 토착 원주민들을 완벽하게 먹여 살렸던 대초원 생태계가 오늘날 거대 산업농과 경쟁 상대가 되지 않는다며 고개를 끄덕였다. 이런 경제 방정식은 현대적 식품 생산 방식에 숨은 비용을 무시한다. 슬프게도 그 여성 중 두 명은 대사 증후군 진단을 받았다. 높은 비만율과 대사성 질환에 쓰이는 의료비용을 고려하면 '싸구려 음식'의 경제 방정식은 극적으로 변하고 만다. 숨어 있는 냉정한 진실이다.

우리는 땅뿐 아니라 우리 자신을 지키는 데에도 실패하고 있다. 원주민 여성들을 만난 일 말고도 이런 경험을 뼈저리게 한 계기가 있었다. 학회에 참석한 뒤 얼마 지나지 않아 아내와 아들과 함께 나는 고향인 독일 바이에른으로 가서 친척들을 만나고 거의 60년 만에 삼촌 농장을 둘러보게 되었다. 우리가 거기에 도착했을 때 소, 돼지, 닭, 거위 등 모든 동물이 사라지고 없었다. 정말 깜짝 놀랐다. 수 마일에 걸쳐 그 어느 때보다 넓게 펼쳐진 들판은 여전해서 약간 안도감이 들기도 했다. 그 느낌을 비웃기라도 하듯 사촌은 옛날처럼 밭을 비옥하게 하는 데 퇴비를 쓰지 않는다고 말했다. 지금은 모두 화학비료로 처리한다. 경제적 압박이 심해서 가족 농지 대부분은 거의 옥수수와 겨울 보리, 단일 재배 경작지로 바뀌었고 8세기 이후 이곳에서 자라던, 키 큰 덩굴 식물이자 바이에른의 '녹색 황금'인 홉만이 간신히 명맥을 유지한다. IPA 맥주가 여전히 상품성이 큰 덕분이다. 더군다나 옛날 논밭의 거칠고 힘든 노동은 거의 기계가 대신한다. 사촌은 부업하듯 정교한 기계로 잠시 땅을 갈고 땀을 식힌 다음 나머지 시간은 인근 BMW 공장에서 일한다. 호리호리했던 사람들은 사라졌다. 친척 중에서 여러 사람의 체중이 제법 늘었다. 당뇨병을 앓는 사람, 대사 증후군에 시달리는 사람도 드물지 않았다.

무자비한 산업농 관행이 뿌리내린 곳에서 불가피하게 만성질환이 빈발하는 현상은 전 세계적으로 심각한 수준에 이르렀다. 지난 수백만 년 동안 우리 소화기관과 신체 그리고 토양 미생물과 식물의 뿌리 사이에 친밀한 관계를 최적화하기 위한 공진화가 진행되었다. 장과 식물의 건강을 회복하고자 미생물 집단을 배려하는 식단을 고집하는 일은 곧 공진화의 역사를 기억하고 우리의 근본을 회복하는 일이라는 통찰이 절대적으로 필요한 순간이다.

폴리페놀 :
식물의 건강 관리 시스템

뇌-장 미생물 네트워크 내의 순환 신호처럼 식물 뿌리와 토양 미생물 군집 사이의 공생 관계도 긴밀하다.

식물은 토양에 탄수화물, 비타민, 유기산 및 천연화합물을 공짜로 제공하며, 토양은 식물에 비옥한 미생물 환경으로 이를 되갚는다.[5] 식물과 토양 미생물 사이의 이런 호혜적 교환의 한 예는 폴리페놀에서 찾아볼 수 있다. 폴리페놀 계열 중 가장 큰 집단에 속하는 화합물은 플라보노이드다. 녹차, 감귤류, 베리류, 콩류 및 적포도주에서 다량으로 발견되는 이 화합물은 식물 식단에서 건강을 증진하는 가장 중요한 물질로 간주된다. 플라보노이드는 자연계에 풍부해서 다양한 식물에 무려 8,000가지 이상의 다른 화합물이 있으리라 추정된다.

플라보노이드는 질소 고정 세균을 뿌리로 끌어들여 식물 건강에

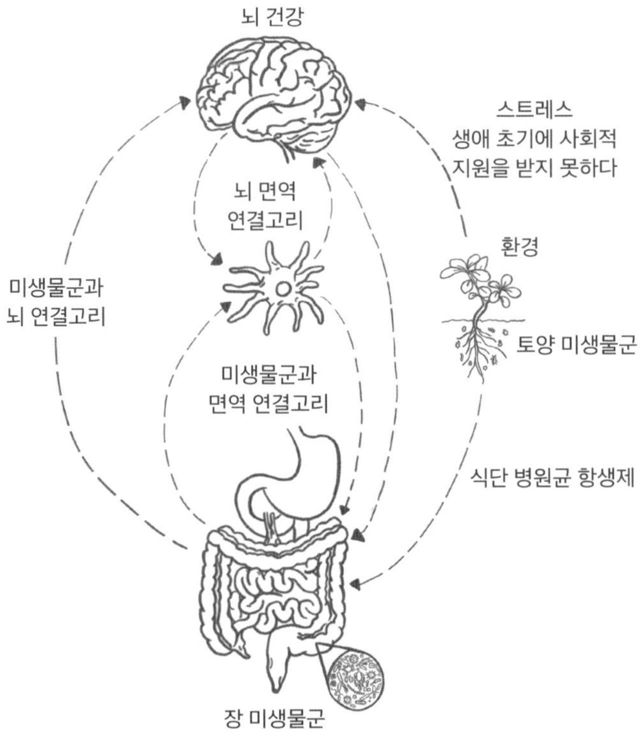

핵심적 역할을 한다. 이들 세균이 공기 중 질소를 천연 비료 형태로 바꾸기 때문이다. 특히, 콩과 식물(렌틸콩, 완두콩, 클로버처럼 꼬투리에서 열매를 맺음)의 뿌리 군집을 이루는 특수한 토양 미생물인 뿌리혹박테리아(Rhizobium)는 질소를 천연 질산 비료로 전환한다. 수확기가 끝나 식물이 죽으면 미생물에 분해되어 다른 화학적 형태의 질소인 암모늄(NH_4)이 방출되고 이들은 주변의 식물과 미생물의 질소 영양원으로 흡수된다. 따라서 질소 고정 미생물을 유인하는

콩과 식물을 재배하면 주변 식물에게 천연 비료를 공급하는 결과로 이어진다.[6] 이 재생 과정은 지구 대기의 약 80퍼센트인 질소 기체를 순환하는 회로 일부이다.

그러나 플라보노이드와 다른 종류의 천연화합물은 식물에 또 다른 이점을 제공한다. 예를 들어, 뿌리 삼출물이 토양으로 나올 때 다른 유형의 플라보노이드는 철, 구리 및 아연을 근권에서 녹이는 데 도움이 된다.[7] 식물이 흡수하기 좋은 형태의 미네랄로 바꾸는 것이다. 이들은 나중에 우리가 식물을 섭취하는 순간 인간의 미량 영양소로 둔갑한다.[8] 또한 천연화합물은 비상 상황에 차출되어 해충, 초식동물로부터 식물이 먹이가 되는 일을 막고 영양 결핍이나 자외선으로부터 식물을 보호하기도 한다.[9] 위협받은 식물은 화학 경보를 울려 재난에 맞설 플라보노이드를 생산하라고 촉매 기능을 갖춘 효소를 대량으로 만든다. 그와 동시에 식물은 근권에도 조난 신호를 보내 미생물들이 자연 약국을 개설하도록 부추긴다.

식물은 미생물을 불러들여 식물 병원균과 싸운다. 식물의 잎과 줄기, 새싹 그리고 꽃에 감염될 수 있는 슈도모나스 시링가에(*Pseudomonas syringae*)가 대표적 예이다.[10] 식물이 시링가에 균주를 감지하면 곧바로 신호를 뿌리로 보내 사과산(malic acid)을 방출하도록 자극한다. 곧바로 사과산은 고초균(*Bacillus subtilis*)을 대거 유인하여 뿌리에 진을 치도록 한다. 고초균은 식물이 병원체와 맞서 방어 물질을 생산하도록 자극한다. 흥미롭게도 고초균은 인간의 장에서도 발견되며 한때 고초균 배양액은 소화기관과 요로 감염 치료를 돕도록 면역 기능을 증강시킬 목적으로 널리 사용되었다. 약 75년 전, 인간은 고초균을 항생제로 대체했지만 여전히 이 미생물은 식물의 건강을 유지하는 데 적극적인 역할을 담당한다.

식물과 토양 미생물 사이의 호혜적 교환은 폴리페놀 넘어서까지 확장된다. 필수 아미노산인 트립토판은 특정 장내 미생물과 장내 세로토닌 창고인 장크롬친화 세포 사이 양방향 상호작용에서 중요한 역할을 한다.[11] 소량의 트립토판은 장을 둘러싼 세포 안에서 세로토닌 및 키뉴레닌과 같은 여러 신호 분자로 분해되지만 소화되지 않은 대부분의 트립토판은 장 내강에 사는 특정한 미생물(이는 토양에도 존재한다)에 의해서만 인돌로 전환된다. 인돌은 인체와 뇌에서 폭넓은 기능을 수행한다. 인돌 계열 화합물은 자폐 스펙트럼 장애, 알츠하이머와 우울증에 중요한 역할을 하는 것으로 보인다. 최근 우리 연구진들은 인돌 대사체 중 하나인 인돌-3-초산이 섭식 욕구에 영향을 미치는 뇌 네트워크를 조절하는 기능이 있음을 밝혔다.[12] 소화기관에 사는 사촌들과 마찬가지로 근권 거주 특정 유익균은 식물에서와 같은 대사 기제를 작동시켜 인돌-3-초산 합성을 유도한다. 이는 식물계에서 가장 중요한 성장 호르몬 중 하나이다. 인돌-3-초산은 식물 뿌리의 성장을 도와 옆 뿌리와 뿌리털을 돋게 한다. 근권이 풍성하게 확장되면 식물은 더 많은 영양소를 흡수하고 역으로 삼출물을 토양으로 되돌려 인돌 호르몬 생산을 촉진하는 미생물을 끌어들인다.

한 쌍의 파괴자 : 서구 식단과 산업 농경

사람들은 이제 장과 식물의 건강이 미생물 군집의 유전자와 분자에 이르기까지 기본적인 원칙을 공유한다는 명제를 받아들이기 시작했다. 하지만 토양 기반 미생물이 식물의 성장과 건강에 중요한 역할을 한다는 개념의 맹아는 오래전에 싹텄다. 통합(holistic) 의학처럼 이런 개념도 역사의 흐름에 따라 뒷전으로 밀려났다. 19세기 초 독일 화학자 유스투스 폰 리비히(Justus von Liebig)는 화학비료의 효과를 발견했다. 그 뒤로 질소, 인 및 칼륨의 혼합물인 NPK 비료가 식물 성장에 연료를 공급함으로써 농작물의 수확량을 증대할 수 있다는 생각은 꾸준히 지속되었다.[13] (독일 농장에서 사촌이 NPK 비료를 사용하는 일이 우연은 아닐 것이다.) 나중에 산업화가 빠르게 진행되면서 리비히의 개념은 녹색 혁명이라 불렸던 3차 농업 혁명에서 중요한 역할을 했다. 녹색 혁명은 전 세계적 기아 문제를 해결하고자 농업 관행을 새롭게 바꾸고 작물의 증산을 꾀한 일련의 경향을 일컫는다.[14] 곡물 수확량이 우량한 변종(곡물의 식용 부위가 비대해진 풀)뿐만 아니라 대량의 NPK 비료에서 곤충과 잡초, 곰팡이와 애벌레를 죽이는 살충제, 제초제에 이르기까지 광범위한 농업 화학약품 덕에 가능했던 일이었다. 관개, 기계화 및 새로운 경작법, 이 모든 것이 한데 묶여 전통적 농업을 대체했다.

지구 규모의 식량 생산 측면에서 이 접근 방식이 무척 성공적이었다는 점은 누구도 부인하지 않는다. 사실, 1960년 이래 세계적으로 밀과 기타 곡물의 생산량은 3배 증가했으며 21세기 중반까지 더 늘어날 것으로 예상된다. 그러나 산업 농경은 생태학과 미생물군 유전체라는 생물학적 원리에 바탕을 두지 않았다. "리비히의 파급적 영향력은 농업 과학이 응용화학이라는 협소한 한 분야로 특화되도록 길을 연 셈이었죠." 워싱턴 대학 지형학(Geomorphology) 교수인 데이비드 몽고메리(David Montgomery)와 생물학자이자 환경 기획자인 앤 비클레(Anne Biklé)는 『자연의 숨겨진 절반, 생명체와 건강을 지키는 미생물』이란 책에서 이렇게 말했다.[15] 복잡한 시스템을 대하는 근대 환원주의적인 접근법에 따르는 부수적인 피해는 이제야 우리 식물, 토양 및 인류의 건강에서 뚜렷하고 광범위하게 드러나고 있다.

장과 인간의 건강에서와 마찬가지로 최적의 식물 건강도 싸고 단순한 화학적 혼합물로 이루어지지 않는다. 식물이 쑥쑥 자라 무한정 건강한 식품을 인간에게 양도하는 그런 마법은 없다. 결코 없다. 식물을 키워내는 정교한 해법은 식물의 뿌리 바로 근처에 서식하는 유익한 미생물, 특히 세균과 곰팡이로 구성된 근권 미생물에서 자연적으로 이루어진다. 앞에서 살펴본 것처럼 근권 미생물 집단은 다양한 대사산물을 식물 뿌리에 공급하여 식물이 미네랄과 여러 영양소 및 유익한 토양 화합물을 흡수하도록 돕는다. 리비히가 비료를 발견하고 농화학 회사가 생기기 훨씬 전부터 식물은 전일적이고 고도로 발전된 방식으로 자신의 성장과 건강을 관리해왔다. 이는 하는 일마다 사사건건 훼방 놓는 인간의 방식과는 한참 동떨어진 것이다.

서구 식단은 흡수가 빠른 고칼로리 음식물로 구성된다. 장내 미생물이 선호하는 미량 영양소는 깔끔히 제거된 것이다. 이와 정확히 같은 방식으로 미량 영양소가 결핍된 화학비료는 식물을 크게 성장시킬 뿐 근권의 미생물을 그야말로 기아 상태로 몰아넣는다. 앤 비클레와 데이비드 몽고메리는 "겉보기엔 매끈하고 크고 통통하고 이쁘죠, 수확량도 좋고. 하지만 미네랄과 천연화합물은 적어요, 속빈 강정이죠"라고 말한다.[16] 소화기관과 토양을 대하는 인간의 태도가 식물과 동물 모두를 심각하게 훼손했다는 사실을 우리는 이제야 비로소 깨닫고 있다. 숙주 생명체(동물과 식물 모두)와 대략 2000만 개 남짓한 유전자에 담긴, 집단 지성으로 무장한 수십조 개 미생물 개체 간 쌍방향 통신의 중요성을 어렴풋이 짐작하게 된 것이다. 우리는 인류의 과학적 지식에 놀라지만 지금까지 고작 미생물 유전 지능의 1,000분의 1도 찾아내지 못했다. 오늘날 식물의 성장을 촉진하는 NPK 식단은 질병을 예방하고 부상을 치료하며 해충과 병원체를 퇴치하는 데 필요한 다양한 분자를 식물에게 전혀 제공하지 않는다. 인간이 중요한 건강 증진 요소인 장 미생물을 무시한 식단으로 바꾸었듯, 식물도 외양만 그럴싸할 뿐 내적 건강미라곤 없는 상태로 헛되이 몰고 갔다. 인류는 두 실패가 교묘히 만나는 지점에서 있다. 과체중, 비만 및 대사 질환 인구가 늘고 있다. 의약품과 의학 처치에 필요한 경제적 비용도 아울러 증가한다.[17]

'새로운' 운동 : 재생 유기 농경

유기농업은 가장 오래된 경작 방법의 하나이다. 오늘날 그것은 천연 비료나 천연 살충제만을 사용해서 식품을 기르고 가공하는 방식으로 돌아가길 요구하는 유기농 식품 운동의 하나로 알려져 있다. 이 운동은 1940년대 후반에 시작되어 1960년대 후반에 힘을 얻었고 이후 많은 식품 회사와 레스토랑에서 사용하는 인기 있는 마케팅 전략이 되었다.[18] 그러나 유기농 인증이 상당히 엄격하더라도 농부가 뚫고 들어갈 허점이 없지 않아서 소비자가 항상 기대하는 혜택을 얻지 못할 수도 있다.

이를테면 미국에는 네 가지 범주의 유기농 표식이 있다. '100퍼센트 유기농'은 모든 재료가 유기적인 방식으로 생산되었음을 의미한다. 그러나 재료의 95퍼센트 이상이 유기적이면 '유기농'이라는 상표를 붙일 수 있다. "유기 성분으로 제조"했다는 말은 최소 70퍼센트 이상이 유기적이면 된다. '유기 성분 70퍼센트 미만'은 최소 세 가지 유기농 재료를 나열하면 표식을 허용한다. 이것도 혼란스럽기는 매한가지지만 '천연' 또는 '모든 천연'도 식품이 유기적으로 생산되거나 가공되지 않았음을 뜻한다.[19]

유기농 운동은 살충제를 덜 사용하는 한편 더 많은 양양소를 함유한 과일과 채소를 제공함으로써 우리를 올바른 방향으로 인도하지만, 일반적으로 토양 황폐화 문제를 해결하는 일은 무시하는 경향이 있다. 그러나 땅의 건강을 고려하는 운동이 전혀 없는 것은 아니다. 최근 나는 그런 운동을 막 시작한 사람들과 대화를 나눌 기회가 있었다. 아웃도어 의류 회사 파타고니아의 창립자인 이본 쉬나드(Yvon Chouinard)와 환경운동가 리즈 칼라일이 그 주인공들이다.

"재생유기 농업(regenerative organic agriculture), 비교적 새로운 말이죠?" 칼라일이 설명했다. 그녀는 경작하는 토양의 생태적 전체성을 회복하려는 농부들과 함께 일한다. "사실 새로운 것은 전혀 없어요. 수천 년 전부터 전 세계 토착 원주민들이 해왔던 일이거든요."

1980년대 후반, 유기농법을 지원하는 비영리 단체인 로데일* 연구소(Rodale Institute)에서 재생 농업의 구호가 울려 퍼졌다. 로버트 로데일(Robert Rodale)은 적절하게 관리된 자연계는 잠재적으로 환경에 해를 끼치는 값비싼 외부 화학 물질에 의존하지 않으며 미래를 향한 잠재력을 키우면서도 생산적일 수 있다고 강조했다. 간단히 말해 농장은 자급자족 생태계가 될 수 있다.[20]

2014년까지도 이러한 전체적 토지 관리 개념은 그다지 시선을 끌지 못했다. 로데일 연구소는 이런 농경 방식이 인류와 토지뿐만 아니라 기후 변화를 역전시켜 지구의 건강에도 도움을 준다는 보고서를 발표했다. 보고서 결론에는 "보편적이고 저렴한 유기물 관리 방식으로 전환하면 현재 매년 방출되는 이산화탄소 배출량 100퍼센트 넘게 격리할 수 있습니다"라고 적혔다.[21] 칼라일이 한 마디 덧

* 『나의 위대한 생태텃밭』이라는 책에서 유기농법의 실제적 노력을 소개하고 있다. 샐리 진 커닝햄이 쓰고 김석기가 우리말로 옮기고 들녘에서 출판했다.—역자 주

붙였다. "현대 산업 농업의 맥락에서 재생 유기 농경문화는 건강한 토착 전통 농업 체계로 보이는 그 어떤 것으로 돌아가는 접근 방식이라고 보면 됩니다."

토양과 장 건강 사이의 심오하고 복잡한 관계를 깨달은 나는 옛날 삼촌의 농장에서의 경험을 떠올렸다. 그동안 농부들은 토양과 그들이 생산하는 식품의 상호작용하는 방식을 극적이고 광범위하게 변화시켰다. 가장 중요한 것은 합성 화합물 기반 농업이 우리 식품에 미친 영향 그리고 합성 약품 기반 의학과 가공 성분에 바탕을 둔 식단이 우리 건강에 미친 영향 사이의 놀라운 유사성을 인식하도록 내 눈을 열어주었다는 사실이다. 확실한 것은 우리가 무엇을, 언제 먹는 것뿐만 아니라 식품을 어떻게 재배하는지도 꼼꼼히 신경을 써야 한다는 점이다. 다행스럽게도 선구적인 사상가와 기업이 주도하면서 대중의 인식이 조금씩 바뀌고 있다. 다음 장에서 그들의 활약상을 간략히 소개할 것이다. 그들은 문제의 심각성을 충분히 인식하고 우리의 몸, 땅, 지구의 건강을 되돌릴 방법을 모색하고 있다.

9

건강을 바라보는 통합 관점

의료 체계가 의료 혹은 제약 회사의 화법과 상업적 이익을 고수하고 있음에도 불구하고 우리를 괴롭히는 질병 문제가 빠르게 개선될 것처럼 보이지 않는다. 항우울제만으로는 우울증으로 고통받는 사람들이 늘어나는 현상을 막을 수 없다. 알츠하이머병의 진행을 늦추기 위해 찾아낸 치료 약물은 인지 능력이 떨어지는 초기의 위험 요소를 제거하지 못한다. 케토 혹은 저포드맵 식단처럼 인기 있는 요법도 단기적인 이점을 제공할 뿐 길게 보면 장 미생물 집단의 건강을 해친다. 다량의 폴리페놀과 비타민 또는 프로바이오틱스가 함유된 보충제는 산업적으로 재배된 식물에서 심각하게 고갈된 식품 화합물을 벌충하지 못한다. 코로나19 백신조차도 병약하고 산업적으로 사육된 동물에서 비롯된 인수 공통 전염병의 위험 요소를 줄이지 못한다. 우리가 현재 직면하고 있는 가장 시급한 공중보건

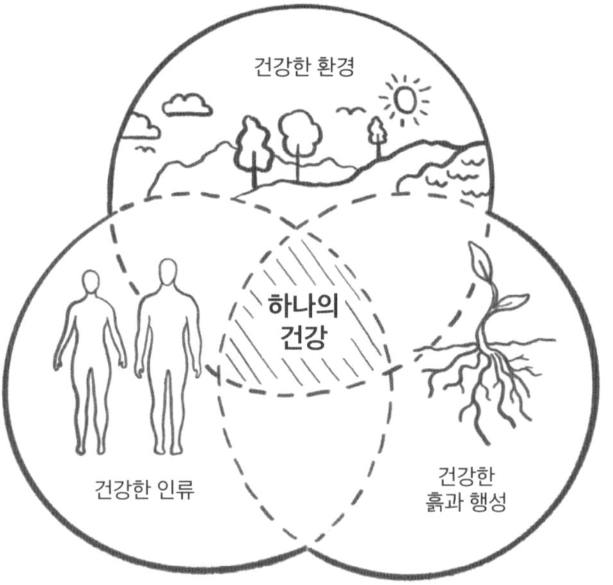

위기(만성질환, 식물 및 토양 건강, 기후 변화, 전염병 대유행) 모두 훨씬 더 큰 네트워크의 일부이기 때문이다.

현재 우리가 행하는 약리학적, 화학적 및 보완적 땜질식 치료법을 넘어 지속적인 방식으로 이러한 문제를 해결하려면 우리 행성을 상호 연결된 시스템 기반 네트워크로 새롭게 이해해야 한다.

우리는 이제 막 토양에서 식물로, 식물에서 동물과 인간으로, 소화기관에서 장 미생물 집단과 뇌로 그리고 동물에서 환경에 이르는 네트워크의 다양한 경로 안에서 생물학적 보편 언어인 무수한 화합물을 만들어 소통 방식을 일궈왔지만, 잘 보이지도 않고 지금까지 대부분 무시되었던 미생물 집단의 역할을 조금씩 이해하기 시작했다. 이러한 복잡한 관계를 이해하는 일은 유기체, 인간공동체 및 생태계 모든 수준에서 건강을 지키는 선결 조건이다. 나는 역사적으로 동물과 인간의 건강, 그리고 최근에는 환경 사이의 관계를 고려하는 건강의 통합 개념(원헬스, One Health)*을 확장하여 인간, 음식, 미생물 집단, 동물과 식물의 환경 등 다양한 분야를 우리가 아우를 수 있어야 한다고 믿는다.

철학적이고 영적인 것처럼 들리지만 이러한 맥락에서 건강의 통합 개념은 이제 이론에만 그치지 않는다. 2020년 6월 《마이크로바이옴*Microbiome*》에 발표한 논문에서 중국 항저우 저장 대학 환경자원과학대학의 지안밍 수(Jianming Xu) 교수가 이끄는 연구팀은 복잡한 네트워크 분석 방법을 사용하여 동물의 소화기관, 다양한 식물 부위(근권을 포함), 토양, 물(민물과 바닷물)을 연결하는 광범위한 대규모 미생물 통신 시스템을 입증했다. 겉보기에 뚜렷이 구별되는 다양한 미생물 생태계가 서로 연결되어 소통하고 있음을 확인한 결과였다.[1]

지구 미생물(Earth Microbiome) 집단 프로젝트[2]를 발주한 캘리포니아 대학 샌디에이고의 롭 나이트가 공저자로 참여한 연구 논문을 보면 과학자들이 14개 환경에서 채취한 2만 3,595개의 시료와 1만

* 사람과 동물, 환경의 건강이 하나로 연계되어 있다는 원헬스(One Health) 개념은 2000년대 초반 처음 제안된 후, 세계보건기구(WHO), 국제연합식량농업기구(FAO) 등 다양한 국제 기관과 국가, 기업에서 대중의 건강을 유지하고, 신종 감염병을 예방하는 접근 방식으로 중요하게 다뤄지고 있다.—역자 주

2,646개의 정확한 유전자 서열이 확인된 미생물 집단의 데이터를 볼 수 있다. 2010년에 설립된 지구 미생물 집단 프로젝트는 자연 시료를 수집하고 지구 곳곳 다양한 환경과 장소의 미생물 집단을 분석한다. '동시 출현' 네트워크 분석을 거쳐 이 연구팀은 다양한 환경에서 확보한 미생물 집단의 상호 연결 유형을 특징짓는 8개의 모듈을 찾아냈다. 이들 미생물 집단은 크게 두 집단으로 나뉜다. 식물의 미생물 집단과 피부나 털처럼 동물의 체표에 연결된 미생물 집단이었다. 초기 연구 결과는 서로 다른 환경의 미생물 집단 사이의 주요 차이점을 관찰했지만, 추가 조사에서는 하위 네트워크 간의 연결이 자주 겹치는 현상을 발견했다. 환경이 다르다고 해도 미생물 집단의 유형이 비슷하다는 것이다.

이런 기법은 4장에서 소개했듯, 개별 미생물 집단의 구조와 기능의 복잡한 상호작용을 특성화하여 장 미생물이 인간의 대사와 인지 기능에 어떤 역할을 하는지 밝히는 데도 도움이 된다. 하지만 대규모 수준에서 미생물 집단과 다양한 범위에 걸친 환경 사이의 상호 연결된 유형을 파악하는 데는 처음으로 적용된 사례다.

우리는 지난 75년 동안 환경과 생물학적 변화 사이의 불일치뿐만 아니라 모든 수준에서 균주 및 종 다양성이 감소했다는 과학적 증거를 목격하고 있다. 지구 네트워크의 안정성, 탄력성 및 유효성이 현저히 떨어졌다.[3] 이렇게 악화된 상황은 다양한 모습으로 드러난다. 가장 먼저, 거시적 수준에서 미시적 수준으로 생물 다양성이 극적으로 줄었다. 만성질환의 유병률이 늘고 전 지구적 유행성 전염병에도 크게 취약해진다.

아이러니하게도, 코로나19 유행병을 이끈 코로나바이러스(SARS-CoV-2)는 대다수 의사, 과학자, 정치인보다 행성 네트워크의 복잡성을 더 잘 이해하고 있다. 이 바이러스는 국경, 국가, 정치적 신념 또는 의료 개별 전문 분야에서 만든 조직 간의 경계를 인식하지 못한다. 그러나 이 바이러스는 표적이 될 가장 취약한 인구가 어디 있든 속속들이 찾아낸다. 식단과 생활 방식이 질적으로 떨어진 탓에 다양한 비전염성 만성질환에 시달리는 사람들만 콕콕 집어 골라낸다. 또한 산업적 육류 생산 체계의 비인도적이고 가혹한 환경에서 사는 취약한 동물과 노동자들이 바로 옆에 존재한다는 사실도 간과하지 않는다. 아프리카와 남미 열대 우림 같은 자연 서식지를 끊임없이 침범하는 인간 활동을 잘 아는 이들 바이러스는 손상된 동물 거주지에서 인간으로 옮겨갈 가능성을 호시탐탐 노린다. 실제로, 이 바이러스는 현대 사회에서 무엇이 문제인지, 특히 식품 시스템의 악화, 경제적 불평등 및 이익을 좇아 움직이는 거대 산업을 우선시하는 인간의 태도를 겨냥해서 엄중한 경고를 하고 있는 듯하다.

건강을 통합적으로 바라보는 원헬스 개념은[4] 오랫동안 타당한 것으로 인식되었지만 이제야 의미 있는 변화를 이끌어낼 잠재력이 조금씩 눈에 보인다.[5] 2019년에 EAT*-랜싯 위원회가 이러한 통합 접

* EAT는 전문성(Expertise), 권위(Authoritativeness), 믿음(Trustworthiness)의 약자로 구글이 회사와 웹사이트의 신뢰 수준을 측정하는 데 쓰는 세 가지 기준이라고 한다.—역자 주

근법에 따라, 건강한 식단과 지속 가능한 식품 체계 그리고 지구 건강 사이의 복잡한 연결성을 밝히는 포괄적인 논문을 《랜싯*Lancet*》에 발표했다. 다양한 분야를 선도하는 16개국 37명의 과학자가 저자로 참여한 논문이었다. 환경과학 교수이자 포츠담 기후 영향 연구 및 스톡홀름 복원 센터 공동 소장인 요한 록스트롬(Johan Rockstrom)과 하버드 T. H. 챈 공중보건 대학 및 하버드 의과대학 월터 윌릿(Walter Willett) 교수가 공동 의장이다.[6] 윌릿은 내게 이렇게 말했다. "이 위원회는 (…) 2050년까지 약 100억 명의 사람들에게 건강하고 지속 가능한 식단을 제공할 수 있는지, 어떻게 그런 일이 가능한지 모색하기 위해 모였습니다." 저자들은 이러한 목표를 달성하기 위한 "최초의 과학적 지향점을 제공"하는 일이 그들의 역할이라고 덧붙였다.

앞에 소개한 논문에서 지안밍 수 교수가 겉으로는 별 관련이 없어 보이는 지구상의 시스템을 연결하는 미생물 집단의 중요성을 밝혔다면, 이 논문은 식품과 인간의 건강, 환경과 지구 사이의 괄목할 만한 상호 연관성을 제시했다. 논문이 다루는 일부 측면은 무척 도발적이어서 논란을 불러올 수도 있다. 예컨대 식품 체계의 변화가 전통 농업이나 식습관에 미치는 파급 효과를 설명한 부분이다. 그럼에도 불구하고 이들은 현대 식품 체계, 빈약한 식단, 환경 파괴와 인간의 건강 사이에서 벌어지는 불가분의 관계를 반박하기 어려울 정도로 상세히 설명한다.

위원회 논문에 따르면 인류세(인간 활동이 기후와 환경에 큰 영향을 미치는 지금)의 식품 생산과 소비는 21세기 인간의 건강과 지구 환경을 좌우하는 핵심 요인이다. 이것은 세계가 비만 및 대사 장애와 관련된 만성 비전염성 질병의 유행(최근 코로나19로 인해 이 점이 희석되었지만)과 맞서고 있기 때문일 뿐만 아니라 다양한 환경 체계와 그 과정이 안전선을 벗어났기 때문이다. 식량 공급 증대와 소비 과잉으로 지난 30년 동안 21억 명의 성인이 과체중 또는 비만이 되었으며 세계적으로 당뇨병 유병률이 두 배 늘었다. 반면 8억 2000만 명이 굶주리고 1억 5100만 명의 어린이가 발육 부진, 5100만 명의 어린이는 급성 영양실조로 고통을 겪는다. 20억 명 이상의 사람들이 미량 영양소 결핍 상태다.

한편, 식량 생산은 지구 환경 변화의 가장 큰 원인이다. 농경은 전 세계 토지의 약 40퍼센트를 점유하고 식량 생산은 온실가스 배출량의 최대 30퍼센트, 담수 사용량의 70퍼센트를 차지한다. 자연 생태계가 경작지와 목초지로 바뀌면서 많은 종의 생명체가 멸종 위기에 처했다. 남용 혹은 오용된 질소와 인 비료가 호수와 연안으로 흘러들어 조류가 급성장하고 물속 산소를 고갈시키면 수생 생물이 살 수 없는 '죽음의 지대'가 만들어진다. 우리는 해양 어류 자원의 약 60퍼센트 이상을 어획하고 30퍼센트 넘게 남획한다. 마지막으로 양식 해산물 양식업이 급속히 확장되면서 연안 서식지, 담수뿐만 아니라 육상 생태계에도 부정적인 영향을 끼쳤다.

건강하고 지속 가능한 방식으로 먹기 위해 EAT-랜싯 위원회는 '윈윈(win-win)' 식단을 권한다. 인간의 건강과 환경을 동시에 지키는 한도에서, 하루에 먹어야 하는 특정 식품의 양을 지키자는 것이다. 예를 들면, 우리는 하루 100~300그램의 과일을 먹어야 한다.

윌럿은 이렇게 설명했다. “건강한 식단이 무엇일까요? 증거는 많습니다. 건강을 생각한다면 대부분 식물성으로 차린 식단이 좋겠지요. 모두가 채식주의자나 완전 채식주의자가 될 필요는 없겠지만 둘 다 식물성 위주의 식단이라는 점은 변함이 없습니다. 역학, 미생물군 유전체 분야, 신진대사, 신경과학에서 식물과 토양 과학에 이르기까지 과학적 연구 결과가 한데 합쳐져 내린 결론은 식물성 식단이 이롭다는 것이죠.”

식단에서 고기를 완전히 빼고, 전통적인 식습관으로 극적으로 바꾸는 일이 엄두가 나지 않는 사람들에게 다른 대안이 없는 것은 아니다. 최근 5년 동안 식물성 고기가 등장해 특히 밀레니얼 세대 사이에서 폭발적인 인기를 끌었다. 이런 극적인 변화는 미국뿐만 아니라 소고기를 매일 섭취하는 브라질, 아르헨티나 등의 국가에서도 가능함을 보여준다. 최근 6년 동안 브라질에서만 채식주의자가 두 배 늘었고 식물 기반 산업이 급성장했다. 육류 포장 공장을 대체하는 동시에 사육장과 대두 농장 공간을 확보하고자 아마존 열대 우림을 파괴하는 환경적 영향을 줄이려는 노력이 동시에 진행되는 것이다. 두부와 같은 다른 채식 고기 대용품과 달리, 새로운 식물성 버거는 고기라면 사족을 못 쓰는 사람들조차도 사로잡는다. NPD 그룹의 시장 조사 분석가 대런 사이퍼(Darren Seifer)는 식물성 버거 구매 고객의 90퍼센트는 그것이 더 몸에 좋을 뿐만 아니라 환경에도 나은 선택이라고 믿는 육식주의자들이라고 말했다.

소고기 생산이 환경에 미치는 영향에서 벗어나 식물성 재료로 전환하는 일이 지구에 분명 이로운 것 같다. 예를 들어 비욘드 버거에는 정제된 완두콩 단백질, 코코넛 및 카놀라유, 쌀 단백질, 감자 전분, 식용 색소인 비트 주스 추출물 등 약 18가지 성분이 들어간다. 이렇게 극도로 가공된 식품이 환경에 유익한 것은 분명하지만 우리 건강에도 비슷하게 유익한 효과를 낼지는 아직 확인되지 않았다. 소고기 패티와 비교해서 식물성인 임파서블 버거와 비욘드 버거는 단백질, 총 지방 비율 및 열량이 비슷한데 포화 지방 비율이 낮고 콜레스테롤이 없다. 그러나 이러한 식물성 제품에는 고기에는 없는 섬유질이 포함된다. 소고기 버거와 식물성 버거 섭취의 대사 효과를 비교하는 연구가 현재 진행 중이다. 하버드 T. H. 챈 공중보건 대학 영양학과장인 프랭크 후 박사는 대체육 제품이 더 건강한 식단을 채택하려는 사람들을 배려한 '전환 식품'으로 간주되어야 한다고 강조한다. 그러면서 그는 햄버거를 식물성 버거로 대체한다 한들, 감자튀김과 설탕이 든 소다수를 덩달아 탐닉한다면 결코 식단의 질이 향상되지 않으리라 경고했다. 8월에 후 박사는 건강 및 기후 전문가 그룹과 함께 식물성 고기가 '건강한 저탄소 식단'의 일부가 될 수 있는지 여부를 조사한 논문을 《미국의사협회저널*JAMA*》에 발표했다.[7] 적색육을 견과, 콩류 및 기타 식물성 식품으로 대체하는 행위가 사망률과 만성 질병의 위험을 낮추는 것으로 나타났지만 정제된 콩이나 완두콩 단백질로 만든 가공 햄버거가 그와 동일한 건

강 증진 효과를 가진다고 추정할 단서는 아직 부족하다고 그는 말했다.[8]

모든 사람이 동물 기반 케토 다이어트를 시작한다면 지구가 얼마나 많은 인구를 부양할 수 있을지 묻자 마치 준비라도 한 듯 윌릿은 이렇게 말했다. "2억 명입니다. 나머지 72억 명은 또 다른 지구를 찾아 떠나야 한다는 뜻이죠."

논문에서 윌릿은 2050년까지 건강한 식단으로 전 세계적 전환을 성사시키려면 고통스러울 정도로 식단을 바꾸어야 한다고 결론을 내렸다. 건강에 해로운 식품 소비를 50퍼센트 이상 줄이는 반면 건강식품 소비를 지금보다 100퍼센트 이상 늘려야 한다는 것이다. 또한, 약 100억 인구를 먹여 살릴 만큼 지속 가능한 식량 생산을 현실화하려면 토지를 추가로 사용하지 않고 기존 생물 다양성을 보호하며 소비되는 물 사용을 줄이고 물을 책임감 있게 관리하며 질소와 인 오염을 실질적으로 줄이고 이산화탄소 배출량을 제로로 삭감하면서 메탄과 산화질소도 더는 만들지 말아야 한다.

윌릿은 이러한 야심 찬 권장 사항에 걸맞은 경고 사항도 잊지 않는다. 만일 현재와 같이 음식물을 구하는 경향이 2050년까지 바뀌거나 완화되지 않으면 식단이 인간의 건강에 미치는 영향은, 윌릿의 표현을 그대로 쓰면 그야말로 "무척 직접적이고 심각할" 지경에 다다른다. 비전염성 질병의 세계적 부담은 더욱 악화될 것으로 예상되며, 식량 생산이 온실가스 배출, 질소와 인 오염, 생물 다양성 손실, 물과 토지 이용에 미치는 영향은 지구의 안정성을 크게 훼손할 것이다. 윌릿은 이렇게 명토 박듯 경고한다. "거의 모든 개인이 생활 방식을 변화시켜야 할 겁니다. 국가적, 지구적 차원의 정책적 변화가 뒤따라야 하고요. 각고의 노력이 필요합니다. 큰 도전이 되겠지요. 세계적으로 건강하고 지속 가능한 식단을 확보할 수는 있을 겁니다. 하지만 실수를 용납할 여지는 크지 않습니다. 식량을 생산하고 소비하는 방식을 빠르게 바꾸는 용단을 내려야 할 겁니다. 앞으로는 계속 그런 식으로 살아야 할 것이고요."

이 계획은 경제적인 측면에서도 유리하다. 현재의 식단을 건강한 식단으로 바꾸는 데는 우선 오늘날의 건강 위기를 효과적으로 다룰 수 있다는 보상이 뒤따른다. 의료비용도 크게 줄 것이고 연간 1080만~1160만 명의 사망을 예방할 수 있다. 비율로 보면 19.0~23.6퍼센트에 해당하며 이는 의약품 사용만으로는 도저히 따라잡을 수 없는 높은 수치다.

그러나 본질적인 질문은 여전히 남아 있다. 과연 인류는 자신의 식습관을 극적으로 변화시킬 의향이 있을까? 아니면 파국이 임박했을 때야 비로소 뭔가 변화를 꾀할 것인가? 비전염성 질병과 재발하는 유행병에 대처하고자 단순히 의료 및 연구 예산을 계속 증액하는 데 그칠 것인가? 이런 질문에 즉답 없이도, 식품 생산 및 소비에 심각한 문제가 있다는 인식에 도달한 기업, 농부, 요리사와 같은 혁명가들이 문제를 스스로 해결하기 시작했다. 그들은 환경에 해를 끼치지 않고 특별한 화학 물질 없이도 맛있고 영양이 풍부한 식품을 재배하고 생산할 수 있음을 보여주고 있다. 이러한 원칙에 입각한 많은 사람들이 무척 성공적이고 수익성 있는 사업을 창출해내고 있다. 파타고니아 소유주인 이본 쉬나드(Yvon Chouinard)부터 프랑스 다농의 대표인 에마뉘엘 파베르(Emmanuel Faber), 요리사이자 음식 활동가인 댄 바버(Dan Barber)와 노르베르트 니에데르코플레르(Norbert Niederkofler)에 이르기까지 이 선구자들은 개인과 공공 규모에서 건강을 되찾을 방법을 탐구한다. 이들은 전혀 다른 배경에 경력과 동기가 제각각인데도 모두 건강의 통합 원칙에 따른 기본 철학을 공유한다. 이들은 우리의 식품 체계를 근본적으로 변화시킬 실질적 조치를 취하기 시작했다.

혁명가들

내가 전설적인 기업 파타고니아 창립자이자 소유주인 이본 쉬나드를 원헬스 운동을 실천하는 지도자 중 한 명으로 소개할 때마다 가장 자주 듣는 질문은 이것이다. "파타고니아, 고가의 아웃도어 의류회사 아닌가요?"

쉬나드는 이렇게 답변한다. "야외 활동을 즐기는 한 사람으로서 저는 인류가 발명한 파괴적인 습관으로부터 우리와 지구, 그 안에 사는 생명체를 구할 방법을 찾습니다. 파타고니아 프로비전(믿을 수 있는 식품을 판매하는 사업 부문)은 단순한 사업 이상입니다. 인간의 생존 문제를 다루죠."[9]

2018년 와이오밍주 잭슨 강연에서 나는 쉬나드를 처음 만났다.

그곳은 쉬나드가 여름과 가을을 나는 도시였다. 눈 덮인 티턴 산맥의 숨 막히는 절경을 품은 그의 아늑한 집에서 우리는 서로 얘기를 나눴다. 쉬나드는 자신의 신념에 대해 솔직하고 웅변적으로 말했다. "이 행성은 아무 문제가 없습니다. 완벽하지요. 인간이 그걸 파괴하고 있는 겁니다. 아직도 해답은 자연만이 가지고 있습니다. 저는 언제든 그걸 믿지요."

쉬나드는 자연에 내재한 해법을 활용하는 방식으로 현재의 산업농 모델을 재생 가능한 유기농 모델로 전환하는 데 앞장선다. "재생 유기농법은 더 많은 작물을 생산하면서도 온실가스를 저장하여 줄이는 데다 건강한 토양을 만드는 중요한 수단입니다"라고 그는 최근 에세이에 썼다. "자유로이 포효하는 버펄로는 지구의 가장 커다란 탄소 저장소 중 하나인 대초원을 복원합니다.[10] 밧줄 양식으로 자란 홍합은 물을 정화하면서도 맛있는 단백질을 생산하죠. 장소에 따라 선택적으로 어획하는 기술을 펼치면 덜 풍부한 종을 해치지 않으면서 진정 지속 가능한 방식으로 생선을 확보할 수 있을 겁니다." 이런 사례에서 짐작하듯, 소매를 걷어붙이고 음식의 세계를 파고들다 보면 가끔은 가장 오래된 것이 가장 좋은 방법이라는 사실을 깨닫는다. 유기 농법은 우선 모든 해로운 화합 물질을 제거한다. "하지만 재생 유기농법을 쓰면 더 영양가가 높고 맛도 좋은 식품을 생산할 수 있습니다. 표토(topsoil)의 질도 좋아집니다. 그리고 무엇보다 대기의 탄소를 포획하지요."

쉬나드는 자신의 사명에 대해 머뭇거림 없이 유창하고 단호했다.

식품을 재배하는 방식을 변화시켜 건강과 환경을 다루는 새로운 방법을 개척하겠다는 비전을 분명히 밝혔다. “저는 그 혁명 사업의 일부가 되고 싶어요.”

산업계의 거물 입에서 ‘혁명’이라는 말을 듣는 것은 이례적인 일이다. 그러나 쉬나드는 스스로를 엉뚱한 사업가라고 여기며 “어쩌다 보니 사업가”가 되었다고 생각한다. 그는 『파타고니아, 파도가 칠 때는 서핑을』*이라는 유명한 대중서도 썼다.[11]

언젠가 나는 쉬나드에게 혁신적인 데다 놀랍도록 성공적인 그의 비즈니스 모델을 하버드 경영대학에서 강연한 적이 있느냐고 물은 적이 있었다. 그는 이렇게 말했다. “하버드 MBA 학생들 앞에서 한 번 강의한 적이 있었지요. 학생 한 명이 오더니 이렇게 얘기하더군요. ‘오늘 강의 정말 잘 들었습니다. 저는 당신이 한 말을 다 믿어요. 하지만 하버드에선 대표님이 얘기한 거랑 정확히 반대로 가르칩니다.’” 실제 쉬나드는 자신을 자본주의자라기보다 사회주의자로 생각한다. 그는 자신의 회사에 최대 이익을 가져오는 물건이 아니라 도덕적으로 옳고 중요한 것들을 추구해왔다.

쉬나드는 1985년 파타고니아를 설립한 이래 80세가 되도록 책임감 있고 재생 가능하며 유기적인 방법을 동원하여 새로운 식품 생산을 구축하는 혁신적인 신생 기업과 풀뿌리 조직체에 1억 달러 이

* 원제는 ‘*Let My People Go Surfing: Education of Reluctant Business*’이다. 한국어판은 2020년 이영래가 옮기고 라이팅하우스에서 출판했다.—역자 주

상의 보조금을 제공하는 프로그램을 만들어 자신의 사명을 널리 퍼뜨렸다. 여러 프로젝트 중에는 다년생 긴 뿌리 식물인 벼과의 중간밀싹(*Thynopyrum intermedium*)을 선택 교배하고 곡물이 달리는 상품으로 전환하여 컨자(Kernza)라는 이름으로 시장에 내놓았고 그것을 특화시켜 파타고니아 롱 루트 에일(Patagonia Long Root Ale)이라는 맥주를 출시하기도 했다. 지속 가능하고 인도적으로 어획한 연어와 들소 고기의 소비를 촉진하는 한편, 지금도 왕성하게 다양한 교육 및 마케팅 캠페인을 이끈다.

이러한 투자를 통해 그는 지속 가능한 방식으로 건강한 식품을 생산하려는 포부를 가진 전 세계의 여러 개인과 소규모 기업 전체 생태계에서 중요한 구심점 역할을 자연스럽게 맡게 되었다. 예를 들어, 유제품과 생수로 유명한 국제 식품 회사 다농의 대표인 에마뉘엘 파베르는 직원이 10만 명 이상인 300억 달러 규모의 다국적 식품 회사를 공익 기업으로 변모시키는 어려운 작업을 수행했다.* 이른바 비콥(B Corp.)이라 일컫는 것이다. (파타고니아는 2012년 1월 캘리포니아주에서 처음으로 비콥 인증을 받았다.)[12] 지속 가능하고 신뢰할 만한 기업임을 보장하는 비콥 인증 제도는 2006년 미국에서 처음 도입되었다. 인증을 받으려는 영리 기업은 다음과 같은 목표를

* 이 책을 쓰는 동안 에마뉘엘 파베르는 1997년부터 유지해온 다농의 대표 겸 회장직 자리에서 물러났다. 카리스마 있는 리더십과 다농을 세계에서 가장 큰 공익 기업으로 만든 그의 업적조차 끝내 주주 세력가의 마음을 얻지 못했다. 다농을 장악한 액티비스트가 승리를 거둔 것이다. 그들의 표현대로 "만성적인 저성과"를 타개할 급진적 조치가 필요했던 것이다.—저자 주

성실히 추진해야 한다. 지속 가능성, 투명성, 사회적 책임, 노동자 복지, 동물 복지 및 법적 책임이 그것이다. 비콥 기업은 사회 및 환경 영향을 측정하는 설문조사를 2년에 한 번씩 진행해야 하며, 분석 결과가 포괄적인 사회 및 환경 성과 기준을 충족해야 한다. 또 그 결과 보고서를 공개해야 한다.[13]

인터뷰에서 파베르는 이렇게 말했다. "기업으로서, 하나의 산업으로서 신뢰를 재건해야 합니다. 제 생각에 비콥 인증은 상품명 뒤에 숨은 사람들의 정신(ethos)을 모두에게 알리는 환상적인 방법입니다. 우리는 기업의 목적이 주주들에게 돈을 돌려주는 데 있다고 생각하지 않습니다. 더 큰 목적이 있는 것이지요."

파베르는 화학 물질을 벗어나 토양, 생태 및 기후를 아우르는 깊은 이해를 바탕으로 작물 재배와 동물 사육을 해나가려는 다농이 식품 생산 방식을 완전하게 바꾸게 되었다고 진지하게 말했다. 2019년 9월 그는 지속 가능한 농업을 경영하고 삼림 훼손을 막는 것은 물론 지구 생물 다양성을 보호하고자 19개 기업 연합체를 구성한다고 발표했다.[14]

"지난 50년 동안 식품 체계를 돌아보면 우리는 순전히 규모 효과를 쫓아 달려왔습니다." 파베르가 내게 말했다. "기업은 단순화와 세계화를 추구했으며 몇 가지 솔루션에만 집중했죠. (…) [우리는] 칼로리 비용을 전반적으로 낮췄습니다. 확실히 그랬어요. 그렇게 되라고 의도한 것은 아니었지만 현재 우리는 음식물의 70퍼센트를 9가지 식물, 9가지 채소에 의존합니다. 소수의 종에만 과도하게 의존하기 때문에 생태계에 큰 위험이 되죠. 그뿐만 아닙니다. 우리는 이 종들의 적응력이 현저히 떨어진다는 사실도 잘 알고 있죠."

EAT-랜싯 위원회의 권고에 따라 파베르는 육류 섭취를 줄이고 지구의 미래와 인류의 건강을 유지하도록 식단의 균형을 극적으로 재조정해야 한다는 데 동의한다. 경우에 따라 이는 다농의 핵심 비즈니스인 유제품 섭취를 줄이고 회사에서 전통적으로 대량 사용하는 설탕을 줄이거나 아예 뺀다는 뜻이다. 그렇게 다농은 식물성 요구르트와 발효 식품으로 전환한 대신 설탕 사용량을 획기적으로 줄였다. 또한 2016년에 파베르는 유전자 변형 작물을 사용하지 않겠다고 선언했다. 식품 생산 단계부터 유전자 변형 작물이 들어오지 못하게 막은 조치였다. 파베르는 다농 전체가 비콥 인증을 받을 때까지 계속할 것이라고 말했다. 그는 자본주의가 급진적으로 변해야 한다고 강변한다. "어떤 기업이든 근본적인 요소는 그 자체보다 더 큰 목적을 가져야 합니다. 그것은 더 큰 생태계의 이익에 봉사하는 일이죠."

쉬나드와 파베르처럼 자신이 몸담은 회사와 세상을 변화시키려는 뜨거운 야망을 지닌 사람들도 있지만, 더 친밀한 방식으로 이러한 시도를 해나가는 사람들도 많다. 미래를 고민하는 요리사이자 《뉴욕 타임스》 선정 베스트셀러 작가인 댄 바버는 사회운동의 핵심에 먹는 즐거움을 가장 우선으로 꼽는다. "좋은 음식을 둘러싼 사회적 움직임은 계속 활발해질 거예요. 기본적으로 그것은 쾌락주의에 뿌리를 두고 있기 때문입니다. 우리는 미국에 그럴싸한 음식 문화가 없고 좋은 음식에 대한 인식도 부족하다고 탓합니다. 그러나 우리는 누구보다 즐거움을 만끽하고자 애쓰고 기꺼이 거기에 돈을 지불하는 문화권의 사람들이잖아요. 저는 그것이면 충분하다고 봅니다. 이 운동은 발 달린 듯 스스로 뚜벅뚜벅 걸어갈 겁니다."

과학적 관점은 물론이고 다른 면에서도 나는 바버의 생각에 거의 전적으로 동감한다. 6장에서 지적했듯, 인간이 먹고자 하는 동기는 두 가지 균형 잡힌 생물학적 충동에 좌우된다. 하나는 우리 몸과 뇌의 신진대사 요구이고 다른 하나는 바버가 본능적으로 포착한 쾌락이다. 즐거움은 섭식 행동의 큰 원동력이다. 이 주제는 과학적으로도 상업적으로도 큰 관심거리다. 항상 그것을 갈망하도록 만들겠다는 희망에 부풀어 제품에 풍미를 첨가하는 식품 회사와 식품 섭취를 줄이는 알약을 발명하려는 제약 산업의 경쟁은 보란 듯 치열하다. 그러나 쾌락을 추구하는 우리의 생물학적 충동은 또한 맛있으면서도 더 건강한 음식을 향한 열망으로도 바뀔 수 있는 것이다.

바버는 마이클 마주렉(Michael Mazourek)과 함께 유기농 종자를 판매하는 로 세븐(Low 7) 종자 회사를 운영한다. 바버는 맛 좋은 당근의 예를 들면서 계속해서 찾게 되는 건강하고 맛있는 식사 한 끼에 복잡한 농업 과정이 필요하다는 사실을 재치 있게 설명한다. "[당근은] 충실한 종자로 시작해야 합니다. 그것은 수년 또는 여러 세대에 걸쳐 관심을 두고 의식적으로 선별된 종자임이 분명하죠. 아마도 현지 농부가 그 씨앗을 심어 재배한 것으로 흙에서 채취한 지 얼마 되지 않아 여러분에게 전달되었을 것입니다. 그런데 그 흙은… 음, 수경 재배 지역이 아닌 진짜 흙에서 나온 겁니다. 수경 재배 방식으로는 그런 맛이 나오지 않습니다. 따라서 영양분이 풍부하고 생물학적으로 다양하고 비옥한 데다 생명력이 넘치는 토양이 있어야 했던 것이죠. 풍미가 거기서 나오기 때문입니다. 토양은 진공 상태에서 작동하는 것이 아닙니다. 농장의 전체성이 작동하는 곳에서만 토양이 제 기능을 합니다. 예를 들어, 훌륭한 수분 매개자인 새들이 행복하게 지저귀는 곳이라면 환경을 견고하고 강하게 만드는 요소가 있지 않겠어요? 그리고 그 당근의 영양 밀도는, 플라보노이드와 여러 폴리페놀이 풍미에 필수적일 것이기에 음, 매우 좋습니다. 그래서 여러분이 방금 맛본 이 맛있는 당근은 영양이 충실하고 맛도 두루 겸비한 영양 덩어리라고 할 수 있습니다."

바버의 이야기는 계속됐다. "저는 이것이 바로 정치적인 당근이라고 생각합니다. 여기에 세상의 모든 문제가 들어 있습니다. 세상을 어떻게 사용할 것인지를 결정하는 우리의 가치 판단이 햇빛을 걸러낸 프리즘처럼 이 당근 안에 담긴 것입니다. 따라서 실제로 맛은 중요하지요. (…) 음식의 미래를 생각할 때 마땅히 첫 번째로 고려해야 할 사항이겠죠."

뉴욕주에 위치한 바버의 레스토랑에서 동쪽으로 약 9,600킬로미터 떨어진 이탈리아 북부 돌로미티 산맥 높은 곳에 같은 생각을 가진 또 다른 요리사가 살고 있다. 2020년 초 나는 이탈리아 알프스산 카시아노의 로사 알피나 호텔에서 유명한 세인트 우베르투스 레스토랑 요리사인 노르베르트 니에데르코플레르를 만났다. 사업 동반자인 파울로 페레티(Paulo Ferretti)와 니에데르코플레르가 함께 주최한 윤리적인 요리사의 날(CARE's Ethical Chef Days) 콘퍼런스에 쉬나드와 내가 함께 초대를 받았다. 같은 목표를 지향하는 전 세계의 요리사, 식품 전문가, 와인이나 식품을 다루는 회사 경영진이 일 년에 한 차례씩 모이는 자리였다. 그들은 윤리적이고 지속 가능한 방식으로 만든 요리를 고민하는 사람들이다. 나아가 농부와 육종가들의 땀을 잊지 않고 원재료를 책임감 있게 사용하고 음식 폐기물을 재활용하려고 노력한다.

약 50년 전 나는 고향, 바이에른에 있는 호숫가의 유명한 일급 레스토랑에서 일하던, 니에데르코플레르를 기억해냈다. 특별한 날이면 아버지는 가족을 데리고 그 레스토랑에 가곤 했다. 세계 여기저기에서 살다 단지 비슷한 철학을 가졌다는 이유로 반세기 만에 만나다니 얼마나 대단한 우연인가! 그는 미식의 관점에서, 나는 건강의 시각에서 운명처럼 서로 만났다.

1996년, 세인트 우베르투스는 조그마한 호텔에서 피자 가게를 시작했다. 니에데르코플레르가 수석 요리사였다. 4년 후, 레스토랑은 돌로미티에서 처음으로 미슐랭 스타*를 받았다. 니에데르코플레르는 "우리는 호주에서 알래스카, 노르웨이에 이르기까지 전 세계에서 제품을 실어 날랐습니다"라고 회상했다. "해산물 전문점이었거

* 심사위원이 몰래 손님으로 가서 음식을 먹어보고 보고서를 작성하여 평가한다. 2016년 말까지 별을 받은 식당은 전 세계적으로 2,700여 개라고 한다.—역자 주

든요. 매주 150킬로그램의 신선한 생선이 날아왔습니다." 2007년 레스토랑이 미슐랭 2스타를 받았을 때 그는 이렇게 말했다. "그때 깨달았죠. 뉴욕과 로스앤젤레스, 도쿄, 호주에서 먹을 수 있는 것과 똑같은 음식을 맛보기 위해 전 세계 사람들이 이 산으로 올라오는 게 대체 무슨 의미가 있을까 생각하기 시작했습니다."

니에데르코플레르는 그의 말대로, "산(mountain)을 요리하기" 시작했다. 식당 근처에서 재료를 그러모으기 시작한 것이다. 니에데르코플레르는 "많은 언론인과 미슐랭 관계자들까지 나서 계속 이런 식으로 요리하면 두 번째 별을 잃을 것이라고 경고했죠. 하지만 저는 더 이상 옛날 방식을 고수할 수 없었습니다. 세상과 환경을 별로 생각하지 않는 방식이었으니까요. 호피족 인디언들과 함께 살 때 느꼈습니다. 그것이 절대적으로 잘못된 길이라는 걸."

니에데르코플레르의 새로운 요리는 돌로미티의 계절에 맞춰 달라졌고 그 지역 농부들이 수 세기 동안 지켜왔던 전통을 고스란히 받아들였다. 환경과 긴밀한 사회적 상호작용이 중요하다는 점을 자각했기 때문이었다. 실제로 니에데르코플레르는 약 50명의 농부로 구성된 지역 공급망을 구축했다. 그는 농장을 직접 찾아간다. "여러분은 문화를 지켜야 합니다. 조상들이 왜 그렇게 했는지 이해하게 되죠. (…) 정말 훌륭하고 정직한 스토리텔링을 할 수 있습니다." 메뉴를 두고 그는 손님들과 이런 대화를 주고받는다. 요리하는 동안 니에데르코플레르는 돌로미티의 고지대에서 자라지 않는 올리브나 감귤을 쓰지 않는다. 메뉴판은 사과 펄프로 만든 종이에 인쇄했다. 그는 온실에서 자란 채소를 절대 쓰지 않는다. 게다가 버리는 것도 거의 없다.[15] 니에데르코플레르는 이렇게 말했다. "자연은 일 년 내내 몸과 마음이 필요로 하는 모든 것을 제공하죠. 자연이 우리 메뉴를 결정합니다. 자신들이 준비한 것을 우리에게 내줄 뿐이죠."

2017년에 세인트 우베르투스는 세 번째 미슐랭 스타를 받았다.

식량 체계의 궤적을 바꾸는 일은 곧 기후 변화를 늦추거나 심지어 역전시키고 우리가 건강을 돌보는 방식을 바꾸는 행위로 바로 연결된다. 소비자와 환자, 과학자, 사업주, 식품 산업 리더 또는 정치인에 이르기까지 모든 분야에 종사하는 사람들의 헌신적인 노력이 합쳐져야 비로소 변화가 가능해진다. 원대한 작업이다. 지금껏 인류에게 이보다 더 위태롭고 긴박한 상황은 없었다. 우리는 증가하는 공중보건 위기뿐만 아니라 전 세계 수십억 명의 사람들에게 영향을 미칠 미래의 전염병 및 재앙적인 기후 변화의 충격과도 싸워야 한다. 개인 수준에서 인간의 의식 체계가 바뀌지 않으면 결코 성공할 수 없는 일이다.

식료품점에서 품목을 선택할 때 그것이 어떻게, 어디서 생산되었는지, 생산 과정에서 농장 노동자와 환경 및 기후에 미치는 영향은 어떠한지, 또 그것이 우리 장내 미생물 집단, 궁극적으로 우리 신체와 뇌에 얼마나 이로운 것인지 파악해야 한다. 또한 우리는 장과 토양 미생물에서 뇌-장-미생물 네트워크에 이르기까지 여러 층의 규모로 존재하는 복잡한 연결망을 전체적인 시각에서 이해해야 한다. 전 세계적으로 건강한 음식 체계로의 변화가 당장 가능하지는 않더라도 앞에서 언급한, 여러 시도가 한데 모인다면 굳이 의료나 제약 산업에 의존하지 않더라도 80대와 90대까지 살 수 있다는 점을 잊지 말자. 또한 그래야만 우리가 속한 지구의 더 큰 생태계도 비로소 변할 것이 분명하다.

10

건강한 식생활의 패러다임을 바꾸다

지금까지 주로 식물성 식단의 건강상 이점을 폭넓게 설명했으므로 마지막 장에서는 그 지식을 현실에서 적용하기 위해 부엌으로 눈길을 돌려보자.

장과 장 미생물의 건강에 필수적인 영양소에 주로 초점을 맞추면 우리는 저절로 우리 몸에 고품질 거대 영양소와 미량 영양소를 넉넉히 공급하게 된다. 몸속 세균이 먹을 수 있게 식물성 폴리페놀과 식물성 섬유질로 구성된 다양한 식단을 선별하면 우리는 단백질, 비타민 또는 미량 미네랄 섭취 문제를 걱정할 필요가 없다. 우리 장에 좋은 음식에 초점을 맞추면 곧 우리는 건강하지 않은 음식을 덜 먹고 섭취하는 열량마저 덩달아 줄어드는 효과를 한꺼번에 얻는다.

앞으로 여러분은 하루의 세 끼 식사를 구성할 다양한 요리법을 찾을 수 있다. 어떤 것은 정교하고 소상하지만 일품요리 식사와 스무디를 포함한 간편식도 있다. 이들 각각에 대해 나는 요리책이나 식품 라벨에서 흔히 보는 것과는 다른 영양 기준에 따라 순위를 매길 점수표를 포함시켰다. 장 미생물 위주 탄수화물(MAC 또는 식이섬유), 폴리페놀 및 오메가-3 지방산, 칼로리의 함량을 기준으로 요리마다 음식 건강지수(healthy food index)를 할당한 것이다. 음식 건강지수는 이렇게 계산했다. [MAC+폴리페놀 및 오메가-3]×100/[칼로리+흡수성 탄수화물(총 탄수화물−MAC)].

내가 운영하는 웹사이트(emeranmayer.com)에서 각 요리 안에 든 대량 영양소인 지방, 단백질 및 탄수화물 총량과 개별 폴리페놀의 양을 일일이 확인할 수 있다. 예를 들어 프렌치프라이를 곁들인 치즈버거와 콜라 1인분으로 구성된 표준 점심의 건강지수를 계산해보자. 그 값은 0.62로 구운 감자를 곁들인 맛있는 갈빗살 스테이크(0.73)와 거의 같다. 이 장의 첫 번째 조리법에 등장한 요리의 건강지수와 이들 값을 비교해보자. 야생쌀과 버섯요리(2.78), 모로코식 렌틸콩과 병아리콩 스튜(3.04). 그리고 대부분 식물성 식품의 건강상 이점은 식물성 식품의 **총량**뿐만 아니라 그 **다양성**에 따라 결정된다는 사실도 잊으면 안 된다. 식물성 식품 공급원의 가짓수가 많을수록 이를 먹고 사는 장 미생물 집단의 다양성도 커진다. 이들 조리법의 개별 영양소 구성 정보는 내 웹사이트에 적어두었다.

식단의 건강 증진 효과를 정량화하는 방법을 이해하고 나면 이 조리법을 자신의 취향에 맞게 맞춤화할 수 있고 새로운 조리법의 영감을 얻을 수도 있다. 이를테면 통밀 파스타가 아니더라도 섬유질이 풍부하고 혈당 지수가 낮으며 지속 가능한 방식으로 생산되는, 밀 아닌 곡물로 만든 파스타를 살 수 있다. 마찬가지로 고등어, 정어리 또는 멸치와 같은 작은 물고기를 바다 먹이 사슬 상위에 있는 물고기 대신 선택하거나 지속 가능한 방식으로 어획한 야생 연어를 선택할 수 있다.

이 책에 소개한 일부 요리법은 뉴로트리션사(NeuroTrition Inc)의 대표 겸 설립자인 오르샤 매그야(Orsha Magyar), 애니 굽타 박사 그리고 요리사 AJ가 제공했다. 또 다른 일부는 파타고니아 프로비전처럼 공적으로 이용 가능한 요리법을 약간 수정했다. 각 요리법의 마지막 부분과 출처 페이지에 이들 정보를 수록했다.

도움이 될 만한 몇 가지 요리법 예시 외에도 나는 시간제한 식사 계획을 실천해보길 권한다. 그러려면 몇 가지 문제를 해결해야 하고 오랜 습관을 바꾸기도 해야 한다. 하루 중 8시간 이내로 음식 섭취 시간을 제한하는 도전 과제를 성공적으로 마친 사람들과 얘기를 주고받은 내 경험에 비추어 보면, 저녁 8시나 9시 이후에는 아예 먹지 않는 것이 가장 쉬운 접근 방식이다. 그리고 다음 날 첫 끼니를 정오나 오후 1시에 먹는다. 저녁 6시에 저녁을 먹고 다음 날 오전 10시에 아점을 먹는 방법도 나쁘지 않다. 시간제한 식사도 개인의 삶과 스케줄이 요구하는 바에 맞추면 되는 것이다. 그러므로 시간제한 식사는 대개 하루 두 끼를 먹고 끼니 중간에 과일, 채소 또는 섬유질 형태의 간식과 필요한 경우 식사 사이에 영양 바를 먹는 것이 일반적이다. 사람들은 저녁 식사 후 간식과 음료를 끊는 일을 가

장 어려워한다. 장기적으로 규정을 지키면서도 사교활동을 하고 친구와 가족과 함께 특별한 식사를 즐기려면 한 달 꼬박 시간제한 식사를 한 다음부터는 주말에만 옛날로 돌아가는 예외를 허용하는 일도 충분히 좋다.

시간제한 습관으로 전환하는 일은 과체중과 비만 퇴치를 목표로 한 일시적인 해결책이 아님을 염두에 두어야 한다. 다음의 유행 식단으로 대체될 것도 아니다. 알다시피 우리의 서구식 식단은 체중 증가를 초래했을 뿐만 아니라 현재 공중보건 위기의 근본 원인 중 하나이다. 서구식 식단을 고수하는 방식의 가장 큰 문제는 체중 증가가 아니라 대사 조절 장애가 불러올 장기적 파급력에 있다. 그것은 심혈관 질환, 암, 인지 쇠퇴 및 전염병에 우리 몸이 취약해지는 결과로 이어질 수 있다. 최적의 건강 상태를 유지하고 행복을 추구하려면 건강 실현을 목표로 한 우리 생활 방식의 급격한 변화가 필요하다. 우리의 장, 식물 및 환경은 모두 커다란 네트워크의 노드이며 그것은 우리의 내부와 외부에 사는 미생물 세계의 정합성에 의존한다. 이 거대한 네트워크를 바꾸려면 살아가는 동안 꾸준히 더 건강한 선택을 이어나가야 한다.

음식 요리법

주요리*

야생쌀**과 버섯요리

(4인분)

음식 건강지수***	열량	미생물 전용 탄수화물	폴리페놀	오메가-3 지방산/총지방
2.78	427	6.7g	2.477g	0.188

· 야생쌀 1½컵

· 엑스트라 버진 올리브유 2큰술

· 중간 크기의 리크**** 1개, 세로로 얇게 썰기

· 얇게 썬 노란 양파 1개

· 간 맞출 소금과 후추

· 강황 1작은술

· 타임(백리향) 1작은술

· 얇게 썬 버섯 2컵(표고버섯, 곰보버섯 또는 양송이)

· 호두 ¾컵, 볶아 잘게 으깬 것

· 케이퍼 2작은술(빼도 좋다)

* 요리 1인분에 든 열량, 미생물 전용 탄수화물, 폴리페놀, 오메가-3 지방산 값을 제시한다.—저자 주

** 벼과 줄속의 식물이다. 세 종은 북미와 캐나다, 텍사스에서 나머지 한 종은 동아시아에서 자란다. 지방은 적은 대신 단백질은 풍부한 편이며 밀과 달리 글루텐은 없다.—역자 주

*** 건강지수 단위는 없다. 열량 단위는 킬로칼로리, 나머지 영양소의 단위는 그램이다. 총지방에서 오메가-3가 차지하는 비율. 1인분의 음식에 포함된 양이다.—역자 주

**** 부추속 식물. 줄기는 파와 비슷하지만 길이가 짧고 굵고 질기다. 흰 양파 같은 밑부분에서는 단맛이 난다.—역자 주

포장지에 적힌 대로 야생쌀을 조리한다.

프라이팬에 올리브유를 두르고 중간 불로 달군 다음 리크와 양파를 넣고 7~8분 정도 부드러워질 때까지 볶는다.

소금, 후추, 강황, 타임을 넣는다.

허브 향이 나면 팬에 버섯을 넣어 부드러워질 때까지 4~5분간 조리한다.

호두를 넣고 약한 불에서 2~3분간 더 조리한다.

조리한 쌀을 잘 섞고 몇 분 더 볶아 향미가 스미도록 한다. 불을 끄고 먹는다.

레시피 제공: Minou Mayer

호두조림*과 치아씨를 곁들인 모로코식 렌틸콩과 병아리콩 스튜 (4~6인분)

음식 건강지수	열량	미생물 전용 탄수화물	폴리페놀	오메가-3 지방산/총지방
3.04	547	17g	0.117g	0.19

- 엑스트라 버진 올리브유 2큰술
- 잘게 썬 노란 양파 1개
- 다진 마늘 4쪽
- 계핏가루 2작은술
- 커민 가루 1큰술
- 붉은 고추 다진 것 ½작은술
- 고수 가루 1작은술
- 정향 가루 ½작은술
- 말린 생강 가루 2작은술
- 천일염 1½작은술
- 검은 후추 ¼작은술
- 먹기 좋게 자른 콜리플라워 5컵

* 인터넷에서 200~400g 정도 크기의 상품을 구입할 수 있다. 1컵에 든 호두의 무게는 약 140g이다. 아니면 호두에 설탕이나 메이플시럽을 넣어 만들 수도 있다.—역자 주

- 시금치 7컵
- 아황산염 없는 말린 살구, 잘게 썬 것 ¾컵
- 깍둑썰기한 토마토 캔 300g
- 저염 채소 육수 또는 물 4컵
- 녹색 렌틸콩 1컵
- 병아리콩 캔 500g, 물기 빼고 헹군 것
- 고명(빼도 좋다): 다진 고수, 파슬리처럼 폴리페놀이 풍부한 채소

큰 소스 냄비에 올리브유를 두르고 중간 불로 가열한다.

냄비에 양파와 마늘을 넣고 양파가 투명해질 때까지 3~4분간 볶는다.

계피, 커민, 붉은 고추, 고수, 정향, 생강, 소금, 후추를 넣고 3분 더 볶는다. 그런 다음 콜리플라워, 시금치, 살구, 썬 토마토, 채소 육수, 렌틸콩을 넣는다.

약 45분간 렌틸콩이 부드러우면서도 씹는 식감이 있을 때까지 익힌다.

병아리콩을 넣고 5분간 더 익힌다. 스튜를 그릇에 담고 설탕에 조린 호두와 치아씨 고명(다음 요리)과 고수*(빼도 좋다)를 얹는다.

레시피 제공: NeuroTrition Inc.

호두조림과 치아씨 고명

(4~6인분)

음식 건강지수	열량	미생물 전용 탄수화물	폴리페놀	오메가-3 지방산/총지방
3.26	281	3g	0.047g	0.24

- 엑스트라 버진 올리브유 1큰술
- 생호두 조각 1¼컵
- 말린 생강 ½작은술
- 계핏가루 ½작은술
- 순수 메이플 시럽 1½큰술
- 치아씨 ½큰술

* 똑같이 고수지만 사용 부위에 따라 이름이 다르다. 고수(coriander)는 말린 씨앗, 고수(cilantro)는 잎과 줄기를 일컫는다. 여기서 고명으로 얹을 고수는 짐작대로 잎과 줄기다.—역자 주

· 천일염 한 자밤

중대형 팬에 올리브유를 두르고 중간 불로 달군다. 호두, 생강, 계피를 넣고 저어 올리브유를 둘러준다.

호두에 메이플 시럽을 뿌리고, 그 위에 치아씨와 천일염을 뿌린다. 타지 않게 저어주면서 5분 동안 조리한다.

팬에서 호두를 꺼내 구이용 철판이나 유리 베이킹 접시에서 5분 동안 식힌다. 서로 붙지 않게 조각을 떼어놓는다.

레시피 제공: NeuroTrition Inc.

콜리플라워 '밥' 필라프와 강황 자두 소스를 곁들인 구운 농어 (4인분)

음식 건강지수	열량	미생물 전용 탄수화물	폴리페놀	오메가-3 지방산/총지방
1.62	378	5.3g	0.08g	0.03

콜리플라워 '밥' 필라프:

· 올리브유 1큰술

· 다진 붉은 양파 ¼컵

· 다진 마늘 2작은술

· 검은 커민씨 또는 커민씨 1작은술

· 깍둑썰기한 당근 ⅓컵

· 다진 신선한 콜리플라워 3컵

· 저염 채소 육수 ⅓컵

· 네 등분한 통조림 아티초크 심, 반 컵

· 먹기 좋게 자른 케일 1컵, 줄기 제거

· 다진 생아몬드 ¼컵

· 손질한 생코코넛 ¼컵

· 다진 신선한 허브(골파, 타임 또는 파슬리) 2큰술

· 간 맞출 천일염과 후추

소스 만들기:

· 야자유 1작은술

· 잘게 썬 신선한 생강과 강황 각각 1작은술

· 고춧가루 ¼작은술

· 자두 조각 반 컵

· 타마리 간장 1작은술

· 무가당 코코넛 요구르트* 반 컵

· 간 맞출 천일염과 후추

농어:

· 손질한 농어 110g

· 간 맞출 천일염과 후추

· 엑스트라 버진 올리브유 2작은술

· 고명: 대마씨, 브로콜리 새싹

중간 크기의 냄비에 기름을 두르고 중간 불로 달군다. 양파, 마늘, 검은 커민씨를 넣고 향이 날 때까지 5분간 볶는다.

당근을 넣고 약한 불로 줄인 후 5분간 익히면 당근이 부드러워지기 시작한다.

다진 콜리플라워를 넣고 5분 동안 볶은 다음 채소 육수를 붓는다. 육수 국물이 줄어들고 채소가 부드러워질 때까지 5분 동안 끓인다. 옆에 두고 생선과 소스를 준비한다.

소스를 만들려면 먼저 작은 냄비에 야자유가 녹을 때까지 데운다. 생강, 강황, 고춧가루를 넣고 향이 날 때까지 가열한다. 얇게 썬 자두와 타마리 간장을 넣고 약 3~5분간 두어 자두에서 즙이 나올 때까지 가열한다.

코코넛 요구르트를 잘 섞고 소금과 후추로 간을 한다. 덮어서 보관한다.

소금, 후추로 손질한 농어 간을 맞춘다. 프라이팬에 기름을 두르고 지글지글 소리가 날 때까지 충분히 달군다.

농어를 팬에 올려 중간 불에서 8분 동안 구운 다음 뒤집어 다시 8분 동안 구워준다(또는 생선이 단단해지고 만졌을 때 조각이 날 때까지).

* 우유 대신 코코넛을 사용해서 만든 요구르트(yogurt).—역자 주

콜리플라워 '밥'을 다시 볶은 다음 아티초크 심과 케일, 아몬드와 코코넛을 넣어 케일이 부드러워질 때까지 익힌다.

신선한 허브를 넣고 소금, 후추로 간을 한다.

접시에 '밥' 필라프를 숟가락으로 떠서 올리고 농어를 얹은 다음 소스를 끼얹는다. 먹기 직전에 대마씨와 브로콜리 새싹을 뿌려도 좋다.

레시피 제공: NeuroTrition Inc.

새로운 셰퍼드 파이*

(4인분)

음식 건강지수	열량	미생물 전용 탄수화물	폴리페놀	오메가-3 지방산/총지방
2.75	341	10g	0.088g	0.006

- 아시아 고구마 2개
- 엑스트라 버진 올리브유 1큰술
- 강판에 간 신선한 생강 1작은술
- 다진 마늘 1작은술
- 다진 붉은 양파 반 컵(큰 양파 반 개)
- 다진 당근 반 컵(중간 크기 당근 1개)
- 땅콩 호박 자른 것(1컵)
- 네 등분한 양송이버섯 반 컵
- 한국 고춧가루 ½작은술
- 병아리콩 된장 1큰술
- 한국 고추장 1½작은술
- 저염 채소 육수 1컵
- 다진 배추 1컵
- 깍둑썰기한 일본 가지 1컵
- 한입 크기로 자른 김치 반 컵
- 생호두 조각 반 컵
- 조리한 렌틸콩 1컵
- 길이 방향으로 네 등분한(크면 6등분) 청경채 3개
- 2.5cm 정도 길이로 자른 파 1개
- 타마리 간장 4작은술
- 생강 ½작은술
- 참기름 ¼작은술
- 참깨 1작은술

* 다진 고기 위에 으깬 감자를 얹어 구운 요리. 여기서는 채식 요리법을 소개한다.—역자 주

· 고명(빼도 좋다): 검은깨, 대마씨, 잘게 썬 골파

오븐을 약 180°C로 예열하고 고구마에 칼집을 낸 다음 부드러워질 때까지 1시간 동안 굽는다. 그동안 셰퍼드 파이를 채울 재료를 만든다.

냄비에 기름을 두르고 중간 불로 달군 다음 생강, 마늘, 양파를 향이 날 때까지 볶는다.

당근, 호박, 버섯을 넣고 5분간 볶는다.

고춧가루, 된장, 고추장을 추가해 5분간 볶으면 풍미가 살아난다.

채소 육수를 넣고 채소가 부드러워질 때까지 10분간 끓인다.

냄비에 배추와 가지를 넣고 부드러워질 때까지 계속 끓인다.

불을 약하게 줄이고 김치, 호두, 삶은 렌틸콩, 청경채, 파를 넣고 부드러워질 때까지 10분간 끓인다.

맛을 보고 타마리 간장 2작은술(또는 기호에 따라)로 간을 한다.

조리를 마친 속재료를 4개의 10온스(280그램) 오븐용 캐서롤 접시에 나눠 보관하고 고구마를 준비한다.

고구마 껍질을 벗기고 포크로 으깬 후 남은 생강, 참기름, 참깨로 간을 한다.

고구마를 속재료 위에 고르게 올린 다음 오븐에 넣어 10분 동안 굽는다.

검은깨, 대마씨, 골파로 고명을 얹는다.

레시피 제공: NeuroTrition Inc.

정어리 파스타

(4인분)

음식 건강지수	열량	미생물 전용 탄수화물	폴리페놀	오메가-3 지방산/총지방
3.72	458	16g	0.135g	0.06

· 통밀 스파게티 225g
· 엑스트라 버진 올리브유 3큰술
· 잘게 썬 큰 양파 1개
· 회향 덩어리 1개, 잘게 썬 것
· 고춧가루 1큰술
· 회향씨 1큰술
· 뼈와 껍질을 제거한 정어리 225g
· 얇게 썬 토마토 2컵
· 백포도주 170g
· 물 반 컵
· 타임 1큰술
· 간 맞출 소금과 후추
· 잘게 다진 골파 2큰술

파스타는 지시에 따라 삶아 물기를 빼고 따로 보관한다.

큰 프라이팬에 올리브유를 두르고 중간 불로 가열한다.

양파, 회향, 고춧가루, 회향씨를 넣고 양파 크기가 줄어들 때까지 약 10분간 볶는다.

정어리 반을 넣고 잘 젓는다.

토마토를 넣는다.

포도주와 물 반 컵을 붓는다.

타임, 소금, 후추를 뿌려 버무린다.

나머지 정어리를 넣고 액체가 대부분 줄어들 때까지 약한 불에서 7~8분 동안 끓인다.

삶은 파스타를 팬에 옮겨서 소스와 잘 섞이도록 부드럽게 저어준다. 골파를 뿌리고 먹는다.

레시피 참조: Jamie Oliver, 『*Jamie's Italy*』

콜리플라워 페투치니 알프레도와 수제 캐슈치즈

(4인분)

음식 건강지수	열량	미생물 전용 탄수화물	폴리페놀	오메가-3 지방산/총지방
2.06	478	10.7g	0.03g	0.004

· 통곡물(원하는 경우 글루텐이 없는) 페투치니 또는 링귀네 면 225g

· 찐 콜리플라워 4컵

· 통마늘 1쪽

· 양파 가루 1작은술

· 천일염 ½작은술

· 간 맞출 후추

· 수제 또는 구입한 캐슈치즈 1컵(다음 요리)

· 식물성 우유 ½컵

· 엑스트라 버진 올리브유 3큰술

· 냉동 완두콩 1컵

· 고명: 신선한 파슬리, 대마씨, 후추

큰 냄비에 물을 끓여 포장지에 적힌 대로 파스타가 쫄깃해질 때까지 삶는다.

파스타를 삶는 틈에, 콜리플라워, 마늘, 양파 가루, 천일염, 후추, 캐슈치즈, 식물성 우유, 올리브유 2큰술을 블렌더에 넣어 알프레도 소스를 만든다. 크림처럼 부드러워질 때까지 빠르게 섞는다. 필요하면 간을 맞춘다.

소스가 완성되면 중간 크기의 냄비에 올리브유 1큰술을 두르고 중간 불로 가열하여 완두콩을 넣고 따뜻해질 때까지 3~5분 동안 볶는다.

완두콩에 콜리플라워 알프레도 소스를 넣고 면을 소스에 버무려 즉시 먹는다.

기호에 따라 다진 파슬리, 대마씨, 갓 간 후추로 고명을 얹는다.

수제 캐슈치즈

(225g)

· 무염 생 캐슈 1컵
· 끓는 물 2컵
· 여과된 실온의 물 ¼컵
· 프로바이오틱 1캡슐

캐슈 열매를 유리그릇에 담고 끓는 물로 채운다. 2시간 정도 불린 후 물기를 뺀다.
열매를 블렌더에 넣고 부드러워질 때까지 빠르게 섞는다. 고르고 부드러워지도록 한 번에 약 1작은술의 실온 여과수를 넣는다.
프로바이오틱 캡슐을 깨서 잘 섞인 캐슈 열매에 뿌리고 한 번 더 고르게 섞는다.
유리그릇에 옮겨 수건으로 덮고 충분히 발효되도록 등 켜진 오븐에 밤새 둔다.

∴ 캐슈치즈는 밀폐 용기에 넣어 냉장 보관하면 한 달간 멀쩡하다.

레시피 제공: NeuroTrition Inc.

해산물 파스타

(4인분)

음식 건강지수	열량	미생물 전용 탄수화물	폴리페놀	오메가-3 지방산/총지방
2.63	354.5	8.7g	0.017g	0.062

· 통밀 스파게티 225g
· 엑스트라 버진 올리브유 2큰술
· 다진 리크 2컵(밝은 녹색과 흰색 부분만)
· 중간 크기의 피망 2개, 씻어 잘게 깍둑썰기
· 다진 마늘 2쪽
· 반으로 자른 방울토마토 1½컵
· 고수, 타임, 골파 같은 다진 허브 2큰술
· 케이퍼 2큰술, 헹구고 물기 제거

- 강판에 간 레몬 1개
- 훈제 홍합 1캔
- 작게 자른 훈제 연어 85g(즙과 껍질은 버린다)
- 소금과 갓 간 후추

큰 팬에 물을 끓이고 봉지에 적힌 대로 파스타를 삶는다. 물을 따르고 옆에 둔다.

중간 불로 달군 큰 프라이팬에 올리브유 2큰술을 두른다.

다진 리크와 피망, 소금 한 자밤 넣고 3~4분간 볶는다.

다진 마늘을 넣고 중간 불에서 약 2분간 볶는다.

토마토와 허브를 넣고 토마토가 부드러워질 때까지 약 3~4분간 볶는다.

케이퍼와 레몬을 섞는다.

팬에 삶은 파스타를 넣고 살살 저어가며 고루 섞는다.

파스타에 홍합(국물 포함)과 연어를 넣는다.

몇 분 더 조리한다. 기호에 맞게 간을 하고 먹는다.

레시피 제공: Minou Mayer

버섯 스파게티

(4인분)

음식 건강지수	열량	미생물 전용 탄수화물	폴리페놀	오메가-3 지방산/총지방
2.18	268	5.9g	0.07g	0.013

- 중간 크기 국수호박(씨를 뺀)
- 엑스트라 버진 올리브유 2큰술
- 중간 크기의 노란 양파 1개, 얇게 썬 것
- 얇게 썬 작은 리크 1개(흰색과 연한 녹색 부분만)
- 생강 1큰술
- 정향 ½작은술
- 레몬페퍼 양념 1작은술
- 고춧가루 1작은술(빼도 좋다)
- 얇게 썬 버섯 1½컵
- 얇게 썬 신선한 토마토 1½컵

· 잘게 다진 브로콜리 작은 꽃 2컵

· 구운 호박씨 반 컵

· 간 맞출 소금과 후추

국수호박을 반으로 잘라 씨를 빼고 종이행주로 싸놓는다.
호박 2쪽을 전자레인지에 넣고 약 8분간 조리한다.
다 익으면 전자레인지에 5분간 그대로 두고 식혀준다.

국수호박이 전자레인지에서 조리되는 동안:
팬에 올리브유를 두르고 중간 불로 달군 후 양파와 리크를 넣고 볶는다.
양파가 투명해질 때까지 5~7분 정도 볶는다.
향이 날 때까지 향신료(생강, 정향, 레몬페퍼, 고춧가루)를 넣는다.
버섯을 넣고 부드러워질 때까지 약 3분간 볶는다.
토마토와 브로콜리를 넣고 브로콜리가 익을 때까지 약 5~6분간 중약불에서 볶는다.
국수호박을 넣고 포크로 잘 섞는다.
소금과 후추로 간을 맞춘다. 그 위에 구운 호박씨를 뿌려 먹는다.

레시피 제공: Minou Mayer

호두 두카 바삭한 연어와 레몬 케일

(4인분)

음식 건강지수	열량	미생물 전용 탄수화물	폴리페놀	오메가-3 지방산/총지방
3.5	264	2.8g	0.04g	0.32

· 생호두 조각 ¼컵
· 후추와 천일염 각 ½작은술
· 커민씨 2작은술
· 회향씨 1작은술
· 고수 가루 ¼작은술
· 참깨 3큰술
· 야생 연어 살코기 170g, 4개

오븐을 약 180°C로 예열하고 구이용 철판에 유산지를 깐다.

연어를 제외한 모든 재료를 푸드 프로세서나 블렌더에 넣고 갈아 두카(dukka)를 만든다. 호두 조각이 잘게 부서질 때까지 블렌더 날의 강약을 조절한다.

중간 크기의 프라이팬을 중간 불로 달군다. 두카를 3~5분 동안 또는 고소한 견과류 냄새가 날 때까지 볶는다. 바로 사용하지 않는다면 프라이팬에서 꺼내 열이 없는 접시로 옮긴다.

구이용 철판에 껍질이 아래로 향하도록 연어를 놓는다. 연어 살코기 위에 호두 두카를 고르게 펴 바르고 연어 살에 눌어붙도록 살살 누른다.

15~20분 정도 굽거나 포크로 잡아당겼을 때 생선 살이 쉽게 벗겨질 때까지 굽는다.

레몬 케일(다음 요리)과 함께 먹는다.

레몬 케일
(4인분)

· 엑스트라 버진 올리브유 2큰술
· 다진 마늘 4~5쪽
· 케일 2송이, 목본 줄기를 제거하고 거칠게 다진 것
· 검은 후추 ¼작은술
· 천일염 ¼작은술
· 레몬즙 2큰술

큰 프라이팬이나 큰 소스 냄비에 기름을 두르고 중간 불로 달군다. 마늘을 넣고 1분간 볶는다.

케일, 후추, 천일염, 레몬즙을 넣고 케일이 무르고 선명한 녹색을 띨 때까지 3~4분 볶는다.

소금, 후추, 필요한 경우 추가 레몬즙으로 간을 맞춘다. 바로 먹는다.

레시피 제공: NeuroTrition Inc.

요구르트 고수 드레싱을 곁들인 부리토 볼

(4인분)

음식 건강지수	열량	미생물 전용 탄수화물	폴리페놀	오메가-3 지방산/총지방
3.02	500	16.4g	0.167g	0.03

부리토 볼:

- 현미 1컵
- 아보카도 기름 2큰술
- 잘게 썬 흰 양파 1개
- 다진 마늘 4쪽
- 커민 가루 1큰술
- 고춧가루 ¼~½작은술
- 깍둑썰기한 토마토 캔 800g
- 유기농 냉동 옥수수 1컵
- 삶은 검은콩 2컵
- 라임 1개, 착즙
- 천일염 1작은술
- 후추
- 루콜라, 시금치, 버무린 케일 등 쓴맛 나는 녹색 잎채소 4컵

요구르트 고수 드레싱:

- 코코넛 요구르트 200g
- 고수 또는 파슬리 반 묶음
- 천일염 한 자밤
- 신선한 할라페뇨(빼도 좋다)

고명:

- 얇게 썬 할라페뇨 1개
- 썬 아보카도 2개

포장지 지시대로 현미밥을 짓는다(얼추 35분 소요).

큰 프라이팬에 아보카도 기름을 두르고 중간 불로 가열한다. 양파를 넣고 5분간 조리한

다음 마늘, 커민, 고춧가루를 넣는다. 3분 더 조리한다.

통조림 토마토, 옥수수, 검은콩, 라임즙, 소금 및 후추를 추가한다. 토마토즙이 거의 졸아들 때까지 조리한다(5~10분).

콩이 익어가는 동안 요구르트 고수 드레싱을 만든다.

블렌더에 코코넛 요구르트, 고수, 소금(기호에 따라 할라페뇨를 넣어도 좋다)을 넣고 부드러워질 때까지 갈아준다.

그릇에 콩, 옥수수, 신선한 쓴 잎채소, 얇게 썬 아보카도와 할라페뇨를 곁들인 현미밥을 담고 드레싱을 얹는다.

레시피 제공: NeuroTrition Inc.

시금치와 치즈 프리타타

(4인분)

음식 건강지수	열량	미생물 전용 탄수화물	폴리페놀	오메가-3 지방산/총지방
1.6	310	4.3g	0.03g	0.03

- 엑스트라 버진 올리브유 3큰술
- 리크 1개, 흰색과 옅은 녹색 부분만 세로로 반으로 갈라 씻고 가늘게 썬다
- 얇게 썬 양파 중간 크기 1개
- 얇게 썬 토마토 2컵
- 천일염 ½작은술
- 갓 간 후추
- 강황 ½작은술
- 다진 신선한 생강 1큰술
- 굵게 다진 아기 시금치 2컵
- 큰 계란 4개
- 염소치즈 85g

고명:

- 얇게 썬 아보카도 1개
- 자른 신선한 딜 ¼컵
- 다진 골파 3작은술
- 강판에 채 썬 레몬 ½개

25센티미터 크기 프라이팬에 기름을 두르고 중간 불로 달군다.

리크와 양파를 넣어 부드럽고 투명해질 때까지 약 5분간 볶는다.

토마토, 소금, 후추, 강황, 생강을 넣고 4분간 더 볶는다.

시금치를 넣고 잎이 무를 때까지 저어준다.

계란을 풀어 넣고 약 1분 후 불을 중간 불로 줄인다.

프리타타에 염소치즈를 넣고 5~6분 정도 계란이 흐트러지지 않을 때까지 익힌다.

프리타타를 접시에 옮기고 얇게 썬 아보카도, 딜, 골파, 레몬제스트를 얹는다.

레시피 제공: Minou Mayer

빵가루 치킨 튀김과 채소

(4인분)

음식 건강지수	열량	미생물 전용 탄수화물	폴리페놀	오메가-3 지방산/총지방
1.80	299	5g	0.012g	0.039

· 엑스트라 버진 올리브유 2큰술

· 소금과 후추

· 정향 ½작은술

· 빵가루 ¾컵

· 유기농 방목 치킨커틀릿 4조각(얇은 닭가슴살)

· 썬 양파 1개

· 썬 샬롯 2개

· 다진 마늘 4쪽

· 브로콜리 작은 꽃 3컵

· 콜리플라워 작은 꽃 3컵

· 닭고기 육수 또는 물 반 컵

· 마른 오레가노 2작은술

· 신선한 타임 2작은술

· 레몬 1개 즙

· 고명: 다진 신선한 고수

중간 불로 달군 프라이팬에 올리브유를 두른다. 닭가슴살을 튀기기 전에 기름이 뜨거운지 확인한다.

빵가루에 소금 ½작은술, 다진 후추 ½작은술, 정향을 넣고 잘 섞는다.

닭가슴살 조각에 빵가루를 묻힌 후 프라이팬에서 황금색이 될 때까지 앞뒤로 약 2분간 튀긴다.

프라이팬에서 닭가슴살을 꺼내 접시에 담는다.

프라이팬에 올리브유를 약간 두르고 중간 불로 달군다.

양파와 샬롯을 넣고 3~4분 정도 볶는다.

마늘을 넣고 1분간 볶는다.

브로콜리와 콜리플라워 꽃과 닭고기 육수 또는 물을 추가한다.

소금과 후추를 뿌린다.

모든 채소에 튀긴 닭가슴살을 올린다.

레몬즙에 오레가노, 타임을 넣고 닭고기 위에 붓는다.

약 5~7분 동안 닭고기 온도가 약 70°C가 될 때까지 조리한다.

고명으로 고수를 얹는다.

레시피 제공: Minou Mayer

콜리플라워 병아리콩 쿠스쿠스

(4인분)

음식 건강지수	열량	미생물 친화 탄수화물	폴리페놀	오메가-3 지방산/총지방
1.95	487	10.5g	0.06g	0.02

- 엑스트라 버진 올리브유 3큰술
- 잘게 썬 중간 크기 노란 양파 1개
- 씨와 심을 제거하고 중간 크기 정사각형으로 자른 노란색 및 주황색 피망 각각 1개
- 콜리플라워 작은 꽃 3컵
- 커민 가루, 강황 가루, 말린 백리향 각 ½작은술
- 신선한 간 생강 1큰술
- 계핏가루 2작은술 또는 매운 고춧가루 한두 자밤

- 신선한 토마토 조각 2컵(순한 살사를 대신 사용해도 된다)
- 물 또는 육수 반 컵
- 유기농 병아리콩 1캔
- 레몬즙 3큰술
- 고수 또는 파슬리 ½컵
- 익히지 않은 쿠스쿠스 1½컵
- 소금과 후추

큰 냄비에 올리브유 2큰술을 두르고 중간 불로 달군다.

양파를 넣고 양파가 황금빛이 되고 부드러워질 때까지 가끔 저어준다(약 5분).

피망, 콜리플라워, 향신료, 신선한 토마토를 넣고 3분 정도 볶는다.

물 또는 육수 반 컵을 더한다.

중간 불에서 7~8분 정도 익힌다.

병아리콩을 국물과 함께 넣는다.

불을 낮추고 콜리플라워가 바삭하고 부드러워질 때까지 약 5분 더 끓인다.

레몬즙과 고수 또는 파슬리를 넣는다(약간 남겨 고명으로 얹는다).

병아리콩 요리가 끓는 동안:

쿠스쿠스를 중간 내열 그릇에 담는다.

올리브유 1큰술, 코셔소금 ½작은술, 후추가루를 약간 넣고 저어준다.

끓는 물 1½컵을 넣고 서서히 젓는다.

뚜껑을 덮고 8~10분 동안 그대로 둔다.

포크로 살살 펴준다.

쿠스쿠스를 그릇에 담고 채소를 얹고 고수/파슬리 고명을 얹는다.

레시피 제공: Minou Mayer

사그 파니르

(4인분)

음식 건강지수	열량	미생물 전용 탄수화물	폴리페놀	오메가-3 지방산/총지방
1.04	550	3.3g	0.1g	0.05

· 다진 시금치 450g
· 말린 호로파 2작은술
· 버터기름 4큰술(올리브유도 좋다)
· 약 1.5cm 토막으로 자른 파니르 340g
· 다진 노란 양파 1개
· 다진 마늘 2쪽
· 다진 신선한 생강 1작은술
· 커민 2작은술
· 가람 마살라 2작은술
· 강황 ½작은술
· 카옌고추 ¼작은술
· 천일염 ¼작은술
· 코코넛 밀크 1½컵

끓는 물에 시금치와 호로파를 넣고 2~3분간 삶는다.

잘게 썰기 전에 시금치 물기를 최대한 뺀다.

팬에 버터기름을 두르고 파니르 큐브를 살짝 갈색이 될 때까지 볶은 다음 팬에서 꺼낸다.

버터기름에 양파, 마늘, 생강을 넣고 중간 불에서 볶는다. 투명해질 때까지 저어가며 조리하다가 시금치, 커민, 가람 마살라, 강황, 카옌고추, 천일염, 코코넛 밀크(또는 크림)를 볶은 파니르와 함께 넣는다.

10~15분 동안 또는 코코넛 밀크/크림이 걸쭉한 녹색 시금치 소스가 될 때까지 뚜껑을 덮지 않은 상태로 익힌다.

레시피 제공: Arpana Gupta

슈퍼 볼(Super Bowl)*

파워 볼

(1인분)

음식 건강지수	열량	미생물 전용 탄수화물	폴리페놀	오메가-3 지방산/총지방
3.8	199	5.43g	0.39g	0.31

- 자른 귀리** 2큰술
- 아마씨 1작은술
- 무염 해바라기씨 1작은술
- 치아씨 1작은술
- 생 대마씨 1작은술
- 호박씨 1작은술
- 여과되지 않은 사과주스 ¼컵
- 식물성 우유 ½컵
- 제철 장과 55g(블루베리, 딸기, 라즈베리, 블랙베리)

중간 크기의 그릇에 귀리와 각종 씨를 넣는다.

식물성 우유와 무가공 사과주스를 붓고 젓는다. 장과를 올려 맛있게 먹는다.

레시피 제공: Minou Mayer

* 미식축구 보면서 먹을 만한 간편식.—역자 주

** 겨를 벗긴 귀리를 두세 조각으로 자른 것. 미국에서는 스틸컷(steel-cut), 영국에서는 핀헤드(pinhead) 오트라고 부른다.—역자 주

트로피컬 볼

(1인분)

음식 건강지수	열량	미생물 전용 탄수화물	폴리페놀	오메가-3 지방산/총지방
3.34	300.8	6.9g	1.28g	0.42

- 아사이베리 가루 1작은술
- 말린 구기자 1작은술
- 신선하거나 말린 잉카 열매 1작은술 (페루산 그라운드체리)
- 잘게 자른 신선한 대추야자 1개
- 치아씨 1작은술
- 카카오 가루 1작은술
- 생 대마씨 1작은술
- 무가당 식물성 우유 또는 무가당 발효우유 반 컵
- 여과되지 않은 사과주스 ¼컵
- 얇게 썬 신선한 무화과 1개
- 신선한 파인애플 1조각, 잘게 자른다
- 신선한 망고 과일 1개, 잘게 자른다

중간 크기의 그릇에 처음 7가지 재료를 넣는다. 식물성 우유와 무가공 사과주스를 붓고 젓는다. 과일을 올려 맛있게 먹는다.

레시피 제공: Minou Mayer

식이섬유 볼

(1인분)

음식 건강지수	열량	미생물 전용 탄수화물	폴리페놀	오메가-3 지방산/총지방
4.0	330.75	9.13g	0.75g	0.47

· 조각 잭프루트(통조림) 1개
· 치아씨 1큰술
· 고대 곡물 플레이크 1작은술(나는 'Nature's Path Heritage Flakes'를 쓴다)
· 귀리 밀기울 1큰술
· 생 대마씨 1큰술
· 케피어 또는 무가당 식물성 발효 요구르트 반 컵
· 여과되지 않은 무가당 사과주스 ¼컵
· 잘게 조각낸 사과 반 개
· 잘게 조각낸 자두 2개

중간 크기의 그릇에 잭프루트와 치아씨, 곡물 플레이크, 귀리 밀기울, 대마씨를 섞는다. 케피어 또는 요구르트와 무가공 사과주스를 넣고 젓는다. 과일을 올려 맛있게 먹는다.

레시피 제공: Minou Mayer

폴리페놀 볼

(1인분)

음식 건강지수	열량	미생물 전용 탄수화물	폴리페놀	오메가-3 지방산/총지방
3.9	208.9	5.79g	0.32g	0.28

· 말린 구기자 1작은술
· 치아씨 1작은술
· 볶은 호박씨 1작은술
· 볶은 해바라기씨 1작은술
· 견과류(헤이즐넛, 피칸 또는 호두) 1작은술
· 귀리 밀기울 1큰술
· 카카오 가루 1작은술
· 마키 가루 1작은술(빼도 좋다)
· 카무카무 가루 1작은술(빼도 좋다)
· 대마 우유 또는 무가당 식물성 요구르트 반 컵
· 여과되지 않은 무가당 사과 주스 ¼컵
· 제철 과일 1큰술(유기농 블루베리, 딸기, 라즈베리, 블랙베리, 자두, 석류, 잉카베리)

중간 크기의 그릇에 처음 9가지 재료를 넣는다.

식물성 우유 또는 요구르트와 무가공 사과주스를 붓고 저어준다.

과일을 올려 맛있게 먹는다.

레시피 제공: Minou Mayer

과일과 치아 오트 볼

(1인분)

음식 건강지수	열량	미생물 전용 탄수화물	폴리페놀	오메가-3 지방산/총지방
5.15	414	13.9g	0.694g	0.26

· 치아씨 2큰술

· 자른 귀리 2큰술

· 바닐라 추출물 1작은술

· 식물성 우유 1컵

· 잘게 자른 과일(사과, 바나나, 복숭아) 반 컵

· 다진 호두 ¼컵

· 계피 ½작은술

· 카카오 1큰술(빼도 좋다)

블렌더에 치아씨, 귀리, 바닐라, 식물성 우유를 넣고 섞는다.

잘 갈린 재료를 그릇에 붓고 덮어 몇 시간 또는 밤새 냉장 보관한다.

여기에 과일, 호두, 계피, 카카오(기호에 따라)를 얹어 먹는다.

레시피 제공: Minou Mayer

씨드 파르페

(1인분)

음식 건강지수	열량	미생물 전용 탄수화물	폴리페놀	오메가-3 지방산/총지방
3.98	542	18.8g	0.591g	0.15

- 무가당 식물성 요구르트 1컵
- 치아씨 1큰술
- 아마씨 1큰술
- 구운 귀리 반 컵
- 다진 구운 아몬드 2큰술
- 블루베리 반 컵
- 카카오 ½작은술
- 계피 ½작은술

중간 크기의 그릇에 요구르트와 치아씨, 아마씨를 섞는다.

여기에 구운 귀리와 아몬드를 첨가한다.

블루베리를 넣고 그 위에 카카오, 계피를 얹는다.

레시피 제공: Minou Mayer

석류 초콜릿 스무디

(2인분)

음식 건강지수	열량	미생물 전용 탄수화물	폴리페놀	오메가-3 지방산/총지방
3.8	292	12.1g	0.61g	0.09

- 무가당 아몬드 우유 225g
- 석류주스 115g
- 유기농 아기 시금치 170g
- 익은 바나나 1개, 냉동
- 대추야자 2~3개
- 카카오 가루 3큰술
- 냉동 블루베리 2컵
- 아마씨 가루 1큰술(빼도 좋다)

모든 재료를 블렌더에 넣고 부드러워질 때까지 고르게 갈아준다.

레시피 제공: Chef AJ

망고 생강 탱고

(1~2인분)

음식 건강지수	열량	미생물 전용 탄수화물	폴리페놀	오메가-3 지방산/총지방
1.4	370	6g	0.256g	0.4

- 냉동 망고 조각 1컵
- 여과되지 않은 유기농 사과주스 1½컵

· 계핏가루 1작은술
· 간 생강 ½큰술
· 바나나 1개

블렌더에 모든 재료를 넣고 부드러워질 때까지 고루 섞어준다.

레시피 제공: Minou Mayer

그린 머신

(1~2인분)

음식 건강지수	열량	미생물 전용 탄수화물	폴리페놀	오메가-3 지방산/총지방
3.4	255	7.75g	0.01g	0.06

· 아마 또는 대마 우유 1컵
· 냉동 시금치 반 컵
· 아보카도 반 개
· 고수 반 컵
· 생강 가루 1작은술
· 정향 가루 ½작은술
· 간 후추 ½작은술
· 민트 잎(빼도 좋다)

블렌더에 모든 재료를 넣고 부드러워질 때까지 갈아준다.

레시피 제공: Minou Mayer

베리 판타지

(2인분)

음식 건강지수	열량	미생물 전용 탄수화물	폴리페놀	오메가-3 지방산/총지방
4.0	264	11.3g	0.49g	0.09

- 바나나 1개
- 냉동 딸기 1컵
- 냉동 블루베리 1컵
- 냉동 라즈베리 1컵
- 식물성 요구르트 반 컵
- 아마 또는 대마 우유 2½컵
- 계핏가루 1작은술

블렌더에 모든 재료를 넣고 부드러워질 때까지 갈아준다.

혼합물이 너무 걸쭉하면 우유를 넣어 골고루 섞는다.

레시피 제공: Minou Mayer

고대 곡물 샐러드

(2인분)

음식 건강지수	열량	미생물 전용 탄수화물	폴리페놀	오메가-3 지방산/총지방
2.9	306	10.3g	0.048g	0.013

- 통곡물 레드 불구르 밀 반 컵
- 끓는 물 반 컵
- 통조림 병아리콩 1컵
- 얇게 썬 파 반 컵
- 조각낸 토마토 1컵
- 레몬즙 2큰술
- 소금과 후추
- 이탈리안 시즈닝 1작은술
- 잘게 썬 파슬리 ¼컵

밀 통곡물에 끓는 물을 넣어 1시간 불린다.

물기를 잘 뺀 후 꼭 짠다.

큰 대접에 병아리콩과 곡물을 넣는다.

파, 토마토, 레몬즙, 소금, 후추, 향신료와 파슬리를 넣고 잘 섞는다.

레시피 제공: Minou Mayer

붉은 양배추 찜

(4인분)

음식 건강지수	열량	미생물 전용 탄수화물	폴리페놀	오메가-3 지방산/총지방
3.1	210	7g	0.176g	0.02

- 엑스트라 버진 올리브유 2큰술
- 잘게 썬 큰 노란 양파 1개
- 그라니스미스 같은 신맛 나는 사과 2~3개, 껍질을 벗기고 얇게 썬 것
- 껍질을 벗기고 네 등분한 붉은 양배추 큰 것 1개, 얇게 썬다
- 물 또는 닭고기 육수 반 컵
- 적포도주 반 컵
- 소금과 후추
- 정향 ½작은술
- 타임 1작은술

냄비에 올리브유를 두르고 중간 불로 달군다.

양파를 넣고 부드러워질 때까지 몇 분 동안 볶는다.

사과를 넣고 몇 분 더 볶는다.

양배추와 물(또는 닭고기 육수)을 넣고 중간 불에서 끓인다.

적포도주를 넣고 소금, 후추, 정향, 타임으로 간을 한다.

저으면서 중약불로 불을 줄이고 뚜껑을 덮는다.

양배추가 부드러워질 때까지 약 30~40분 동안 조리한다. 가끔 저어준다.

레시피 제공: Minou Mayer

양배추 절임 드레싱을 곁들인 시금치와 브로콜리 샐러드

(2인분)

음식 건강지수	열량	미생물 전용 탄수화물	폴리페놀	오메가-3 지방산/총지방
3.6	399	13g	0.456g	0.04

샐러드:

- 아기 시금치 2컵
- 반으로 자른 방울토마토 반 컵
- 껍질 벗긴 아보카도 1개, 깍둑 썬다
- 페타치즈 2큰술
- 껍질 벗긴 에다마메 반 컵
- 다진 고수 한 줌
- 찐 브로콜리 작은 꽃 2컵

드레싱:

- 엑스트라 버진 올리브유 2큰술
- 간장 2큰술
- 주스와 소금에 절인 양배추 반 컵
- 간 신선한 후추

큰 그릇에 모든 샐러드 재료를 넣는다.

작은 그릇에 드레싱 재료를 모두 섞는다.

샐러드 위에 드레싱을 붓고 버무린다. 즉시 먹는다.

레시피 제공: Minou Mayer

아마씨 크루통을 곁들인 마늘 케일 시저 샐러드

(4~6인분)

음식 건강지수	열량	미생물 전용 탄수화물	폴리페놀	오메가-3 지방산/총지방
2.0	428	5.85g	0.21g	0.08

샐러드:

- 케일 2송이는 줄기를 제거하고 먹기 좋은 크기로 썬다
- 냉압착 아마씨유 3큰술
- 천일염 ¼작은술

드레싱:

- 다진 마늘 4쪽(약 1큰술)
- 멸치장 1작은술
- 케이퍼 1작은술
- 케이퍼 절임 1작은술
- 검은 후추 ¼작은술
- 반으로 나눈 레몬즙 ¼컵
- 방목 계란 노른자 2개
- 천일염 ½작은술
- 겨자 가루 1작은술
- 엑스트라 버진 올리브유 ¼컵
- 아보카도 기름 ⅓컵

올리브유와 아보카도 기름을 뺀 모든 드레싱 재료(레몬즙 반만 사용)를 푸드 프로세서에 넣는다. 죽상이 될 때까지 약 30~60초 낮은 속도로 갈아준다.

푸드 프로세서를 저속으로 돌리면서 오일과 계란 노른자 혼합물이 유화되어 크림 같은 드레싱이 될 때까지 두 기름을 아주 천천히 섞어준다. 남은 레몬즙을 넣고 필요에 따라 소금이나 후추로 간을 맞춘다.

잘게 썬 케일, 아마씨유, 천일염을 큰 그릇에 넣고 섞는다.

깨끗한 손으로 케일에 기름과 소금을 넣고 케일이 부드러워질 때까지 무친다.

절인 케일과 원하는 양의 시저 드레싱을 합한다. 식이섬유, 폴리페놀 및 오메가-3 함량을 높이려면 (아삭한 견과류, 씨앗 등을 추가하면서) 아마씨 크루통을 얹는다.

아마씨 크루통

- 금색 또는 갈색 아마씨 가루 1컵
- 코코넛 가루 ¼컵
- 베이킹소다 1작은술
- 천일염 ½작은술
- 말린 타임 ¼작은술
- 방목 계란 3개
- 물 반 컵
- 다진 마늘 4쪽(약 1큰술)

· 엑스트라 버진 올리브유 2큰술 + ¼컵(나눠 놓는다)

오븐을 180°C로 예열하고 구이용 철판에 유산지를 깐다.

중간 크기의 그릇에 아마씨 가루, 코코넛 가루, 베이킹소다, 천일염, 타임을 섞는다. 다른 그릇에 계란, 물, 마늘, 올리브유 ¼컵을 넣는다.

젖은 재료에 마른 재료를 넣고 잘 섞는다. 혼합물을 그대로 5분 동안 숙성하게 둔다.

혼합물을 준비된 구이용 철판에 펴고 약 1.5센티미터 두께의 직사각형 모양으로 펼친다(혼합물이 철판 시트의 모든 면에 퍼지거나 닿을 필요가 없다). 20분 동안 또는 약간 단단해질 때까지 굽는다. 식힌 뒤 2.5센티미터 크기로 깍둑 썬다.

오븐 온도를 180°C로 다시 맞춘다. 크루통을 철판에 놓고 올리브유 2큰술을 뿌린다. 원하는 바삭함 정도에 따라 10~15분 동안 굽는다.

레시피 제공: NeuroTrition Inc.

새로운 니스식 샐러드

(4인분)

음식 건강지수	열량	미생물 전용 탄수화물	폴리페놀	오메가-3 지방산/총지방
2.0	469	4.3g	0.260g	0.13

샐러드:

· 중간 크기의 고구마 1개를 껍질째 1cm 내외 두께로 썬다

· 아보카도 기름 1큰술

· 천일염 ¼작은술

· 데친 강낭콩 2컵(약 200~250g)

· 반으로 썬 방울토마토 1컵

· 씨를 빼고 반으로 썬 올리브 ½컵

· 루콜라 4컵

· 물기를 뺀 정어리 2캔

· 반으로 자른 반숙 또는 완숙 계란 4개

드레싱:

· 거친 겨자 ½큰술
· 생사과 사이다 식초 1½큰술
· 레몬즙 2큰술
· 다진 마늘 1쪽
· 파슬리 줄기 빼고 잘게 썬 것 ¼컵
· 천일염 ¼작은술
· 검은 후추 ¼작은술
· 엑스트라 버진 올리브유 ¼컵
· 냉압착 아마씨유 2큰술

오븐을 180°C로 예열하고 구이용 철판에 유산지를 깐다. 중간 크기의 그릇에 고구마, 아보카도 기름, 소금을 함께 넣고 준비한 철판에 옮긴다. 15~20분 동안 또는 포크로 찔러 고구마가 부드러워질 때까지 굽는다.

고구마가 익는 동안 샐러드드레싱을 만든다. 중간 크기의 그릇에 겨자, 식초, 레몬즙, 마늘, 파슬리, 천일염, 후추를 넣고 함께 휘젓는다. 모든 드레싱 재료가 골고루 섞일 때까지 올리브유와 아마씨유를 천천히 부으면서 계속 휘젓는다.

큰 그릇에 고구마, 강낭콩, 토마토, 올리브, 루콜라를 넣고 원하는 양의 드레싱을 버무린다. 4개의 그릇에 샐러드를 고르게 나눈 다음 각 접시에 정어리 ¼개와 삶은 계란 2개를 올린다. 원하는 경우 검은 후추로 고명을 얹는다.

레시피 제공: NeuroTrition Inc.

버터 양상추, 아보카도, 감귤 샐러드

(2~3인분)

음식 건강지수	열량	미생물 전용 탄수화물	폴리페놀	오메가-3 지방산/총지방
4.0	253	8.92g	0.18g	0.14

샐러드:

· 바삭한 버터 양상추 225g
· 얇게 썬 페르시안 오이 1개
· 토마토 조각 1컵

- 껍질을 벗기고 잘게 자른 오렌지 2개
- 후지사과 2개, 껍질을 벗기고 잘게 자른다
- 껍질을 벗기고 씨를 뺀 아보카도 1개, 깍둑 썬다
- 구운 해바라기씨 반 컵

드레싱:

- 엑스트라 버진 올리브유 1큰술
- 오렌지즙 2큰술
- 간장 1큰술

양상추, 오이, 토마토, 오렌지 조각, 사과 조각을 함께 섞는다.

아보카도 조각을 추가한 다음 구운 해바라기씨를 뿌린다.

거품기로 올리브유, 오렌지즙, 간장을 잘 섞어 드레싱을 만든다.

샐러드 위에 드레싱을 부어서 먹는다.

레시피 제공: Minou Mayer

염소치즈를 곁들인 비트 샐러드

(2인분)

음식 건강지수	열량	미생물 전용 탄수화물	폴리페놀	오메가-3 지방산/총지방
3.2	278	6.18g	0.071g	0.17

- 중간 크기의 빨간색 또는 황금색 비트 2개, 씻어서 녹색 부분 제거
- 아기 시금치 3컵
- 껍질을 벗기고 조각낸 오렌지 2개
- 다진 신선한 골파 2작은술
- 다진 신선한 타임 2작은술
- 엑스트라 버진 올리브유 1큰술
- 발사믹 식초 1큰술
- 구운 호두 반 컵
- 으깬 염소치즈 반 컵
- 간 맞출 소금과 후추

비트가 부드러워질 때까지 약 20분 동안 삶는다. 식으면 껍질을 벗기고 채 썬다.

중간 크기의 그릇에 시금치를 담는다. 오렌지와 비트도 담는다.

작은 그릇에 골파, 타임, 올리브유, 식초를 넣고 거품기로 고르게 섞는다.

샐러드 위에 드레싱을 붓는다

구운 호두와 염소치즈를 얹는다. 소금과 후추를 넣고 간을 맞춰 먹는다.

레시피 제공: Minou Mayer

녹두 새싹 샐러드

(4인분)

음식 건강지수	열량	미생물 전용 탄수화물	폴리페놀	오메가-3 지방산/총지방
5.9	157	9.75g	0.53g	0.75

- 싹 튼 녹두 2컵
- 잘게 썬 작은 또는 중간 크기 양파 1개
- 잘게 썬 중간 크기 토마토 1개
- 풋고추 1개(빼도 좋다), 잘게 썬 것
- 고춧가루 ¼작은술
- 차트 마살라 ½작은술(빼도 좋다)
- 삶은 감자 또는 고구마 1개(빼도 좋다)
- 필요하면 암염 또는 검은 소금
- 필요하면 레몬즙 1작은술
- 고수 잎과 레몬 조각 몇 개, 고명

녹두를 깨끗이 씻는다. 6~8시간 또는 밤새 물에 충분히 담가놓는다.

다음 날 불린 콩은 물기를 빼고 큰 그릇에 담는다. 녹두에 약간의 수분이 남아 있는지 확인한다.

뚜껑을 덮고 따뜻한 곳에 8~12시간 정도 둔다(녹두는 따뜻한 곳에서 빨리 싹 튼다).

남은 숙주나물은 냉장 보관한다.

싹이 튼 녹두를 물에 헹구고 찌거나 완전히 익을 때까지 끓인다.

삶은 콩나물은 체에 밭쳐둔다.

큰 그릇에 소금과 레몬즙을 제외한 모든 재료를 섞는다.

소금으로 간을 하고 레몬즙을 몇 방울 떨어뜨린다. 레몬 조각과 고수 잎으로 고명을 얹는다. 바로 먹는다.

레시피 제공: Arpana Gupta

아보카도 후무스 딥

(4인분)

음식 건강지수	열량	미생물 전용 탄수화물	폴리페놀	오메가-3 지방산/총지방
2.6	150	4g	0.08gg	0.008

· 마늘 4쪽
· 고춧가루 1작은술
· 커민 가루 ½작은술
· 물기 뺀 통조림 병아리콩, 반 컵
· 레몬즙 2큰술
· 강황 가루 ½작은술
· 신선한 간 생강 1큰술
· 껍질을 벗기고 씨를 뺀 아보카도 1½개
· 엑스트라 버진 올리브유 1큰술
· 소금과 갓 간 후추
· 파프리카 ½작은술, 고명
· 다진 파슬리 1작은술, 고명

마늘, 고춧가루, 커민, 병아리콩, 레몬즙, 강황, 생강을 푸드 프로세서에 넣고 갈아준다.

아보카도를 넣고 20초간 더 간다.

이를 그릇에 담고 올리브유, 소금, 후추를 넣어 버무린다.

파프리카, 파슬리로 고명을 얹는다.

레시피 제공: Minou Mayer

케일과 렌틸콩 샐러드

(2인분)

음식 건강지수	열량	미생물 전용 탄수화물	폴리페놀	오메가-3 지방산/총지방
3.3	307	7.8g	0.027g	0.1

· 녹색 렌틸콩 ¾컵

· 큰 토스카나 케일(줄기를 버린다) 1개, 잘게 썬다

· 반으로 자른 방울토마토 1컵

· 잘게 혹은 깍둑 썬 아보카도 1개

· 다진 고수 한 줌

· 다진 호두 ½컵(약간 구운 것)

· 소금과 갓 간 후추

드레싱:

· 엑스트라 버진 올리브유 2큰술

· 신선한 레몬즙 1큰술

· 절인 양배추 반 컵

· 커민 가루 1작은술

· 신선한 간 후추 ½작은술

소금을 넣은 끓는 물에 렌틸콩을 넣고 부드러워질 때까지 약 20~25분 동안 삶아준다.

렌틸콩이 잘 익으면 물기를 빼고 식힌다.

큰 그릇에 케일, 토마토, 렌틸콩, 아보카도, 고수를 넣는다.

작은 볼에 드레싱 재료를 모두 섞는다.

샐러드에 드레싱을 붓고 호두와 소금, 후춧가루를 뿌려 맛을 낸다.

레시피 제공: Minou Mayer

겨자 비네그레트를 곁들인 채소볶음

(4인분)

음식 건강지수	열량	미생물 전용 탄수화물	폴리페놀	오메가-3 지방산/총지방
3.0	282	8.2g	0.07g	0.03

- 엑스트라 버진 올리브유 3큰술
- 붉은 양파 1개, 반으로 잘라 2.5cm 정도 크기로 조각낸다
- 껍질을 벗기고 길게 썬 당근 2컵
- 신선한 간 생강 ½큰술
- 껍질을 벗기고 얇게 썬 마늘 4쪽
- 애호박 1컵, 얇게 혹은 2.5cm 크기로 깍둑썰기
- 2.5cm 정도 크기로 깍둑 썬 여러 가지 색상의 피망 2컵
- 브로콜리 작은 꽃 2컵
- 콜리플라워 작은 꽃 2컵
- 간 맞출 소금과 후추
- 반으로 자른 신선한 방울토마토 1컵
- 물기를 뺀 병아리콩 1컵

드레싱:

- 다진 파슬리 한 줌
- 겨자 2큰술
- 엑스트라 버진 올리브유 1큰술
- 와인 식초 2큰술
- 타임 1작은술

모든 드레싱 재료를 병에 넣고 잘 저어준다.

큰 프라이팬에 올리브유 3큰술을 두르고 중간 불로 달군다.

양파와 당근을 3분 정도 볶는다.

팬에 생강, 마늘, 호박, 피망, 브로콜리, 콜리플라워를 넣는다.

소금과 후추를 뿌린다.

팬을 덮고 부드러워질 때까지 약 3~4분 동안 조리한다.

팬에 물 ¼컵을 넣고 저어주며 몇 분 더 조리한다.

채소를 너무 익히지 않는다. 아삭함이 사라진다.

실온에서 채소를 식혀 큰 그릇에 담는다.

거기에 신선한 토마토와 병아리콩을 더한다.

드레싱을 고르게 붓고 버무린 다음 먹는다.

레시피 제공: Minou Mayer

아보카도 계란 토스트

(2인분)

음식 건강지수	열량	미생물 전용 탄수화물	폴리페놀	오메가-3 지방산/총지방
1.4	331	4.8g	0.153g	0.005

- 엑스트라 버진 올리브유 1큰술
- 강황 ½작은술
- 계란 2개
- 소금과 후추
- 밀 사워도우 빵 2조각
- 잘 익은 아보카도 반 개
- 작고 붉은 양파 1개, 얇게 썬 것
- 얇게 썬 토마토 반 개

중약불로 달군 팬에 기름을 두른다.

기름에 강황을 넣고 잠깐 지글지글 볶는다.

팬에 계란을 깨뜨려 넣고 소금, 후추로 간을 한다.

계란을 원하는 대로 3~4분 정도 익힌다.

빵을 토스트기에 굽고 으깬 아보카도를 빵 위에 잘 발라준다.

빵에 양파와 토마토 조각을 올리고 계란을 얹는다.

레시피 제공: Minou Mayer

스페인 고등어 샐러드 샌드위치

(2인분)

음식 건강지수	열량	미생물 전용 탄수화물	폴리페놀	오메가-3 지방산/총지방
1.2	450	5.15g	0.028g	0.1

- 구운 대서양 마늘 고등어 살코기 2통(파타고니아 프로비전), 물기를 빼고 지방 조각으로 분리
- 잘게 깍둑 썬 셀러리 줄기 1개
- 작은 샬롯 1개 또는 적양파 ¼개, 작게 깍둑썰기
- 굵게 다진 납작한 파슬리 잎 약 ⅓컵
- 레몬즙 1큰술
- 채 썬 레몬 1작은술
- 디종 겨자 1작은술
- 소금과 후추

샌드위치:

- 뮌스터치즈 또는 스위스치즈 조각(빼도 좋다)
- 딜 피클 칩 6~8개, 물기를 빼고 가볍게 두드려 말린다(빼도 좋다)
- 통밀빵 4조각

중간 크기의 그릇에 고등어 샐러드 재료를 살살 섞는다.

달라붙지 않는 팬을 중간 불로 가열한다.

샌드위치 조립하기:

식빵 위에 치즈 조각을 얹는다. 피클 칩 3~4개, 고등어 샐러드 절반, 나머지 치즈 조각을 추가한다. 빵으로 덮는다. 하나 더 만든다.

팬에 샌드위치를 놓는다.

빵에서 황금빛 갈색이 나고 치즈가 녹을 때까지 한 면당 약 5분간 조리한다.

변형:

카레 가루, 두카, 하리사 또는 기타 풍미 좋은 향신료를 섞어도 좋다.

다진 신선한 허브를 넣어준다.

열량이 너무 많거나 동물성 지방을 원치 않으면 치즈를 뺀다.

레시피 참조 및 수정: Patagonia Provisions, Inc.

베지 버거

(4인분)

음식 건강지수	열량	미생물 전용 탄수화물	폴리페놀	오메가-3 지방산/총지방
2.2	413	11g	0.001g	0.003

- 파타고니아 프로비전 검은콩 수프 5.8온스(163g)
- 빵가루 1컵
- 페피타(호박씨) 반 컵, 잘게 다지거나 간다
- 얇게 썬 파 ¼컵
- 계란 1개
- 레몬즙 1작은술

검은콩 수프에 물 1컵을 넣어 끓인 다음 식힌다. 콩이 아주 걸쭉한 상태가 될 것이다.

중간 크기의 그릇에 나머지 재료를 넣고 식힌 콩 혼합물과 고르게 섞는다.

이 혼합물을 패티 4개로 나누어 스토브 또는 그릴에서 굽는다.

스토브:

달궈진 프라이팬에 기름 2큰술을 두른 뒤 패티를 바삭바삭하게 전체적으로 가열한다.

그릴:

쟁반이나 접시에 패티를 한 겹으로 놓고 단단해질 때까지 20~30분 얼린다. 그릴을 예열하고 기름을 바른 천으로 그릴을 닦는다. 각 패티를 한 면당 5~7분 굽는다.

아보카도, 새싹 또는 좋아하는 조미료로 고명을 얹는다.

레시피 참조: Patagonia Provision, Inc.

디저트

B-RAW-니(브-라우-니)

(8인분)

음식 건강지수	열량	미생물 전용 탄수화물	폴리페놀	오메가-3 지방산/총지방
3.3	340	7g	0.16g	0.27

· 호두 2컵
· 코코아 가루 반 컵
· 씨를 뺀 대추야자 2컵
· 무알코올 바닐라 추출물 1큰술

호두는 S자 날이 장착된 푸드 프로세서에서 가루를 낸다. 너무 과하게 갈지 않는다.

코코아도 추가해 고르게 갈아준다.

대추야자도 넣어 공 모양이 생길 때까지 갈아준다.

바닐라를 넣고 다시 짧게 갈아준다.

반죽을 실리콘 브라우니 몰드 또는 20×20센티미터 사각 팬에 옮기고 고르게 누른다.

뚜껑을 덮고 냉장하여 2~3시간 정도 굳힌다. 네모지게 썬다.

레시피 제공: Chef AJ

베리를 곁들인 카카오 요구르트

(1인분)

음식 건강지수	열량	미생물 전용 탄수화물	폴리페놀	오메가-3 지방산/총지방
4.13	160	6.2	0.44	0.14

· 식물성 요구르트 반 컵
· 카카오 1큰술
· 입 크기로 자른 제철 딸기 1컵

작은 그릇에 카카오와 요구르트를 넣고 부드러워질 때까지 저어준다.

과일을 얹어 먹는다.

레시피 제공: Minou Mayer

압력솥 블루베리 기장 푸딩

(4~6인분)

음식 건강지수	열량	미생물 전용 탄수화물	폴리페놀	오메가-3 지방산/총지방
1.2	256	3.12g	0.49g	0.13

푸딩:

· 기장 1컵
· 무가당 식물성 우유 3컵
· 계피 1작은술
· 소두구 ½작은술
· 바닐라 가루 1작은술(빼도 좋다)

과일 토핑:

· 대추야자 페이스트 2큰술
· 무가당 석류주스 2컵
· 물 4큰술에 녹인 옥수수 전분 4큰술
· 야생 블루베리 1컵

푸딩의 경우:

전기압력솥에 푸딩 재료를 모두 넣고 센 불에서 10분간 끓인다. 10분 후에 압력을 푼다. 따뜻하게 또는 차갑게 먹을 수 있다. 식으면서 기장은 걸쭉해진다.

과일 토핑:

중간 크기의 냄비에 대추야자 페이스트를 석류주스와 혼합해 풀어주고 반 컵 분량으로 줄 때까지 졸인다. 옥수수 전분을 넣고 혼합물이 걸쭉해질 때까지 천천히 저어준 다음 블루베리를 넣어 부드럽게 저어준다. 불을 끈다.

섞기:

푸딩 혼합물을 키가 큰 잔이나 파르페 접시 4~6개에 고르게 나눈다. 각 파르페에 과일 토핑을 골고루 끼얹는다. 원하면 두 층으로 만들 수도 있다.

굳을 때까지 몇 시간 식힌다.

레시피 제공: Chef AJ

세계에서 가장 건강하고 (만들기 가장 쉬운) 피칸 파이 (10~12인분)

음식 건강지수	열량	미생물 전용 탄수화물	폴리페놀	오메가-3 지방산/총지방
2.4	366	7.3g	1.83g	0.015

크러스트:

- 무염 생 피칸 2컵
- 씨를 뺀 대추야자 2컵
- 바닐라 가루 1작은술

속 채우기:

- 대추야자 450g을 450g의 물에 담가 부드럽게 한다
- 바닐라 가루 1작은술(빼도 좋지만 있으면 금상첨화)
- 무염 생 피칸(약 3컵) 340g을 가루로 잘게 갈아준다

먼저 크러스트를 만든다:

S자 날이 장착된 건식 푸드 프로세서에 피칸을 놓고 밀가루처럼 가루를 낸다. 과하게 갈면 너트 버터처럼 너무 부드러워질 수 있으니 주의한다.

푸드 프로세서에 대추야자를 더하고 공 모양이 생길 때까지 갈아준다. 대추야자가 더 필요할 수도 있다.

반죽 농도가 적당해지면 바닐라를 넣고 잠시 치댄다.

유산지를 사용해서 23센티미터 분리형 원형 팬에 반죽을 고르게 눌러준다.

채울 속을 만든다:

S자 날이 장착된 대형 푸드 프로세서에 물에 불린 대추야자와 바닐라를 담그고 부드러워질 때까지 고르게 갈아준다.

곱게 간 피칸을 넣고 크림이 될 때까지 잘 섞는다.

파이를 만든다:

크러스트에서 유산지를 떼고 그 속을 준비한 재료로 채워 고르게 편다.

파이 윗부분을 반으로 자른 피칸으로 장식한다.

파이를 밤새 또는 단단해질 때까지 얼린다.

레시피 제공: Chef AJ

⋆ 식사 계획 ⋆

하루 메뉴는 다음과 같이 구성할 수 있다. 시간제한 식사를 계획하고 있다면 점심과 저녁, 그 사이에 건강에 좋은 간식거리를 포함, 하루 두 끼를 8시간 이내에 먹도록 조율한다. 그러나 이러한 조리법을 전통적인 아침, 점심 및 저녁 식사 계획에 사용해도 좋다.

- **아침 식사:** 일품요리 또는 스무디
- **아점/점심:** 일품요리, 샌드위치 또는 샐러드
- **저녁:** 간단한 주요리 (주말엔 좀 거하게 먹는다)
- **간식으로 설탕을 첨가하지 않은 고섬유질/폴리페놀 스낵**
  - 사과, 견과류
  - 고섬유질, 무가당 바
  - 나비타스 오가닉 스낵
- **음료**
  - 아침에 무가당 블랙커피 또는 차
  - 콤부차
  - 오후/저녁에 녹차와 홍차
  - 마테차
  - 무가당 프로바이오틱스 음료
  - 물
  - 저녁에 적포도주 한 잔

★ 소화기관에 좋은 식품의 영양 지수 ★

고섬유질 식품

식품	섬유(그램/100그램)
치아씨	33.3
카카오	22.5
아마씨	19.3
렌틸콩	17.5
귀리 기울	16.1
아마 시리얼	13.3
밀싹	12
에다마메	8.8
통밀 파스타	8
피칸	7.5
검은콩	4.3
야생쌀	4
병아리콩	2.6
비트	2.6

http://www.nal.usda.gov/sites/www.nal.usda.gov/files/total_dietary_fiber.pdf

전부 89쪽에 이르며 식품 안에 든 섬유소의 양을 확인할 수 있다.

폴리페놀이 많은 식품

식품	폴리페놀(밀리그램/100그램)
치아씨	2941.2(불포화지방산 리놀레산 포함)
아마씨	956.9(불포화지방산 리놀레산과 세코이소라리시레시놀* 디글루코사이드 포함)
아마기름	900(페룰릭산 글루코사이드 포함)
커피	895(클로로제닉산 포함)
생 절임 양배추**	825(피노레시놀과 카엠페롤 포함)
블루베리	310(카페오일퀴닉산 포함)
카카오 가루	225(플라바놀 포함)
적포도주	220(레스베라트롤과 타닌 포함)
자두	185(카페오일퀴닉산 포함)
검은콩	174(델피니딘 글루코사이드 포함)
녹차	105(테아닌 포함)
느타리버섯	67(에르고티오네인 포함)
엑스트라 버진 올리브유	50(루테올린과 올레오칸탈 포함)

http://phenol-explorer.eu/

* 계피산처럼 탄소 6개~3개 기본 분자(탄소 9개) 두 개가 결합한 리그난 골격에 당이 둘 더 붙은 폴리페놀 화합물이다.—역자 주

** 저온 살균(pasteurization)하지 않은 양배추이다. 식초 혹은 젖산 발효 세균을 넣어 절인 양배추(sauerkraut)가 시큼해지면 저온 살균하여 양배추가 상하거나 있을지도 모를 병원균을 죽인다. 하지만 저온 살균하지 않은 생절임 양배추는 젖산을 만드는 프로바이오틱을 첨가하여 온도를 가했을 때 함께 파괴될지도 모를 수용성 비타민을 보존한다고 한다.—역자 주

오메가-3 지방산 함유 식품

식품	오메가-3 지방산(밀리그램/100그램)
아마씨	22,800
치아씨	18,100
호두	9,200
대마씨	8,700
아마기름	8,200
고등어	5,100
정어리	4,000
야생 연어	2,300
콩(대두)	1,400
피칸	860
두부	582

http://fdc.nal.usda.gov/

감사의 글

지난 5년간 우리의 건강, 식품을 생산하는 환경의 건강, 식물성 식품의 건강, 지구 행성의 건강이 서로 긴밀하게 연결되어 있음을 깨닫는 데 도움을 준 모든 분께 감사드린다. 덕분에 나는 뇌와 장, 장내 미생물군 사이의 긴밀한 상호작용에 국한되었던 『더 커넥션』의 기본 개념을 뛰어넘는 두 번째 책을 쓰게 되었다. 장과 뇌에서 토양과 지구의 건강으로 시야를 넓히는 데 가장 큰 역할을 한 사람은 파타고니아의 선구적인 창립자 이본 쉬나드이다. 그의 인생 이야기와 철학, 지구를 구하기 위한 열정적인 투쟁은 나의 세계관에 깊은 영향을 남겼다. 집필 기간 내내 귀중한 의견을 준 하퍼 웨이브의 훌륭한 편집자 줄리 윌에게도 고마움을 전한다. 그의 신뢰와 격려가 없었다면 이 프로젝트에 착수할 용기를 내지 못했을 것이다.

수십 년 동안 내 클리닉에서 만난 모든 분들께 감사드린다. 그들의 삶 이야기를 통해 건강과 질병의 배후에 마음과 장의 상호작용이 커다란 역할을 함을 알게 되었다. 환자 한 분 한 분의 이야기는 내가 진행한 연구 결과의 직접적 임상 관련성을 검증하는 데 큰 도움이 되었다. 『더 커넥션』을 읽고 긍정적인 의견을 아끼지 않은 독자들에게도 고마운 마음을 전한다. 독자들은 여러 환자의 사연에서 자신의 이야기를 발견하고 건강한 장 미생물 집단을 회복할 수 있는 더 많은 정보들을 나에게 구했다. UCLA 연구팀, 특히 음식이 장내 미생물과 뇌의 상호작용에 미치는 영향을 주도적으로 연구한 애니 굽타 박사, 그리고 이 책의 내용을 발전시키는 데 기여하고 깊은 관심을 보인 우리 센터의 여러 현명한 학생들, 특히 카리나 낸스와 줄리엣 프랭크와의 긴밀한 교류가 없었다면 이 책의 아이디어는 나올 수 없었을 것이다. 마음과 장의 상호작용을 연구하는 임상의 최전선에 있는 UCLA 소화기내과 교수로 일하게 되어 감사하며, 특히 마음과 장의 상호작용에 대한 내 견해를 기꺼이 지지해준 학과장 에릭 에즈레일리언 교수에게도 고마움을 전한다. 파괴적인 뇌 질환에서 장 미생물 집단의 역할을 밝히는 과학자들에게 영감을 주는 리마 카두라-다우크 박사와 사르키스 마즈마니안 박사, 뇌 연구에 첨단 네트워크 분석을 적용한 선구자인 올라프 스폰스 박사, 건강과 기후 위기 사이의 밀접한 관계에 대해 과학계의 관심을 불러일으킨 월터 윌렛 박사, 이탈리아 돌로미티에서 세계적인 수준의 요리와 현지의 지속 가능한 식품 생산을 결합한 미슐랭 쓰리스타 요리사 노르베르트 니에데르코플레르, 이탈리아 아드리아 지역에서 재생 유기농 와인과 올리브유 생산을 실천하는 마르코 카발리에리에게 감사드린다.

복잡한 과학 개념을 이해하기 쉽고 친숙한 언어로 바꾸는 데 큰 도움을 준 공저자 넬 케이시와 예술적 창의성을 발휘하여 이 책의 삽화를 그려준 클라크 밀러에게도 감사드린다.

이 책의 많은 세부 사항을 계속 논의하고 여러 요리법을 설계하고 시연하면서 주방을 음식 실험실로 만들어준 아내 미노우와 아들 딜런에게 마지막으로, 그러나 결코 적잖은 고마움을 표한다.

식단 출처

이 책에 수록된 요리법 대부분은 뉴로트리션사와 이곳의 대표 오르샤 매그야(Orsha Magyar), 그리고 나의 아내 미노우 메이어(Minou Mayer)가 제공한 식단 정보의 도움을 받았다.

뉴로트리션은 뇌 건강을 위한 최적의 영양소 개발을 목표로 다양한 식단을 연구하고 있다. www.neurotrition.ca에서 이 혁신적인 조직의 이모저모를 확인할 수 있다.

디저트 요리법은 요리사 AJ가 개발했다. www.chefajwebsite.com

내가 가장 좋아하는 요리책 중 하나인 제이미 올리버의 『제이미의 이탈리아*Jamie's Italy*』(하이페리온, 뉴욕, 2006)에서 일부 파스타 요리법을 가져왔다.

영양소 재료

대체 재료를 쓸 수도 있겠지만 품질이나 지속 가능한 생산 및 건강상의 이점을 고려할 때 다음 상표를 사용하기를 권한다.

- 엑스트라 버진 올리브유: 레 코르티 데 파르펜시, https://lecortideifarfensiusa.com/collections/olive-oil
- 홍합 통조림, 훈제 연어, 고등어 통조림 및 유기농 검은콩 수프, 씨앗 및 바: 파타고니아 프로비전, www.patagoniaprovisions.com
- 정어리 통조림: 야생 포르투갈 정어리, www.vitalchoice.com
- 섬유질 바: 뉴고 뉴트리션, www.nugofiber.com
- 대마 우유와 생 대마 씨앗: 매니토바 하비스트, www.manitobaharvest.com
- 구기자 열매, 잉카 열매, 마키, 카무카무, 아사이 가루: Navitas Organics, www.navitasorganics.com
- 고대 곡물 플레이크: 네이처스 패스 헤리티지 플레이크, www.naturespath.com

옮긴이의 글

입과 항문을 잇는 소화기관의 길이는 얼추 9미터에 이른다. 우리 몸 한가운데 자리한 이 소화기관에는 뭉툭하게 부푼 데가 두 곳이다. 짐작하다시피 그 하나는 위이고 다른 하나는 대장이다. 위와 대장 사이에는 작은 마이산처럼 생긴 융모 500만 개가 늘비한 소장이 있다. 그 융모를 쫙 펼치면 테니스장 크기 정도가 된다. 소장이 이렇게 넓은 표면적은 갖는 까닭은 입으로 들어간 음식물에서 한껏 영양소를 뽑아내기 위해서다. 수십만 년 전 인류의 조상은 지구 역사상 그 어떤 동물도 도모하지 않았던 일을 성사시켰다. 바로 불을 지펴 음식을 가공하는 일이었다. 익힌 음식은 날것보다 안전했고 높은 효율로 에너지를 뽑아낼 수 있었다. 그런 방식으로 우리 조상은 소장에서 하루 소비하는 열량의 약 90퍼센트를 확보했다. 나머지 10퍼센트의 열량은 대장이 책임진다. 이 비율이 '요리'의 생물학적 결과물이었다. 인간과 같이 호모속(genus)이지만 요리하지 않는 침팬지가 대장에서 추출하는 열량은 전체의 50퍼센트에 육박한다. 요리를 시작하면서 인간의 대장은 왜소해졌다. 그렇지만 대장이 하는 일은 결코 소소하지 않다.

융모도 없고 소화효소도 만들지 않는 대장에서 우리가 쓰는 열량을 추출하고 비타민을 만들며 식이섬유를 소화하는 분주한 일은 대장에 상주하는 미생물이 맡는다. 곰곰이 이 말을 생각해보면 우리는 마땅히 대장 미생물에게도 먹을 것을 나누어주어야 한다는 결론에 이른다. 그러나 현실은 어떤가? 이를테면 점심으로 페퍼로니 피자 두 조각에 콜라 1병을 마셨다 치자. 밀가루에 주로 돼지나 소고기로 만든 페퍼로니가 토핑된 피자 속 영양소는 거의 대부분 소장에서 흡수가 끝날 것이다. 콜라는 어떨까? 설탕이 듬뿍 든 시커먼 물도 결코 소장 끝에 도달하지 못한다. 그럼 그날 대장 미생물은 모두 쫄쫄이 굶은 처량한 신세를 면치 못한다.

사흘 굶어 담 아니 넘는 사람 없듯, 미생물은 대장 점막을 구성하는 다당류를 넘보기 시작한다. 이런 일이 자주 벌어지면 점막의 두께가 얇아지고 면역계 세포와 미생물이 접촉하는 일이 잦아진다. 면역 반응이 전개되어 면역세포가 '사이토카인' 무기를 만들기 시작하면 몸 전체가 비상사태에 들어간다. 흥분한 면역계 동태를 파악한 뇌는 이 일을 서둘러 수습하려들 것이다. 대장 안의 세포 방어벽을 재건하고 미생물 동태를 주시하는 일이 그런 것들일 것이다. 미국 UCLA의 미생물군 유전체 센터를 이끄는 에머런 메이어는 이전에 쓴 『더 커넥션』에서 이 상황을 '뇌-장 연결 네트워크'라 표현했다. 이들 기관 사이의 상호작용은 일방적이지 않아 우리가 스트레스를 받으면 대장 미생물의 분포가 달라지기도 한다. 연구가 진척되면서 대장 미생물이 뇌는 물론이거니와 장 면역계, 간, 폐와도 의사소통한다는 논문이 속속 등장하기 시작했다.

이 책은 이러한 폭넓은 연구 결과를 두루 다룬다. 산업 혁명 이후 인간은 알게 모르게 소장을 중시하는 방향으로만 근사를 모았다. 슈퍼마켓에서 우리가 흔히 보는 초가공식품이나 단일경작으로 재배한 곡물이 그런 것들이다. 현대화의 화려함에 가려 대장은 철저히 소외되었다. 그 결과가 바로 '현대가 만든 질환'이라 불리는 비만과 대사 질환 이환율의 가파른 증가 현상으로 귀결된다. 그렇다면 우리는 이 상황에서 무엇을 해야 할까? 에머런 메이어는 이렇게 말한다.

"우리가 장 미생물을 귀히 여기면 마땅히 그들도 그렇게 할 것이다."

대장에 사는 미생물을 귀히 대접하는 행위는 말할 것도 없이 그들을 잘 먹이는 일이다. 독일 출신 미국인 저자는 책 끝에 부록으로 서양식 요리 일습의 레시피를 제공한다. 그러나 그 목록은 우리에게 조금 생소하다. 요리마다 올리브유가 빠지지 않고 아스파라거스, 콜리플라워, 파슬리도 등장한다. 이들 음식 재료에는 공통점이 하나 있다. 모두 맥(MAC)과 폴레페놀 성분이 풍부하게 들었다는 점이다. 맥은 빅맥(Big Mac)과는 전혀 다르다. 미생물이 접근할 수 있는 탄수화물(Microbiome Accessible Carbohydrate)이 맥의 진정한 이름이기 때문이다. 이를테면 현미나 양파, 빨간 무에 풍부하고 소장을 거뜬히 통과하는 올리고당이 맥이다. 대장에서 방귀를 만드는 데 이등 가라면 서러워할 돼지감자에도 이눌린(inulin)이라는 다당류가 풍부하다. 소화가 더뎌 저항성 전분이 풍부한 고구마, 귀리도 좋다. 김치는 어떨까? 김치에 풍부한 비타민 C는 소장에서 흡수되겠지만 물에 녹지 않는 섬유는 대장에 도달한다. 펙틴이 많은 과일을 자주 먹는 것도 좋다. 차에 든 카테킨 폴리페놀도 소장을 통과하지 않기에 곧바로 대장 미생물 차지가 된다. 항간에 폴리페놀은 흔히 '항산화제'로 알려졌지만 소장 상피세포막을 통과하기 어려운 화학 구조 덕분에 이들은 대개 대장 미생물의 입맛을 돋우는 음식물에 더욱 가깝다. 예컨대 포도주에 든 레스베라트롤이 그런 물질이다. 미생물은 진정 '대사의 왕'이어서 대장에 오는 어떤 음식물이라도 남김없이 처분할 수 있다. 장 미생물에 이로운 식단을 떠올릴 때마다 나는 자주 김치를 생각했다. 계절을 가리지 않고 식탁에 오르는 김치는 그야말로 장 미생물을 귀히 대접하는 성찬이다. 그게 우리 식단에 빠지지 않고 오른다는 사실은 얼마나 큰 축복인가?

입에 거친 음식은 대장을 살찌운다. 식탁에 나온 채소와 김치는 모두 다 먹자.

주*

1장. 미국, 공중보건 위기에 침묵하다

1 · Eileen M. Crimmins, "Lifespan and Healthspan: Past, Present, and Promise," *Gerontologist* 55, no. 6 (Dec. 2015): 901-11, doi: 10.1093/geront/gnv130, PubMed PMID: 26561272.

2 · Centers for Medicare & Medicaid Services, National Health Expenditure Data, Historical, https://www.cms.gov/Research-Statistics-Data-and-Systems/Statistics-Trends-and-Reports/NationalHealthExpendData/NationalHealthAccountsHistorical.

3 · Rabah Kamal, Cynthia Cox, and Daniel McDermott, "What Are the Recent and Forecasted Trends in Prescription Drug Spending?" Health System Tracker, Peterson Center on Healthcare and Kaiser Family Foundation, 2019, https://www.healthsystemtracker.org/chart-collection/recent-forecasted-trends-prescription-drug-spending/#item-annual-growth-in-rx-drug-spending-and-totalhealthspending-per-capita_nhe-projections-2018-27.

4 · Animal Smart, "Comparing Agriculture of the Past with Today," https://animalsmart.org/animals-and-the-environment/comparing-agriculture-of-the-past-with-today.

5 · Hilda Razzaghi et al., "10-Year Trends in Noncommunicable Disease Mortality in the Caribbean Region," *Revista Panamericana de Salud Publica*, 2019, 43, doi: 10.26633/RPSP.2019.37.

6 · Jean-Francois Bach, "The Effect of Infections on Susceptibility to Autoimmune and

* 앞에 등장한 책이나 논문이 뒤에 다시 나올 때는 저자와 논문 혹은 책 제목만 간단히 소개한다.

Allergic Diseases," *New England Journal of Medicine* 347, no. 12 (Sept. 19, 2002): 911-20, doi: 10.1056/NEJMra020100.

7 · Forough Farrokhyar, E. T. Swarbrink, and E. Jan Irvine, "A Critical Review of Epidemiological Studies in Inflammatory Bowel Disease," *Scandinavian Journal of Gastroenterology* 36, no. 1 (February 2001): 2-15.

8 · Nils Aberg et al., "Increase of Asthma, Allergic Rhinitis and Eczema in Swedish Schoolchildren between 1979 and 1991," *Clinical & Experimental Allergy* 25, no. 9 (Sept. 1995): 815-19, doi: 10.1111/j.1365-2222.1995.tb00023.x, PubMed PMID: 8564719.

9 · Sigrid Poser et al., "Increasing Incidence of Multiple Sclerosis in South Lower Saxony, Germany," *Neuroepidemiology* 8, no. 4 (1989): 207-13, doi: 10.1159/000110184.

10 · H. Okada et al., "The 'Hygiene Hypothesis' for Autoimmune and Allergic Diseases: An Update," *Clinical & Experimental Immunology* 160, no. 1 (Apr. 2010): 1-9, doi: 10.1111/j.1365-2249.2010.04139.x.

11 · Michael Ollove, "States Limiting Patient Costs for High-Priced Drugs," Pew Charitable Trusts, July 2, 2015, https://www.pewtrusts.org/en/research-and-analysis/blogs/stateline/2015/07/02/states-limiting-patient-costs-for-high-priced-drugs.

12 · Canadian Agency for Drugs and Technologies in Health, "Table 4: Cost-Comparison Table of Biologics for the Treatment of Crohn's Disease," *Common Drug Reviews*, Ottawa, 2017, https://www.ncbi.nlm.nih.gov/books/NBK476194/table/app8.t1.

13 · American Autoimmune Related Diseases Association, "Autoimmune Disease List," https://www.aarda.org/diseaselist.

14 · Meghan O'Rourke, "What's Wrong with Me?" *New Yorker*, Aug. 26, 2013, https://www.newyorker.com/magazine/2013/08/26/whats-wrong-with-me.

15 · Marie Ng et al., "Global, Regional, and National Prevalence of Overweight and Obesity in Children and Adults during 1980-2013: A Systematic Analysis for the Global Burden of Disease Study 2013," *Lancet* 384, no. 9945 (Aug. 30, 2014): 766-81, doi: 10.1016/S0140-6736(14)60460-8, PubMed PMID: 24880830.

16 · National Institute of Diabetes and Digestive and Kidney Diseases, "Overweight &

Obesity Statistics," https://www.niddk.nih.gov/health-information/health-statistics/overweight-obesity.

17 · Mohammad G. Saklayen, "The Global Epidemic of the Metabolic Syndrome," *Current Hypertension Reports* 20, no. 2 (Feb. 2018): 12-20, doi: 10.1007/s11906-018-0812-z. PubMed PMID: 29480368.

18 · M. Aguilar et al., "Prevalence of the Metabolic Syndrome in the United States, 2003-2012," JAMA 313, no. 9 (2015): 1973-4, doi: 10.1001/jama.2015.4260.

19 · American Heart Association, "Cardiovascular Disease: A Costly Burden for America-Projections through 2035," https://healthmetrics.heart.org/wp-content/uploads/2017/10/Cardiovascular-Disease-A-Costly-Burden.pdf.

20 · American Heart Association Center for Health Metrics and Evaluation, "Cardiovascular Disease Costs Will Exceed $1 Trillion by 2035, Warns the American Heart Association," press release, Feb. 14, 2017, https://healthmetrics.heart.org/cardiovascular-disease-costs-will-exceed-1-trillion-by-2035-warns-the-american-heart-association.

21 · Rebecca Harris et al., "Obesity Is the Most Common Risk Factor for Chronic Liver Disease: Results from a Risk Stratification Pathway Using Transient Elastography," *American Journal of Gastroenterology* 114, no. 11 (Aug. 2019): 1744-52.

22 · Center for Disease Control and Prevention, "Cancers Associated with Overweight and Obesity Make Up 40 Percent of Cancers Diagnosed in the United States," press release, Oct. 3, 2017, https://www.cdc.gov/media/releases/2017/p1003-vs-cancer-obesity.html.

23 · Theo Vos et al., "Global, Regional, and National Incidence, Prevalence, and Years Lived with Disability for 328 Diseases and Injuries for 195 Countries, 1990-2016: A Systematic Analysis for the Global Burden of Disease Study 2016," *Lancet* 390, no. 10100 (Sept. 2017): 1211-59, doi: 10.1016/S0140-6736 (17)32154-2.

24 · Ibid.

25 · Parkinson's Foundation, "Statistics," https://www.parkinson.org/Understanding-Parkinsons/Statistics.

26 · Autism Speaks, "CDC Increases Estimate of Autism's Prevalence by 15 Percent, to 1 in 59 Children 2018," https://www.autismspeaks.org/science-news/cdc-increases-estimate-autisms-prevalence-15-percent-1-59-children.

27 · Mark Rice-Oxley, "Mental Illness: Is There Really a Global Epidemic?" *Guardian*, June 3, 2019.

28 · Joseph W. Windsor and Gilaad G. Kaplan, "Evolving Epidemiology of IBD," *Current Gastroenterology Reports* 21, no. 8 (July 2019): 1-9, doi: 10.1007/s11894-019-0705-6.

29 · Katarina Zimmer, "There's a Troubling Rise in Colorectal Cancer among Young Adults," *Scientist*, Aug. 26, 2019.

30 · American Cancer Society, "Guideline for Colorectal Cancer Screening," https://www.cancer.org/cancer/colon-rectal-cancer/detection-diagnosis-staging/acs-recommendations.html; and Andrew M. D. Wolf et al., "Colorectal Cancer Screening for Average-Risk Adults: 2018 Guideline Update from the American Cancer Society," *CA: A Cancer Journal for Clinicians* 68, no. 4 (July/Aug. 2018): 250-81, doi: 10.3322/caac.21457.

31 · Francesco De Virgiliis and Simone Di Giovanni, "Lung Innervation in the Eye of a Cytokine Storm: Neuroimmune Interactions and COVID-19," *Nature Reviews Neurology* 16, no. 11 (Jan. 2020): 645-52, doi: 10.1038/s41582-020-0402-y.

32 · Donjete Simnica et al., "The Impact of Western Diet and Nutrients on the Microbiota and Immune Response at Mucosal Interfaces," *Frontiers in Immunology* 8 (July 2017): article 838.

2장. 우리 몸 네트워크의 허브, 장

1 · Johns Hopkins Medicine, "Ayurveda," https://www.hopkinsmedicine.org/health/wellness-and-prevention/ayurveda.

2 · Rene Descartes, *The Method, Meditations and Philosophy of Descartes* (London: Orion, 2004), 15.

3 · Wikipedia, "Rene Descartes," https://en.wikipedia.org/wiki/Ren%C3%A9_Descartes; and Alan Nelson, "Descartes' Dualism and Its Relation to Spinoza's Metaphysics," in: David Cunning, ed., *The Cambridge Companion to Descartes' Meditations* (Cambridge University Press, 2014), 277-98.
4 · Wikipedia, "Network Science," https://en.wikipedia.org/wiki/Network_science; and Gosak M et al., "Network science of biological systems at different scales: A review," *Physics of Life Reviews* 24 (2018): 118-35, doi: https://doi.org/10.1016/j.plrev.2017.11.003.
5 · C. David Allis and Thomas Jenuwein, "The Molecular Hallmarks of Epigenetic Control," *Nature Reviews Genetics* 17, no. 8 (Aug. 2016): 487-500, doi: 10.1038/nrg.2016.59.
6 · Marcus M. Rinschen et al., "Identification of Bioactive Metabolites Using Activity Metabolomics," *Nature Reviews Molecular Cell Biology* 20, no.6 (Feb. 2019): 353-67, doi: 10.1038/s41580-019-0108-4.
7 · Maarten Altelaar, Javier Munoz, and Albert J. R. Heck, "Next-Generation Proteomics: Towards an Integrative View of Proteome Dynamics," *Nature Reviews Genetics* 14, no. 1 (Dec. 2012): 35-48, doi: 10.1038/nrg3356.
8 · Pacific Northwest National Laboratory, "Microbiome Science: Confronting Complex Mysteries," https://www.pnnl.gov/microbiome-science.
9 · Olaf Sporns, *Discovering the Human Connectome* (Cambridge, MA: MIT Press, 2012).
10 · Diego V. Bohorquez and Rodger A. Liddle, "The Gut Connectome: Making Sense of What You Eat," *Journal of Clinical Investigation* 125, no. 3 (Mar. 2015): 888-90, doi: 10.1172/JCI81121.
11 · Sporns, *Discovering the Human Connectome*.
12 · Clair R. Martin et al., "The Brain-Gut-Microbiome Axis," *Cellular and Molecular Gastroenterology and Hepatology* 6, no. 2 (Apr. 2018): 133-48, doi: 10.1016/j.jcmgh.2018.04.003, PubMed PMID: 30023410.
13 · Erica D. Sonnenburg and Justin L. Sonnenburg, "The Ancestral and Industrialized Gut Microbiota and Implications for Human Health," *Nature Reviews Microbiology* 17, no.

6 (June 2019): 383-90, doi: 10.1038/s41579-019-0191-8.

14 · Patrice D. Cani, "How Gut Microbes Talk to Organs: The Role of Endocrine and Nervous Routes," *Molecular Metabolism* 5, no. 9 (May 2016): 743-52, doi:10.1016/j.molmet.2016.05.011, PubMed PMID: 27617197.

15 · Siri Carpenter, "That Gut Feeling," *Monitor on Psychology* 43, no. 8 (Sept. 2012): 50.

16 · Michael D. Gershon, *The Second Brain: A Groundbreaking New Understanding of Nervous Disorders of the Stomach and Intestine* (New York: Harper Perennial, 1999). 한국어판: 마이클 D. 거숀, 『제2의 뇌』, 김홍표 옮김, 지식을만드는지식, 2013.

17 · Giuseppe Danilo Vighi et al., "Allergy and the Gastrointestinal System," *Clinical & Experimental Immunology* 153, suppl. 1 (Oct. 2008): 3-6, doi: 10.1111/j.1365-2249.2008.03713.x.

18 · John B. Furness et al., "The Gut as a Sensory Organ," *Nature Reviews Gas-troenterology & Hepatology* 10, no. 12 (Sept. 2013): 729-40, doi: 10.1038/nrgastro.2013.180.

3장. 건강한 장이란 무엇인가?

1 · Abigain Johnson et al., "Daily Sampling Reveals Personalized Diet-Microbiome Associations in Humans," *Cell Host & Microbe* 25, no. 6 (June 2019): 789-802.e5, doi: 10.1016/j.chom.2019.05.005.

2 · Jocelyn Kaiser, "There Are About 20,000 Human Genes: So Why Do Scientists Only Study a Small Fraction of Them?" Science online, Sept. 18, 2018, https://www.sciencemag.org/news/2018/09/there-are-about-20000-human-genes-so-why-do-scientists-only-study-small-fraction-them.

3 · Steve Mao, "Hidden Treasure in the Microbiome," *Science* 365, no. 6458 (Sept. 13, 2019): 1132-33, doi: 10.1126/science.365.6458.1132-g.

4 · Mahesh S. Desai et al., "A Dietary Fiber-Deprived Gut Microbiota Degrades the Colonic Mucus Barrier and Enhances Pathogen Susceptibility," *Cell* 167, no. 5 (Nov. 17, 2016): 1339-53.e21, doi: 10.1016/j.cell.2016.10.043.

5 · Clinton White House Archives, "President Clinton: Announcing the Completion of the

First Survey of the Entire Human Genome 2000," https://clintonwhitehouse3.archives.gov/WH/Work/062600.html.

6 · Daniel Aguirre de Carcer, "The Human Gut Pan-Microbiome Presents a Compositional Core Formed by Discrete Phylogenetic Units," *Scientific Reports* 8, no. 1 (Sept. 2018): article 14069, doi: 10.1038/s41598-018-32221-8, PubMed PMID: 30232462.

7 · Catherine A. Lozupone et al., "Diversity, Stability and Resilience of the Human Gut Microbiota," *Nature* 489, no. 7415 (Sept. 13, 2012): 220-30, doi: 10.1038/nature11550.

8 · Martin J. Blaser and Stanley Falkow, "What Are the Consequences of the Disappearing Human Microbiota?" *Nature Reviews Microbiology* 7, no. 12 (Nov. 2009): 887-94, doi: 10.1038/nrmicro2245.

9 · Christoph A. Thaiss et al., "Transkingdom Control of Microbiota Diurnal Oscillations Promotes Metabolic Homeostasis," *Cell* 159, no. 3 (Oct. 23, 2014): 514-29, doi: 10.1016/j.cell.2014.09.048.

10 · Christoph A. Thaiss et al., "Microbiota Diurnal Rhythmicity Programs Host Transcriptome Oscillations," *Cell* 167, no. 6 (Dec. 2016): 1495-1510.e12, doi: 10.1016/j.cell.2016.11.003.

11 · Gabriela K. Fragiadakis et al., "Links between Environment, Diet, and the Hunter-Gatherer Microbiome," *Gut Microbes* 10, no. 2 (Aug. 2019): 216-27, doi: 10.1080/19490976.2018.1494103, PubMed PMID: 30118385.

12 · Samuel A. Smits et al., "Seasonal Cycling in the Gut Microbiome of the Hadza Hunter-Gatherers of Tanzania," *Science* 357, no. 6353 (Aug. 25, 2017): 802-6, doi: 10.1126/science.aan4834.

13 · Carlotta De Filippo et al., "Impact of Diet in Shaping Gut Microbiota Revealed by a Comparative Study in Children from Europe and Rural Africa," *Proceedings of the National Academy of Sciences* 107, no. 33 (Aug. 2010): 14691-6, doi: 10.1073/pnas.1005963107.

14 · Genevieve Dubois et al., "The Inuit Gut Microbiome Is Dynamic Over Time and Shaped by Traditional Foods," *Microbiome* 5, no. 1 (Nov. 2017): 151, doi: 10.1186/

s40168-017-0370-7, PubMed PMID: 29145891.

15 · Pajau Vangay et al., "US Immigration Westernizes the Human Gut Microbiome," *Cell* 175, no. 4 (Nov. 2018): 962-72.e10, doi: 10.1016/j.cell.2018.10.029, PubMed PMID: 30388453.

16 · Erica D. Sonnenburg and Justin L. Sonnenburg, "The Ancestral and Industrialized Gut Microbiota and Implications for Human Health," *Nature Reviews Microbiology* 17, no. 6 (June 2019): 383-90, doi: 10.1038/s41579-019-0191-8.

17 · Marta Selma-Royo et al., "Shaping Microbiota During the First 1,000 Days of Life," in: Stefano Guandalini and Flavia Indrio, eds., *Probiotics and Child Gastrointestinal Health*, Advances in Microbiology, Infectious Diseases and Public Health, vol. 10 (Cham, Switzerland: Springer International Publishing, 2019), 3-24.

18 · Maria Dominguez Bello et al., "Preserving Microbial Diversity—Microbiota from Humans of All Cultures Are Needed to Ensure the Health of Future Generations," *Science* 362, no. 6410 (October 2018): 33-34.

19 · Suma Magge and Anthony Lembo, "Low-FODMAP Diet for Treatment of Irritable Bowel Syndrome," *Gastroenterology & Hepatology* (NY) 8, no. 11 (Nov. 2012): 739-45, PubMed PMID: 24672410.

20 · Karen L. Chen and Zeynep Madak Erdogan, "Estrogen and Microbiota Crosstalk: Should We Pay Attention?" *Trends in Endocrinology and Metabolism* 27, no. 11 (Aug. 2016): 752-55, doi: https://doi.org/10.1016/j.tem.2016.08.001.

4장. 스트레스와 뇌 질환

1 · Andrea H. Weinberger et al., "Trends in Depression Prevalence in the USA from 2005 to 2015: Widening Disparities in Vulnerable Groups," *Psychological Medicine* 48, no. 8 (Oct. 2017): 1308-15, doi: 10.1017/S0033291717002781. Olle Hagnell et al., "Prevalence of Mental Disorders, Personality Traits and Mental Complaints in the Lundby Study: A Point Prevalence Study of the 1957 Lundby Cohort of 2,612 Inhabitants of a Geographically Defined Area Who Were Re-Examined in 1972

Regardless of Domicile," *Scandinavian Journal of Social Medicine Supplementum* 50 (1994): 1-77, doi: 10.2307/45199764.

2 · Bruno Giacobbo et al., "Brain-Derived Neurotrophic Factor in Brain Disorders: Focus on Neuroinflammation," *Molecular Neurobiology* 56, no. 5 (May 2019): 3295-3312, doi: 10.1007/s12035-018-1283-6, PubMed PMID: 30117106.

3 · Keenan A. Walker, "Inflammation and Neurodegeneration: Chronicity Matters," *Aging* (Albany, NY) 11, no. 1 (Dec. 2018): 3-4, doi: 10.18632/aging.101704, PubMed PMID: 30554190.

4 · Huiying Wang et al., "*Bifidobacterium longum* 1714TM Strain Modulates Brain Activity of Healthy Volunteers During Social Stress," *American Journal of Gastroenterology* 114, no. 7 (July 2019): 1152-62.

5 · Siddhartha Ghosh et al., "Intestinal Barrier Dysfunction, Lps Translocation and Disease Development," *Journal of the Endocrine Society* 4, no. 2 (February 2020): bvz039.

6 · Pauline Luczynski et al., "Growing Up in a Bubble: Using Germ-Free Animals to Assess the Influence of the Gut Microbiota on Brain and Behavior," *International Journal of Neuropsychopharmacology* 19, no. 8 (Feb. 2016): pyw020,doi: 10.1093/ijnp/pyw020, PubMed PMID: 26912607.

7 · Arthi Chinna Meyyappan et al., "Effect of Fecal Microbiota Transplant on Symptoms of Psychiatric Disorders: A Systematic Review," *BMC Psychiatry* 20, no. 1 (June 15, 2020): article 299, doi: 10.1186/s12888-020-02654-5.

8 · Hai-yin Jiang et al., "Altered Fecal Microbiota Composition in Patients with Major Depressive Disorder," *Brain, Behavior, and Immunity* 48 (Aug. 2015): 186-94, doi: https://doi.org/10.1016/j.bbi.2015.03.016.

9 · P. Zheng et al., "Gut Microbiome Remodeling Induces Depressive-like Behaviors Through a Pathway Mediated by the Host's Metabolism," *Molecular Psychiatry* 21, no. 6 (June 2016): 786-96, doi: 10.1038/mp.2016.44; and John Richard Kelly et al., "Transferring the Blues: Depression-Associated Gut Microbiota Induces Neurobehavioural Changes in the Rat," *Journal of Psychiatric Research* 82 (July 2016): 109-18, doi: https://doi.org/10.1016/j.jpsychires.2016.07.019.

10 · Trisha A. Jenkins et al., "Influence of Tryptophan and Serotonin on Mood and Cognition with a Possible Role of the Gut-Brain Axis," *Nutrients* 8, no. 1 (Jan. 2016): 56, doi: 10.3390/nu8010056, PubMed PMID: 26805875.

11 · Clair R. Martin et al., "The Brain-Gut-Microbiome Axis," *Cellular and Molecular Gastroenterology and Hepatology* 6, no. 2 (Apr. 2018): 133-48, doi: 10.1016/j.jcmgh.2018.04.003, PubMed PMID: 30023410.

12 · Jessica M. Yano et al., "Indigenous Bacteria from the Gut Microbiota Regulate Host Serotonin Biosynthesis," *Cell* 161, no. 2 (Apr. 2015): 264-76, doi: 10.1016/j.cell.2015.02.047.

13 · Thomas C. Fung et al., "Intestinal Serotonin and Fluoxetine Exposure Modulate Bacterial Colonization in the Gut," *Nature Microbiology* 4, no. 12 (Dec. 2019): 2064-73, doi: 10.1038/s41564-019-0540-4, PubMed PMID: 31477894.

14 · Robert L. Stephens and Yvette Tache, "Intracisternal Injection of a TRH Analogue Stimulates Gastric Luminal Serotonin Release in Rats," *American Journal of Physiology: Gastrointestinal and Liver Physiology* 256, no. 2 (Feb. 1989): G377-G383, doi: 10.1152/ajpgi.1989.256.2.G377.

15 · Vadim Osadchiy, Clair R. Martin, and Emeran A. Mayer, "Gut Microbiome and Modulation of CNS Function," *Comprehensive Physiology* 10, no. 1 (Dec. 18, 2019): 57-72, doi: doi:10.1002/cphy.c180031.

16 · Ibid.

17 · Iona A. Marin et al., "Microbiota Alteration Is Associated with the Development of Stress-Induced Despair Behavior," *Nature Scientific Reports* 7, no. 1 (Mar. 7, 2017): article 43859, doi: 10.1038/srep43859.

18 · Vadim Osadchiy et al., "Correlation of Tryptophan Metabolites with Connectivity of Extended Central Reward Network in Healthy Subjects," *PloS One* 13, no. 8 (Aug. 2018): e0201772, doi: 10.1371/journal.pone.0201772, PubMed PMID: 30080865.

19 · Christopher Brydges et al., for the Mood Disorders Precision Medicine Consortium, "Indoxyl Sulfate, a Gut Microbiome-Derived Uremic Toxin, Is Associated with Psychic Anxiety and Its Functional Magnetic Resonance Imaging-Based Neurologic

Signature," doi: https://doi.org/10.1101/2020.12.08.388942.

20 · Andrew C. Peterson and Chiang-Shan R. Li, "Noradrenergic Dysfunction in Alzheimer's and Parkinson's Diseases—An Overview of Imaging Studies," *Frontiers in Aging Neuroscience* 10 (May 1, 2018): article 127.

21 · R. Alberto Travagli and Laura Anselmi, "Vagal Neurocircuitry and Its Influence on Gastric Motility," *Nature Reviews Gastroenterology & Hepatology* 13, no. 7 (May 2016): 389-401, doi: 10.1038/nrgastro.2016.76.

22 · Andree-Anne Poirier et al., "Gastrointestinal Dysfunctions in Parkinson's Disease: Symptoms and Treatments," *Parkinson's Disease* 2016, article 6762528, doi: 10.1155/2016/6762528.

23 · Ibid.

24 · Han-Lin Chiang and Chin-Hsien Lin, "Altered Gut Microbiome and Intestinal Pathology in Parkinson's Disease," *Journal of Movement Disorders* 12, no. 2 (May 2019): 67-83, doi: 10.14802/jmd.18067, PubMed PMID: 31158941.

25 · Sara Gerhardt and Hasan Mohajeri, "Changes of Colonic Bacterial Composition in Parkinson's Disease and Other Neurodegenerative Diseases," *Nutrients* 10, no. 6 (June 2018): 708, doi: 10.3390/nu10060708.

26 · Marcus M. Unger et al., "Short Chain Fatty Acids and Gut Microbiota Differ between Patients with Parkinson's Disease and Age-Matched Controls," *Parkinsonism & Related Disorders* 32 (Aug. 2016): 66-72, doi: https://doi.org/10.1016/j.parkreldis.2016.08.019.

27 · Leo Galland, "The Gut Microbiome and the Brain," *Journal of Medicinal Food* 17, no. 12 (Nov. 2014): 1261-72, doi: 10.1089/jmf.2014.7000, PubMed PMID: 25402818.

28 · Vayu Maini Rekdal et al., "Discovery and Inhibition of an Interspecies Gut Bacterial Pathway for Levodopa Metabolism," *Science* 364, no. 6445 (June 14, 2019): eaau6323, doi: 10.1126/science.aau6323.

29 · Institute of Medicine, *Sleep Disorders and Sleep Deprivation: An Unmet Public Health Problem* (Washington, DC: National Academies Press, 2006).

30 · Carlos H. Schenck, Bradley F. Boeve, and Mark W. Mahowald, "Delayed Emergence

of a Parkinsonian Disorder in 38% of 29 Older Men Initially Diagnosed with Idiopathic Rapid Eye Movement Sleep Behavior Disorder," *Neurology* 46, no. 2 (Feb. 1996): 388-93, doi: 10.1212/WNL.46.2.388.

31 · Sadie Costello et al., "Parkinson's Disease and Residential Exposure to Maneb and Paraquat from Agricultural Applications in the Central Valley of California," *American Journal of Epidemiology* 169, no. 8 (Apr. 2009): 919-26, doi: 10.1093/aje/kwp006.

32 · National Pesticide Information Center, "Diazinon," http://npic.orst.edu/factsheets/Diazgen.html.

33 · Alzheimer's Association, "Alzheimer's Disease Facts and Figures," https://www.alz.org/alzheimers-dementia/facts-figures.

34 · Judy George, "Gut-Liver-Brain Interactions Tied to Alzheimer's," July 26, 2018, https://www.medpagetoday.com/meetingcoverage/aaic/74246.

35 · Kwangsik Nho et al., Alzheimer's Disease Neuroimaging I, the Alzheimer Disease Metabolomics C, "Altered Bile Acid Profile in Mild Cognitive Impairment and Alzheimer's Disease: Relationship to Neuroimaging and CSF Biomarkers," *Alzheimer's & Dementia* 15, no. 2 (Feb. 2019): 232-44, doi:10.1016/j.jalz.2018.08.012, PubMed PMID: 30337152.

36 · Matthew McMillin and Sharon DeMorrow, "Effects of Bile Acids on Neurological Function and Disease," *FASEB Journal* 30, no. 11 (Nov. 2016): 3658-68, doi: 10.1096/fj.201600275R.

37 · Kwangsik Nho et al., "Altered Bile Acid Profile in Mild Cognitive Impairment and Alzheimer's Disease: Relationship to Neuroimaging and CSF Biomarkers," *Alzheimer's & Dementia* 15, no. 2 (February 2019): 232-244, doi: 10.1016/j.jalz.2018.08.012; Siamak Mahmoudian Dehkordi et al., "Altered Bile AcidProfile Associates with Cognitive Impairment in Alzheimer's Disease—An Emerging Role for Gut Microbiome," *Alzheimer's & Dementia* 15, no. 1 (January 2019): 76-92, doi: 10.1016/j.Jalz2018.07217.

38 · Dianne Price, "Autism Symptoms Reduced Nearly 50% 2 Years after Fecal Transplant," Apr. 9, 2019, https://asunow.asu.edu/20190409-discoveries-autism-symptoms-

reduced-nearly-50-percent-two-years-after-fecal-transplant.

39 · David Q. Beversdorf, Hanna E. Stevens, and Karen L. Jones, "Prenatal Stress, Maternal Immune Dysregulation, and Their Association with Autism Spectrum Disorders," *Current Psychiatry Reports* 20, no. 9 (Aug. 2018): article 76, doi: 10.1007/s11920-018-0945-4, PubMed PMID: 30094645.

40 · Helen E. Vuong and Elaine Y. Hsiao, "Emerging Roles for the Gut Microbiome in Autism Spectrum Disorder," *Biological Psychiatry* 81, no. 5 (Mar. 1, 2017): 411-23, doi: 10.1016/j.biopsych.2016.08.024, PubMed PMID: 27773355.

41 · Katherine M. Flegal et al., "Prevalence and Trends in Obesity among US Adults, 1999-2008," *Journal of the American Medical Association* 303, no. 3 (Jan. 2010): 235-41, doi: 10.1001/jama.2009.2014; and R. Bethene Ervin, "Prevalence of Metabolic Syndrome among Adults 20 Years of Age and Over, by Sex, Age, Race and Ethnicity, and Body Mass Index: United States, 2003-2006," National Health Statistics Reports, no. 13 (2009): 1-7, PubMed PMID: 19634296.

42 · Rosa Krajmalnik-Brown et al., "Gut Bacteria in Children with Autism Spectrum Disorders: Challenges and Promise of Studying How a Complex Community Influences a Complex Disease," *Microbial Ecology in Health and Disease* 26 (Mar. 2015): article 26914, doi: 10.3402/mehd.v26.26914, PubMed PMID: 25769266.

43 · Dae-Wook Kang et al., "Reduced Incidence of Prevotella and Other Fermenters in Intestinal Microflora of Autistic Children," *PLoS One* 8, no. 7 (July 3, 2013): e68322, doi: 10.1371/journal.pone.0068322.

44 · Dae-Wook Kang et al., "Microbiota Transfer Therapy Alters Gut Ecosystem and Improves Gastrointestinal and Autism Symptoms: An Open-Label Study," *Microbiome* 5, no. 1 (Jan. 2017): 10, doi: 10.1186/s40168-016-0225-7.

45 · Dae-Wook Kang et al., "Long-Term Benefit of Microbiota Transfer Therapy on Autism Symptoms and Gut Microbiota," *Nature Scientific Reports* 9, no. 1 (Apr. 2019): 5821, doi: 10.1038/s41598-019-42183-0.

46 · Dianne Price, "Autism Symptoms Reduced Nearly 50% 2 Years after Fecal Transplant," *ASU News*, April 9, 2019, https://asunow.asu.edu/20190409-discoveries-autism-

symptoms-reduced-nearly-50-percent-two-years-after-fecal-transplant.

47 · Kate Julian, "What Happened to American Childhood?" *Atlantic*, May 2020, https://www.theatlantic.com/magazine/archive/2020/05/childhood-in-an-anxious-age/609079.

48 · Iona A. Marin et al., "Microbiota Alteration Is Associated with the Development of Stress Induced Despair Behavior," *Nature Scientific Reports* 7, no. 1 (Mar. 7, 2017): article 43859, doi: 10.1038/srep43859.

5장. 식단은 어떻게 뇌-장-미생물 네트워크를 조절하는가?

1 · Isabella Meira et al., "Ketogenic Diet and Epilepsy: What We Know So Far," *Frontiers in Neuroscience* 13 (Jan. 2019): article 5, doi: 10.3389/fnins.2019.00005, PubMed PMID: 30760973.

2 · Martin Kohlmeier, *Nutrient Metabolism: Structures, Functions, and Genes*, 2nd ed. (Cambridge, MA: Academic Press, 2015), 111-86.

3 · Christine Olson, Helen Vuong, and Jessica M. Yano, "The Gut Microbiota Mediates the Anti-Seizure Effects of the Ketogenic Diet," *Cell* 173, no. 7 (May 2018): 1728-41.e13, doi: 10.1016/j.cell.2018.04.027.

4 · Victoria M. Gershuni, Stephanie L. Yan, and Valentina Medici, "Nutritional Ketosis for Weight Management and Reversal of Metabolic Syndrome," *Current Nutrition Reports* 7, no. 3 (Sept. 2018): 97-106, doi: 10.1007/s13668-018-0235-0.

5 · O. Henriquez Sanchez et al., "Adherence to the Mediterranean Diet and Quality of Life in the SUN Project," *European Journal of Clinical Nutrition* 66, no. 3 (Mar. 2012): 360-68, doi: 10.1038/ejcn.2011.146.

6 · Maria Shadrina, Elena A. Bondarenko, and Petr A. Slominsky, "Genetics Factors in Major Depression Disease," *Frontiers in Psychiatry* (Sept. 2018): 334, doi: 10.3389/fpsyt.2018.00334.

7 · Marc Molendijk et al., "Diet Quality and Depression Risk: A Systematic Review and Dose-Response Meta-Analysis of Prospective Studies," *Journal of Affective Disorders* 226

(Jan. 15, 2018): 346-54, doi: 10.1016/j.jad.2017.09.022.

8 · Theodora Psaltopoulou et al., "Mediterranean Diet, Stroke, Cognitive Impairment, and Depression: A Meta-Analysis," *Annals of Neurology* 74, no. 4 (Oct. 2013): 580-91, doi: 10.1002/ana.23944.

9 · Almudena Sanchez-Villegas and Ana Sanchez-Tainta, *The Prevention of Cardiovascular Disease through the Mediterranean Diet*, 1st ed. (Cambridge, MA: Academic Press, 2017).

10 · Natalie Parletta et al., "A Mediterranean-Style Dietary Intervention Supplemented with Fish Oil Improves Diet Quality and Mental Health in People with Depression: A Randomized Controlled Trial (HELFIMED)," *Nutritional Neuroscience* 22, no. 1 (Dec. 2017): 1-14, doi: 10.1080/1028415X.2017.1411320.

11 · Felice N. Jacka et al., "A Randomised Controlled Trial of Dietary Improvement for Adults with Major Depression (the 'SMILES' Trial)," *BMC Medicine* 15, no. 1 (Jan. 30, 2017): article 23, doi: 10.1186/s12916-017-0791-y.

12 · Food and Mood Centre, The SMILEs Trial, https://foodandmoodcentre.com.au/smiles-trial.

13 · Paola Vitaglione et al., "Biomarkers of Intake of a Mediterranean Diet: Which Contribution from the Gut Microbiota?" *Nutrition, Metabolism and Cardiovascular Diseases* 29, no. 8 (Aug. 2019): 880, doi: 10.1016/j.numecd.2019.05.034.

14 · Scott C. Anderson, John F. Cryan, and Ted Dinan, *The Psychobiotic Revolution: Mood, Food, and the New Science of the Gut-Brain Connection* (Washington, DC: National Geographic, 2017).

15 · Asma Kazemi et al., "Effect of Probiotic and Prebiotic vs Placebo on Psychological Outcomes in Patients with Major Depressive Disorder: A Randomized Clinical Trial," *Clinical Nutrition* (Edinburgh) 38, no. 2 (Apr. 2019): 522-28, doi: 10.1016/j.clnu.2018.04.010, PubMed PMID: 29731182.

16 · R. F. Slykerman et al., "Effect of *Lactobacillus rhamnosus* HN001 in Pregnancy on Postpartum Symptoms of Depression and Anxiety: A Randomised Double-Blind Placebo-Controlled Trial," *EBioMedicine* 24C (Sept. 2017): 159-65, doi: 10.1016/

j.ebiom.2017.09.013.

17 · Amory Meltzer and Judy Van de Water, "The Role of the Immune System in Autism Spectrum Disorder," *Neuropsychopharmacology* 42, no. 1 (Jan. 2017): 284-98, doi: 10.1038/npp.2016.158.

18 · Charlotte Madore et al., "Neuroinflammation in Autism: Plausible Role of Maternal Inflammation, Dietary Omega 3, and Microbiota," *Neural Plasticity* 2016, no. 3: 1-15, doi: 10.1155/2016/3597209, PubMed PMID: 27840741.

19 · Jun Ma et al., "High-Fat Maternal Diet During Pregnancy Persistently Alters the Offspring Microbiome in a Primate Model," *Nature Communications* 5, no. 1 (2014): article 3889, doi: 10.1038/ncomms4889.

20 · Shelly A. Buffington et al., "Microbial Reconstitution Reverses Maternal Diet-Induced Social and Synaptic Deficits in Offspring," *Cell* 165, no. 7 (June 2016): 1762-75, doi: 10.1016/j.cell.2016.06.001, PubMed PMID: 27315483.

21 · Richard H. Sandler et al., "Short-Term Benefit from Oral Vancomycin Treatment of Regressive-Onset Autism," *Journal of Child Neurology* 15, no. 7 (Aug. 2000): 429-35, doi: 10.1177/088307380001500701.

22 · Felice N. Jacka et al., "Western Diet Is Associated with a Smaller Hippocampus: A Longitudinal Investigation," *BMC Medicine* 13, no. 1 (Sept. 2015): article 215, doi: 10.1186/s12916-015-0461-x, PubMed PMID: 26349802.

23 · National Heart, Lung, and Blood Institute, "DASH Eating Plan," https://www.nhlbi.nih.gov/health-topics/dash-eating-plan.

24 · Martha Clare Morris et al., "MIND Diet Slows Cognitive Decline with Aging," *Alzheimer's & Dementia* 11, no. 9 (Sept. 2015): 1015-22, doi: 10.1016/j.jalz.2015.04.011.

25 · Marta Grochowska, Tomasz Laskus, and Marek Radkowski, "Gut Microbiota in Neurological Disorders," *Archivum Immunologiae et Therapiae Experimentalis* 67, no. 6 (Oct. 2019): 375-83, doi: 10.1007/s00005-019-00561-6.

26 · Rasnik K. Singh et al., "Influence of Diet on the Gut Microbiome and Implications for Human Health," *Journal of Translational Medicine* 15, no. 1 (Apr. 8, 2017): article 73,

doi: 10.1186/s12967-017-1175-y, PubMed PMID: 28388917.

27 · Tarini Shankar Ghosh et al., "Mediterranean Diet Intervention Alters the Gut Microbiome in Older People Reducing Frailty and Improving Health Status: The NU-AGE 1-Year Dietary Intervention Across Five European Countries," *Gut* 67, no. 7 (Feb. 2020): 1218-28, doi: 10.1136/gutjnl-2019-319654.

28 · Siamak Mahmoudiandehkordi et al., "Altered Bile Acid Profile Associates with Cognitive Impairment in Alzheimer's Disease—an Emerging Role for Gut Microbiome," *Alzheimer's & Dementia* 15, no. 1 (Oct. 2019): 76-92, doi: 10.1016/j.jalz.2018.07.217, PubMed PMID: 30337151.

6장. 운동과 잠은 우리의 장 미생물에 어떤 영향을 미치는가?

1 · Yanping Li et al., "Healthy Lifestyle and Life Expectancy Free of Cancer, Cardiovascular Disease, and Type 2 Diabetes: Prospective Cohort Study," *British Medical Journal* 368 (Jan. 2020): article l6669, doi: 10.1136/bmj.l6669, PubMed PMID: 31915124.

2 · Solja T. Nyberg et al., "Association of Healthy Lifestyle with Years Lived without Major Chronic Diseases," *JAMA Internal Medicine* 180, no. 5 (May 2020): 1-10, doi: 10.1001/jamainternmed.2020.0618, PubMed PMID: 32250383.

3 · Cassie M. Mitchell et al., "Does Exercise Alter Gut Microbial Composition? A Systematic Review," *Medicine and Science in Sports and Exercise* 51, no. 1 (Aug. 2018), 160-67, doi: 10.1249/MSS.0000000000001760.

4 · Siobhan F. Clarke et al., "Exercise and Associated Dietary Extremes Im-pact on Gut Microbial Diversity," *Gut* 63, no. 12 (Dec. 2014): 1913-20, doi: 10.1136/gutjnl-2013-306541, PubMed PMID: 25021423.

5 · Jacob Allen et al., "Exercise Alters Gut Microbiota Composition and Function in Lean and Obese Humans," *Medicine & Science in Sports & Exercise* 50, no. 4 (Apr. 2018): 747-57.

6 · J. Philip Karl et al., "Changes in Intestinal Microbiota Composition and Metabolism Coincide with Increased Intestinal Permeability in Young Adults under Prolonged

Physiological Stress," *American Journal of Physiology—Gastrointestinal and Liver Physiology* 312, no. 6 (June 2017): G559-G571, doi:10.1152/ajpgi.00066.2017.

7 · Nuria Mach and Dolors Fuster-Botella, "Endurance Exercise and Gut Microbiota: A Review," *Journal of Sport and Health Science* 6, no. 2 (May 2017): 179-97, doi: 10.1016/j.jshs.2016.05.001, PubMed PMID: 30356594.

8 · Erick Prado de Oliveira, Roberto Carlos Burini, and Asker Jeukendrup, "Gastrointestinal Complaints During Exercise: Prevalence, Etiology, and Nutritional Recommendations," *Sports Medicine* 44, suppl.1 (2014): S79-S85, doi: 10.1007/s40279-014-0153-2, PubMed PMID: 24791919.

9 · David Ferry, "Does Your Gut Hold the Secret to Performance?" Outside, Jan. 15, 2018, https://www.outsideonline.com/2274441/no-gut-no-glory.

10 · Jonathan Scheiman et al., "Meta-omics Analysis of Elite Athletes Identifies a Performance-Enhancing Microbe That Functions via Lactate Metabolism," *Nature Medicine* 25, no. 7 (July 2019): 1104-9, doi: 10.1038/s41591-019-0485-4.

11 · Abiola Keller et al., "Does the Perception That Stress Affects Health Matter? The Association with Health and Mortality," *Health Psychology* 31, no. 5 (Sept. 2012): 677-84, doi: 10.1037/a0026743; and Kari Leibowitz and Alia Crum, "In Stressful Times, Make Stress Work for You," *New York Times*, Apr. 1, 2020.

12 · Alana Conner et al., "Americans' Health Mindsets: Content, Cultural Patterning, and Associations with Physical and Mental Health," *Annals of Behavioral Medicine* 53, no. 4 (June 2018): 321-32, doi: 10.1093/abm/kay041.

13 · Michael Pollan, "Our National Eating Disorder," *New York Times Magazine*, Oct. 17, 2004, https://www.nytimes.com/2004/10/17/magazine/our-national-eating-disorder.html.

14 · Paul N. Rozin et al., "Attitudes to Food and the Role of Food in Life in the USA, Japan, Flemish Belgium, and France: Possible Implications for the Diet-Health Debate," *Appetite* 33, no. 2 (Oct. 1999): 163-80, doi: https://doi.org/10.1006/appe.1999.0244.

15 · Kaitlin Woolley and Ayelet Fishbach, "For the Fun of It: Harnessing Immediate

Rewards to Increase Persistence in Long-Term Goals," *Journal of Consumer Research* 42, no. 6 (Apr. 2016): 952-66, doi: 10.1093/jcr/ucv098.

16 · Bradley P. Turnwald et al., "Increasing Vegetable Intake by Emphasizing Tasty and Enjoyable Attributes: A Randomized Controlled Multisite Intervention for Taste-Focused Labeling," *Psychological Science* 30, no. 11 (Nov. 2019): 1603-15, doi: 10.1177/0956797619872191.

17 · Bradley P. Turnwald, Danielle Z. Boles, and Alia J. Crum, "Association between Indulgent Descriptions and Vegetable Consumption: Twisted Carrots and Dynamite Beets," *JAMA Internal Medicine* 177, no. 8 (Aug. 2017): 1216-18, doi: 10.1001/jamainternmed.2017.1637.

18 · Luciana Besedovsky, Tanja Lange, and Monika Haack, "The Sleep-Immune Crosstalk in Health and Disease," *Physiological Reviews* 99, no. 3 (July 1, 2019): 1325-80, doi: 10.1152/physrev.00010.2018, PubMed PMID: 30920354.

19 · Christoph A. Thaiss et al., "Transkingdom Control of Microbiota Diurnal Oscillations Promotes Metabolic Homeostasis," *Cell* 159, no. 3 (Oct. 2014): 514-29, doi: 10.1016/j.cell.2014.09.048.

7장. 장 미생물 회복하기

1 · Chana Davis, "How Much Protein Do I Need?" https://medium.com/@chanapdavis/how-much-protein-do-you-need-37143cb0d499.

2 · Jiaqui Huang et al., "Association between Plant and Animal Protein Intake and Overall and Cause-Specific Mortality," *JAMA Internal Medicine* 180, no. 9 (Sept. 1, 2020): 1173-84, doi: 10.1001/jamainternmed.2020.2790.

3 · Katriona E. Lyons et al., "Breast Milk, a Source of Beneficial Microbes and Associated Benefits for Infant Health," *Nutrients* 12, no. 4 (Apr. 2020): article 1039, doi: 10.3390/nu12041039, PubMed PMID: 32283875.

4 · Šárka Musilová et al., "Beneficial Effects of Human Milk Oligosaccharides on Gut Microbiota," *Beneficial Microbes* 5, no. 3 (Sept. 2014): 273-83, doi: 10.3920/

bm2013.0080, PubMed PMID: 24913838.

5 · Michael Pollan, "Some of My Best Friends Are Germs," *New York Times Magazine*, May 15, 2013, https://www.nytimes.com/2013/05/19/magazine/say-hello-to-the-100-trillion-bacteria-that-make-up-your-microbiome.html.

6 · Long Ge et al., "Comparison of Dietary Macronutrient Patterns of 14 Popular Named Dietary Programmes for Weight and Cardiovascular Risk Factor Reduction In Adults: Systematic Review and Network Meta-Analysis of Randomised Trials," *British Medical Journal* 369 (2020): m696, doi: 10.1136/bmj.m696.

7 · John B. Furness and David M. Bravo, "Humans as Cucinivores: Comparisons with Other Species," *Journal of Comparative Physiology B* 185, no. 8 (Dec. 2015): 1-10, doi: 10.1007/s00360-015-0919-3.

8 · D. Rosenberg and F. Klimscha, "Prehistoric Dining at Tel Tsaf," *Biblical Archaeological Review* 44, no. 4 (July/August 2018).

9 · Ibid.

10 · Erica D. Sonnenburg and Justin L. Sonnenburg, "Starving Our Microbial Self: The Deleterious Consequences of a Diet Deficient in Microbiota-Accessible Carbohydrates," *Cell Metabolism* 20, no. 5 (Aug. 2014): 779-86, doi: 10.1016/j.cmet.2014.07.003, PubMed PMID: 25156449.

11 · David Klurfeld et al., "Considerations for Best Practices in Studies of Fiber or Other Dietary Components and the Intestinal Microbiome," *American Journal of Physiology—Endocrinology and Metabolism* 315, no. 6 (Aug. 2018): E1087-E1097, doi: 10.1152/ajpendo.00058.2018.

12 · Boushra Dalile et al., "The Role of Short-Chain Fatty Acids in Microbiota-Gut-Brain Communication," *Nature Reviews Gastroenterology & Hepatology* 16, no. 8 (Aug. 2019): 461-78, doi: 10.1038/s41575-019-0157-3.

13 · Sonnenburg and Sonnenburg, "Starving Our Microbial Self."

14 · Denis P. Burkitt, Alec R. P. Walker, and Neil S. Painter, "Effect of Dietary Fibre on Stools and Transit Times, and Its Role in the Causation of Disease," *Lancet* 300, no. 7792 (Dec. 30, 1972): 1408-11, doi: 10.1016/S0140-6736(72)92974-1.

15 · Sonnenburg and Sonnenburg, "Starving Our Microbial Self."
16 · Jan-Hendrik Hehemann et al., "Bacteria of the Human Gut Microbiome Catabolize Red Seaweed Glycans with Carbohydrate-Active Enzyme Updates from Extrinsic Microbes," *Proceedings of the National Academy of Sciences* 109, no. 48 (Nov. 2012): 19786-91, doi: 10.1073/pnas.1211002109, PubMed PMID: 23150581.
17 · Sonnenburg and Sonnenburg, "Starving Our Microbial Self."
18 · Boushra Dalile et al., "The Role of Short-Chain Fatty Acids in Microbiota-Gut-Brain Communication," *Nature Review Gastroenterology & Hepatology* 16, no. 8 (Aug. 2019): 461-78; Erica Sonnenburg and Justin Sonnenburg, "Starving Our Microbial Self: The Deleterious Consequences of a Diet Deficient in Microbiota-Accessible Carbohydrates," *Cell Metabolism* 20, no. 5 (November 2014): 779-786.
19 · Fernando Cardona et al., "Benefits of Polyphenols on Gut Microbiota and Implications in Human Health," *Journal of Nutritional Biochemistry* 24, no. 8 (Aug. 2013): 1415-22, doi: https://doi.org/10.1016/j.jnutbio.2013.05.001.
20 · Senem Kamiloglu et al., "Anthocyanin Absorption and Metabolism by Human Intestinal Caco-2 Cells: A Review," *International Journal of Molecular Science* 16, no. 9 (Sept. 8, 2015): 21555-74, doi: 10.3390/ijms160921555, PubMed PMID: 26370977.
21 · Colin D. Kay et al., "Anthocyanins and Flavanones Are More Bioavailable Than Previously Perceived: A Review of Recent Evidence," *Annual Review of Food Science and Technology* 8, no. 1 (Feb. 28, 2017): 155-80, doi: 10.1146/annurev-food-030216-025636.
22 · Dagfinn Aune et al., "Fruit and Vegetable Intake and the Risk of Cardiovascular Disease, Total Cancer, and All-Cause Mortality: A Systematic Review and Dose-Response Meta-Analysis of Prospective Studies," *International Journal of Epidemiology* 46, no. 3 (June 1, 2017): 1029-56, doi: 10.1093/ije/dyw319, PubMed PMID: 28338764.
23 · Ke Shen, Bin Zhang, and Qiushi Feng, "Association between Tea Consumption and Depressive Symptom among Chinese Older Adults," *BMC Geriatrics* 19, no. 1 (Sept.

2019): article 246, doi: 10.1186/s12877-019-1259-z.

24 · Louise Hartley et al., "Green and Black Tea for the Primary Prevention of Cardiovascular Disease," *Cochrane Database of Systematic Reviews* 6, no. 6 (June 2013): article CD009934, doi: 10.1002/14651858.CD009934.pub2, PubMed PMID: CD009934; Shinichi Kuriyama, "The Relation between Green Tea Consumption and Cardiovascular Disease as Evidenced by Epidemiological Studies," *Journal of Nutrition* 138, no. 8 (Aug. 2008): 1548S-1553S, doi: 10.1093/jn/138.8.1548S; Taichi Shimazu et al., "Dietary Patterns and Cardiovascular Disease Mortality in Japan: A Prospective Cohort Study," *International Journal of Epidemiology* 36, no. 3 (June 2007): 600-609, doi: 10.1093/ije/dym005; and P. Elliott Miller et al., "Associations of Coffee, Tea, and Caffeine Intake with Coronary Artery Calcification and Cardiovascular Events," *American Journal of Medicine* 130, no. 2 (Feb. 2017): 188-97, doi: 10.1016/j.amjmed.2016.08.038, PubMed PMID: 27640739.

25 · Sabu M. Chacko et al., "Beneficial Effects of Green Tea: A Literature Review," *Chinese Medicine* 5, no. 1 (Apr. 2010): 13, doi: 10.1186/1749-8546-5-13, PubMed PMID: 20370896.

26 · Shen, Zhang, and Feng, "Association between Tea Consumption and Depressive Symptom." *BMC Geriatrics* 19 (2019): article 246.

27 · Naghma Khan and Hasan Mukhtar, "Tea Polyphenols for Health Promotion," *Life Sciences* 81, no. 7 (Aug. 2007): 519-33, doi: 10.1016/j.lfs.2007.06.011, PubMed PMID: 17655876.

28 · Fei-Yan Fan, Li-Xuan Sang, and Min Jiang, "Catechins and Their Therapeutic Benefits to Inflammatory Bowel Disease," *Molecules* 22, no. 3 (Mar. 19, 2017): 484, doi: 10.3390/molecules22030484, PubMed PMID: 28335502.

29 · Carolina Cueva et al., "An Integrated View of the Effects of Wine Polyphenols and Their Relevant Metabolites on Gut and Host Health," *Molecules* 22, no. 1 (Jan. 6, 2017): 99, doi: 10.3390/molecules22010099, PubMed PMID: 28067835.

30 · Caroline Le Roy et al., "Red Wine Consumption Associated with Increased Gut Microbiota α-Diversity in 3 Independent Cohorts," *Gastroenterology* 158, no. 1 (Aug.

2020): 270-272.e2, doi: 10.1053/j.gastro.2019.08.024.

31 · Ibid.

32 · Alexander Yashin et al., "Antioxidant Activity of Spices and Their Impact on Human Health: A Review," *Antioxidants* (Basel) 6, no. 3 (Sept. 2017): 70, doi: 10.3390/antiox6030070.

33 · Nassima Talhaoui et al., "From Olive Fruits to Olive Oil: Phenolic Compound Transfer in Six Different Olive Cultivars Grown under the Same Agronomical Conditions," *International Journal of Molecular Science* 17, no. 3 (Mar. 2016): 337, doi: 10.3390/ijms17030337, PubMed PMID: 26959010.

34 · Lara Costantini et al., "Impact of Omega-3 Fatty Acids on the Gut Microbiota," *International Journal of Molecular Science* 18, no. 12 (Dec. 2017): 2645, doi: 10.3390/ijms18122645; and Henry Watson et al., "A Randomised Trial of the Effect of Omega-3 Polyunsaturated Fatty Acid Supplements on the Human Intestinal Microbiota," *Gut* 67, no. 11 (Nov. 2018): 1974-83, doi: 10.1136/gutjnl-2017-314968.

35 · Ruth E. Patterson et al., "Intermittent Fasting and Human Metabolic Health," *Journal of the American Academy of Nutrition and Dietetics* 115, no. 8 (Apr. 2015): 1203-12, doi: 10.1016/j.jand.2015.02.018, PubMed PMID: 25857868.

36 · Francesco Sofi, "Fasting-Mimicking Diet: A Clarion Call for Human Nutrition Research or an Additional Swan Song for a Commercial Diet?" *International Journal of Food Sciences and Nutrition* 71, no. 8 (Dec. 2020): 921-28, doi: 10.1080/09637486.2020.1746959.

37 · Leanne Harris et al., "Intermittent Fasting Interventions for Treatment of Overweight and Obesity in Adults: A Systematic Review and Meta-Analysis," *JBI Database of Systematic Reviews and Implementation Reports* 16, no. 2 (Feb. 2018): 507-47.

38 · Vanessa Leone et al., "Effects of Diurnal Variation of Gut Microbes and High-Fat Feeding on Host Circadian Clock Function and Metabolism," *Cell Host & Microbe* 17, no. 5 (Apr. 2015): 681-89, doi: 10.1016/j.chom.2015.03.006, PubMed PMID: 25891358.

39 · Amandine Chaix et al., "Time-Restricted Eating to Prevent and Manage Chronic

Metabolic Diseases," *Annual Review of Nutrition* 39, no. 1 (Aug. 2019): 291-315, doi: 10.1146/annurev-nutr-082018-124320.

40 · Amandine Chaix and Amir Zarrinpar, "The Effects of Time-Restricted Feeding on Lipid Metabolism and Adiposity," *Adipocyte* 4, no. 4 (May 2015): 319-24, doi: 10.1080/21623945.2015.1025184, PubMed PMID: 26451290.

41 · Dylan A. Lowe et al., "Effects of Time-Restricted Eating on Weight Loss and Other Metabolic Parameters in Women and Men with Overweight and Obesity: The TREAT Randomized Clinical Trial," *JAMA Internal Medicine* 180, no. 11 (Sept. 28, 2020): 1491-99, doi: 10.1001/jamainternmed.2020.4153.

8장. 장 건강의 핵심은 땅에 있다

1 · Peter Bakker et al., "The Rhizosphere Revisited: Root Microbiomics," *Frontiers in Plant Science* 4 (May 30, 2013): 165; Roeland L. Berendsen, Corne Pieterse, and Peter Bakker, "The Rhizosphere Microbiome and Plant Health," *Trends in Plant Science* 17, no. 8 (May 2012): 478-86, doi: https://doi.org/10.1016/j.tplants.2012.04.001; and Stephane Hacquard et al., "Microbiota and Host Nutrition across Plant and Animal Kingdoms," *Cell Host & Microbe* 17, no. 5 (May 2015): 603-16, doi: https://doi.org/10.1016/j.chom.2015.04.009.

2 · Shamayim T. Ramirez-Puebla et al., "Gut and Root Microbiota Commonalities," *Applied and Environmental Microbiology* 79, no. 1 (Jan. 2013): 2-9, doi: 10.1128/AEM.02553-12.

3 · Noah Fierer et al., "Reconstructing the Microbial Diversity and Function of Pre-Agricultural Tallgrass Prairie Soils in the United States," *Science* 342, no. 6158 (Nov. 1, 2013): 621-24, doi: 10.1126/science.1243768.

4 · Landscope America, "Tallgrass Prairie Ecosystem," http://www.landscope.org/explore/ecosystems/disappearing_landscapes/tallgrass_prairie.

5 · David R. Montgomery and Anne Bikle, *The Hidden Half of Nature: The Microbial Roots of Life and Health*, 1st ed. (New York: Norton, 2015).

6 · Kishan Mahmud et al., "Current Progress in Nitrogen Fixing Plants and Microbiome Research," *Plants* 9, no. 1 (Jan. 2020): 97, https://doi.org/10.3390/plants9010097.

7 · Alyson E. Mitchell et al., "Ten-Year Comparison of the Influence of Organic and Conventional Crop-Management Practices on the Content of Flavonoids in Tomatoes," *Journal of Agricultural and Food Chemistry* 55, no. 15 (July 2007): 6154-59, doi: 10.1021/jf070344+.

8 · Richard Jacoby et al., "The Role of Soil Microorganisms in Plant Mineral Nutrition: Current Knowledge and Future Directions," *Frontiers in Plant Science* 8 (Sept. 19, 2017): 1617.

9 · Jeyasankar Alagarmalai, "Phytochemicals: As Alternate to Chemical Pesticides for Insects Pest Management," *Current Trends Biomedical Engineering & Biosciences* 4, no. 1 (May 2017): 3-4, doi: 10.19080/CTBEB.2017.04.555627.

10 · Marc-Andre Selosse, Alain Bessis, and Maria J. Pozo, "Microbial Priming of Plant and Animal Immunity: Symbionts as Developmental Signals," *Trends in Microbiology* 22, no. 11 (Nov. 2014): 607-13, doi: https://doi.org/10.1016/j.tim.2014.07.003.

11 · Jing Gao et al., "Impact of the Gut Microbiota on Intestinal Immunity Mediated by Tryptophan Metabolism," *Frontiers in Cellular and Infection Microbiology* 8 (2018): 13; and Jessica M. Yano et al., "Indigenous Bacteria from the Gut Microbiota Regulate Host Serotonin Biosynthesis," *Cell* 161, no. 2 (Apr. 9, 2015): P264-P276, doi: 10.1016/j.cell.2015.02.047.

12 · Vadim Osadchiy et al., "Correlation of Tryptophan Metabolites with Connectivity of Extended Central Reward Network in Healthy Subjects, *PloS One* 13, no. 8 (Aug. 6, 2018): e0201772-e, doi: 10.1371/journal.pone.0201772, PubMed PMID: 30080865.

13 · Wikipedia, "Justus von Liebig," https://en.wikipedia.org/wiki/Justus_von_Liebig; and Margaret W. Rossiter, *The Emergence of Agricultural Science: Justus Liebig and the Americans, 1840-1880* (New Haven, CT: Yale University Press, 1975).

14 · Wikipedia, "Green Revolution," https://en.wikipedia.org/wiki/Green_Revolution; and Hari Krishan Jain, *The Green Revolution: History, Impact and Future* (Houston, Studium

Press, 2010).

15 · David R. Montgomery and Anne Biklé, *The Hidden Half of Nature: The Microbial Roots of Life and Health*, 1st ed. (New York: Norton, 2015).

16 · Anne Bikle and David R. Montgomery, "Junk Food Is Bad for Plants, Too," Nautilus, Mar. 31, 2016, http://nautil.us/issue/34/adaptation/junk-food-is-bad-for-plants-too.

17 · Ibid.

18 · US Environmental Protection Agency, "Organic Farming," https://www.epa.gov/agriculture/organic-farming.

19 · Miles McEvoy, "Organic 101: What the USDA Organic Label Means," US Department of Agriculture, https://www.usda.gov/media/blog/2012/03/22/organic-101-what-usda-organic-label-means.

20 · Rodale Institute, "Regenerative Organic Agriculture and Climate Change: A Down-to-Earth Solution to Global Warming," 2014, https://rodaleinstitute.org/wp-content/uploads/rodale-white-paper.pdf.

21 · Ibid.

9장. 건강을 바라보는 통합 관점

1 · Bin Ma et al., "Earth Microbial Co-occurrence Network Reveals Interconnection Pattern across Microbiomes," *Microbiome* 8, 82 (2020), doi: 10.1186/s40168-020-00857-2.

2 · Earth Microbiome Project, https://earthmicrobiome.org.

3 · World Economic Forum, "Save the Axolotl: Dangers of Accelerated Biodiversity Loss," https://reports.weforum.org/global-risks-report-2020/save-the-axolotl; and Eric Chivian and Aaron Bernstein, eds., *Sustaining Life: How Human Health Depends on Biodiversity* (New York: Oxford University Press, 2008).

4 · Delphine Destoumieux-Garzon et al., "The One-Health Concept: Ten Years Old and a Long Road Ahead," *Frontiers in Veterinary Science* 5 (Feb. 2018): 14.

5 · Ibid.

6 · Walter Willett et al., "Food in the Anthropocene: The EAT-Lancet Commission on Healthy Diets from Sustainable Food Systems," *Lancet* 393, no. 10170 (Feb. 2, 2019): 447-92, doi: 10.1016/S0140-6736(18)31788-4.

7 · Frank B. Hu, Brett O. Otis, Gina McCarthy, "Can Plant-Based Meat Alternatives Be Part of a Healthy and Sustainable Diet?," *JAMA*, 2019; 322(16):1547-1548.

8 · Anahad O'Connor, "Fake Meat vs. Real Meat," *New York Times*, December 3, 2019, nytimes.com/2019/12/03/well/eat/fake-meat-vs-real-meat.html?smid=em-share

9 · Yvon Chouinard, "Why Food?" Patagonia Provisions, Apr. 23, 2020, https://www.patagoniaprovisions.com/pages/why-food-essay.

10 · Ibid.

11 · Yvon Chouinard, *Let My People Go Surfing: The Education of a Reluctant Businessman* (New York: Penguin Books, 2006).

12 · Patagonia Provisions, "B Lab," B Corp statement, https://www.patagonia.com/b-lab.html.

13 · Certified B Corporation, https://bcorporation.net.

14 · Danone, "B Corp," https://www.danone.com/about-danone/sustainable-value-creation/BCorpAmbition.html.

15 · Ann Abel, "Local, Sustainable, and Delicious: Here's How the Coronavirus Helped One Michelin Chef Share His Food Philosophy," *Forbes*, June 16, 2020, https://www.forbes.com/sites/annabel/2020/06/16/local-sustainable-and-delicious-heres-how-the-coronavirus-helped-one-michelin-chef-share-his-food-philosophy.

찾아보기

㉠

㉡

ⓞ

장 건강과 면역의 과학

1판 1쇄 펴냄 2024년 3월 5일
1판 2쇄 펴냄 2024년 4월 25일

지은이 에머런 메이어
옮긴이 김홍표

주간 김현숙 | **편집** 김주희, 이나연
디자인 이현정, 전미혜
마케팅 백국현(제작), 문윤기 | **관리** 오유나

펴낸곳 궁리출판 | **펴낸이** 이갑수

등록 1999년 3월 29일 제300-2004-162호
주소 10881 경기도 파주시 회동길 325-12
전화 031-955-9818 | **팩스** 031-955-9848
홈페이지 www.kungree.com
전자우편 kungree@kungree.com
페이스북 /kungreepress | **트위터** @kungreepress
인스타그램 /kungree_press

ISBN 978-89-5820-874-7 03470

책값은 뒤표지에 있습니다.
파본은 구입하신 서점에서 바꾸어 드립니다.